福建省高等学校计算机规划教材

■ 福建省高校计算机教材编写委员会 组织编写

数据库应用技术教程

——ACCESS关系数据库（2016版）

■ 主　编：鄂大伟　郑荔平

副主编：张　莹　陈　琼

傅　为　黄朝辉

厦门大学出版社
XIAMEN UNIVERSITY PRESS

国家一级出版社
全国百佳图书出版单位

图书在版编目(CIP)数据

数据库应用技术教程:ACCESS关系数据库:2016版/鄂大伟,郑荔平主编.—4版.
—厦门:厦门大学出版社,2022.7
福建省高等学校计算机规划教材
ISBN 978-7-5615-8638-9

Ⅰ.①数…　Ⅱ.①鄂…②郑…　Ⅲ.①关系数据库系统—高等学校—教材
Ⅳ.①TP311.138

中国版本图书馆 CIP 数据核字(2022)第 102673 号

出 版 人	郑文礼
策划编辑	宋文艳
责任编辑	陈进才

出版发行　*厦门大学出版社*

社　　址	厦门市软件园二期望海路 39 号
邮政编码	361008
总　　机	0592-2181111　0592-2181406(传真)
营销中心	0592-2184458　0592-2181365
网　　址	http://www.xmupress.com
邮　　箱	xmup@xmupress.com
印　　刷	厦门市明亮彩印有限公司

开本	787 mm×1 092 mm　1/16
印张	20.5
字数	498 千字
版次	2010 年 12 月第 1 版　2022 年 7 月第 4 版
印次	2022 年 7 月第 1 次印刷
定价	36.00 元

本书如有印装质量问题请直接寄承印厂调换

厦门大学出版社
微信二维码

厦门大学出版社
微博二维码

第 4 版前言

　　数据库应用技术课程是大学计算机科学教育中的一个重要组成部分,学习该课程对于大学生后续的专业应用具有重要意义。Access 2016 数据库管理系统是美国微软公司 Office 产品套件的重要组成部分,是中小型企业常用的数据库软件,是大中专院校非计算机专业常规开设的数据库课程之一;也是全国计算机等级考试二级中唯一一门数据库课程。通过 Access 数据库系统的学习与使用,学习者能够掌握数据库系统的基本理论和操作技能,具备一定的数据库系统的设计和开发能力,以及运用数据库技术解决问题的能力,并由此激发他们结合专业需求在此领域中继续深入学习和研究的意愿。

　　本书是按照福建省高校计算机教学指导委员会审定的大纲和教学基本要求,并参照全国计算机等级考试二级考试大纲数据库程序设计(Access)的要求进行编写。全书以 Access 2016 为对象,介绍了关系数据库的基本知识与概念以及 Access 2016 数据库的建立与使用,并结合实例讲解了表、查询、窗体、报表、宏等各种数据库对象的使用方法。全书以"学生成绩管理系统"的设计与实现作为教学案例,并以此贯穿全书内容来介绍 Access 的使用、操作与设计方法。本书还结合 VBA,讲解了程序设计的基本知识以及各种程序语句的使用,使学生了解如何使用 VBA 对数据库进行操作。这些特点,读者在学习和使用 Access 的过程中会逐步体验到。

　　本教材各章都配有思考题与练习题,以及配套的实验指导,方便教学与实验使用。

　　本书由集美大学鄂大伟教授和闽南师范大学郑荔平副教授担任主编并组织编写,参编的学校与教师有福州大学的张莹副教授、福建农林大学的陈琼副教授、闽南师范大学的傅为副教授、莆田学院的黄朝辉副教授。在此,感谢福建省高校计算机教学指导委员会的各位专家对数据库课程改革方案的支持以及对本教材的审定,同时感谢厦门大学出版社在本书策划、编辑、出版过程中给予的大力支持。

　　限于作者水平,书中不当和错误之处难免,敬请读者不吝赐教。

编　　者

2022 年 1 月

目　录

第1章

数据库技术概论

信息时代,人类知识以惊人的速度增加,如何组织和利用这样庞大的知识,成为信息时代急需解决的技术问题之一。作为软件技术的一个重要分支,数据库技术的发展和应用一直是计算机科学的重要发展领域,受到人们的重视。

数据库技术是管理数据的一种科学、有效的方法,它研究如何组织和存储数据,如何高效地获取和处理数据,并将这种方法用现代的软件技术实现,为信息时代提供安全、方便、有效的信息管理。因此,了解数据库技术的基本原理,对于科学地组织和存储数据,高效地获取和处理数据,方便而充分地利用宝贵的信息资源是十分重要的。

本章知识结构导航如图 1-1 所示。

图 1-1 本章知识结构导航

1.1 数据库与数据库管理系统

1.1.1 我们身边的数据库应用

数据库系统现已成为人们生活中重要的组成部分，你可能正在使用它却觉察不到。作为对数据库讨论的开始，这里首先研究一些数据库系统的常见应用。为此，暂时将数据库看作一组相关的数据，将数据库管理系统看作管理和控制对数据库进行访问的软件。下面是在我们日常生活中与数据库技术有联系的例子。

1. 在超级市场购物

当顾客在超市购买商品时，就正在访问一个数据库。收银员使用一个条形码阅读器扫描客户购买的每一件商品，这个条形码阅读器连接着一个应用程序，该程序根据条形码从商品数据库中找出商品价格，从存货中减少这种商品的数量，售货终端自动计算显示价钱，并且将当前客户的购物款通过网络写入数据库。如果存货量低于预定的值，数据库系统将提示预订以补充存货（图 1-2）。

图 1-2 购销示意图

2. 用信用卡消费

当使用信用卡购买商品时，售货员一般要检查客户是否有足够的信用水平。该项检查可以通过打电话进行，也可以通过一个与计算机系统相连接的信用卡阅读器自动进行。无论采用哪种方式，都一定在某处存有客户曾用信用卡消费的所有信息。

此外，数据库应用程序需要访问数据库，在确认消费之前，检查信用卡不属被盗或者丢失之列。还有一些其他的应用程序向每个信用卡持有者发送每月的信用卡使用记录,并在收到付款之后向信用卡账户发送记录。

3. 使用图书馆系统

当我们凭借书卡去图书馆借书时,系统将含有一个条形码阅读器,用来记录进出图书馆的所有图书。图书馆中的数据库会给读者提供许多服务,如图书馆的馆藏(馆内所有书的详细资料)、读者的详细信息以及预定情况等。数据库系统提供书目的查询索引,读者可输入书名、作者名或图书摘要等信息查找所需要的图书。数据库系统还能处理预定情况,即允许读者预定图书,当该书可以借阅时,用邮件的方式通知读者。系统还向借书的读者发送提醒信息,告知借阅者逾期没有归还的所借书目。

4. 学籍及成绩管理

如果你正在大学就读,学校可能有一个包含学生所有信息的数据库系统,包括所注册的课程、曾获得的各类奖学金、往年已选修的课程和今年正在选修的课程以及所有考试成绩。可能还有一个数据库包含在大学工作的教师与职员的详细信息,为开设的课程提供个人信息。

5. 基于 WWW 的 Web 数据库系统

从数据资源的角度来说,WWW 系统实际是一个大型的分布式超媒体信息数据库,是目前 Internet 的主流信息服务方式。客户端只要使用手机 app 或 Web 浏览器,通过 Internet 访问 Web 站点,就可获取其所需要的信息和资源。

目前很多商业机构提供了大量的在线移动服务,比如,当用户用手机浏览淘宝、京东等电子商务网站时,所访问的其实是存储在某个数据库中的数据;当确认了一个网上订购时,用户的订单也就保存在某个数据库中了。当用户访问一个银行网站,检索账户余额和交易信息时,这些信息也是从银行的数据库系统中提取出来的。

基于 Web 的数据库系统的另一个广泛应用是网络信息搜索。当使用"Google"或"百度"等搜索引擎时,需要的信息也是从某个数据库中提取的,并且那些适合的内容会被选择、显示出来。因此,尽管用户界面隐藏了访问数据库的细节,大多数人可能并没有意识到他们正在和一个数据库打交道,然而今天访问数据库已经成为人们生活中的基本组成部分。

1.1.2　数据库系统的组成

数据库系统(database system,DBS)是一个整体的概念,从根本上说,它是一个提供数据存储、查询、管理和应用的软件系统,是存储介质、处理对象和管理系统的集合体;从数据库系统组成的一般概念而言,它主要包括数据库(database)、数据库管理系统(database management system,DBMS)、数据库应用系统和数据库用户,各部分之间的关系如图 1-3 所示。

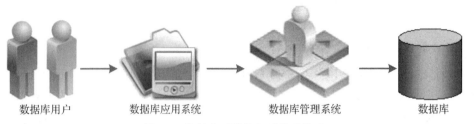

数据库用户　　　数据库应用系统　　　数据库管理系统　　　数据库

图 1-3　数据库系统的组成及其关系

1. 数据库

数据库虽从字面上可理解为数据的仓库，但事实上它并非通常意义下的仓库。数据库中的数据不是杂乱无章的堆集，而是以一定结构存储在一起且相互关联的结构化数据集合。数据库不仅存放了数据，而且存放了数据与数据之间的关系。一个数据库系统中通常有多个数据库，每个库由若干张表（table）组成。例如，要创建一个学生成绩的数据库，就要建立一个学生表、开设的课程表和学生成绩表，还要为授课的教师建立一个教师表，这些表之间存在着某种关联关系。每个表具有预先定义好的结构，它们包含的是适合于该结构的数据。表由记录组成，在数据库的物理组织中，表以文件形式存储。

2. 数据库管理系统

数据库管理系统（DBMS）是用于描述、管理和维护数据库的软件系统，是数据库系统的核心组成部分。DBMS 建立在操作系统的基础上，对数据库进行统一的管理和控制。它接受用户的操作命令并予以实施，用户借助于这些命令就可以完成对数据库的管理操作。总之，对数据库的一切操作都是在 DBMS 控制下进行的。无论是数据库管理员还是终端用户，都不能直接对数据库进行访问或操作，而必须利用 DBMS 提供的操作语言来使用或维护数据库中的数据。从这个意义上说，DBMS 是用户和数据库之间的接口。

数据库管理系统的功能可以概括为下列 3 个方面：

（1）描述数据库。描述数据库的逻辑结构、存储结构、语义信息、保密要求等。

（2）管理数据库。控制整个数据库系统的运行，控制用户的并发性访问，检验数据的安全、保密与完整性，执行数据的检索、插入、删除、修改等操作。

（3）维护数据库。控制数据库初始数据的装入，记录工作日志，监视数据库性能，修改更新数据库，重新组织数据库，恢复出现故障的数据库。

3. 数据库应用系统

数据库应用系统是程序员根据用户需要在 DBMS 支持下运行的一类计算机应用系统。在微机上的数据库应用系统一般都使用通用 DBMS，如 Access，Visual FoxPro，SQL Server 等。程序员只需进行数据库和应用程序的设计，其他功能由 DBMS 提供。

近年来，许多 DBMS 提供了多种面向用户的数据库应用程序开发工具，如各种向导、查询、窗体、报表等，这些工具可以简化使用 DBMS 的过程，在很大程度上减少了编程量，使得一般用户也可以进行数据库应用系统的开发。

4. 数据库用户

数据库系统中有多种用户,他们分别扮演不同的角色,承担不同的任务,如图 1-4 所示。

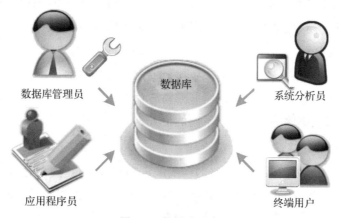

图 1-4　数据库用户

终端用户具体使用和操作数据库应用系统,通过应用系统的用户界面使用数据库来完成其业务活动。数据库对最终用户是透明的,他们不必了解数据库系统实现的细节。

应用程序员以用户需求为基础编制具体的应用程序,操作数据库,数据库的模式结构保证了他们不必考虑具体的存储细节。

系统分析员要负责应用系统的需求分析与规范说明,需要从总体上了解、设计整个系统,因此他们必须结合终端用户及数据库管理员的需求,确定系统的软硬件配置并参与数据库各级模式的概要设计。

数据库管理员(database administrator,DBA)负责全面管理和控制数据库系统,其素质在一定程度上决定了数据库应用的水平,因此他们是数据库系统中最重要的人员。

1.1.3　数据库系统的特点

1. 可实现数据共享

数据库技术的根本目标之一是要解决数据共享的问题。共享是指数据库中的相关数据可为多个不同的用户所使用,这些用户中的每一个都可存取同一块数据并可将它用于不同的目的。由于数据库实现了数据共享,从而避免了用户各自建立应用文件,减少了大量重复数据。

2. 可减少数据冗余

数据冗余是指数据之间的重复,或者说是同一数据存储在不同数据文件中的现象。冗余数据和冗余联系容易破坏数据的完整性,给数据库维护增加困难。例如,假设某高校人事管理部门和教学管理部门各自有一个有关教职工的文件,其中都包括教师个人的信息。如果人事管理部门的某个教职工信息得到了修改或更新,而教学管理部门的相关信息并没有更新,就造成了数据的不一致。

3. 可实施标准化

标准化的数据存储格式是进行系统间数据交换的重要手段，是解决数据共享的重要课题之一。如果数据的定义和表示没有统一的标准和规范，同一领域不同数据集、不同领域相关数据集的数据描述不一致，就会严重影响数据资源的交换和共享。

4. 可保证数据安全

有了对工作数据的全部管理权，就能确保数据库管理员只能通过正常的途径对数据库进行访问和存取，还能规定存取机密数据时所要执行的授权检查。对数据库中每块信息进行的各种存取（检索、修改、删除等），可建立不同的检查。

5. 可保证数据的完整性

数据的完整性问题是对数据库进行的一些限定和规则制定，通过这些限定和规则可以保证数据库中数据的合理性、正确性和一致性。例如，在关系数据库中，数据完整性规则包括实体完整性、参照完整性和用户定义完整性 3 个方面。关系模型应提供定义和检验这类完整性的机制，以便用统一的方法处理它们，而不要由应用程序承担这一功能。

1.1.4 数据库系统 3 级模式结构

创建数据库系统的主要目的之一是为用户提供一个数据的抽象视图，隐藏数据的存储结构和存取方法等细节，以方便用户使用。从数据库管理系统的角度来看，数据库系统通常采用 3 级模式结构，即外模式、概念模式和内模式，如图 1-5 所示。

图 1-5　数据库系统的 3 级模式结构

1. 外模式

外模式亦称用户模式，是数据库用户看到的视图模式。视图是数据库用户（包括应用各方和终端用户）看见使用的局部数据的逻辑结构和特征的描述，是与某一应用有关的数据逻辑表示。视图在概念上是一个关系，用户可以像关系一样使用视图，查询视图中的记录。

2. 概念模式

概念模式是使用概念数据模型为用户描述整个数据库的逻辑结构。概念模式隐藏了物理存储结构的细节，主要描述实体、属性、数据类型、实体间联系、用户操作等概念。

3. 内模式

内模式亦称存储模式,是数据库系统内部的表示,即对数据的物理结构和存储方式的描述。一个数据库只有一个内模式。

数据库系统的 3 级模式是对数据的 3 个抽象级别,它把数据的具体组织留给 DBMS 管理,使用户能逻辑地、抽象地处理数据,从而实现了数据的独立性,即当数据的结构和存储方式发生变化时,应用程序不受影响。为了实现这 3 级模式的转换,DBMS 提供相邻 2 级结构之间的映象,用户只需关心自己的局部逻辑结构就可以了,不必关心数据在系统内的表示与存储。

1.2 关系模型与关系数据库

1.2.1 由现实世界到数据世界

获得一个数据库管理系统所支持的数据模型的过程,是一个从现实世界的事物出发,经过人们的抽象,以获得人们所需要的概念模型和数据模型的过程。信息在这一过程中经历了 3 个不同的世界:现实世界、概念世界和数据世界,如图 1-6 所示。

图 1-6 从现实世界到数据世界的过程

1. 现实世界

现实世界就是人们通常所指的客观世界,事物及其联系就处在这个世界中。一个实际存在并且可以识别的事物称为个体,个体可以是一个具体的事物,如一个人、一台计算机、一个企业网络;个体也可以是一个抽象的概念,如某人的爱好与性格。通常把具有相同特征个体的集合称为全体。

2. 概念世界

概念世界又称信息世界,是指现实世界的客观事物经人们综合分析后,在头脑中形成的印象与概念。现实世界中的个体在概念世界中称为实体。概念世界不是现实世界的简单映象,而是经过选择、命名、分类等抽象过程产生的概念模型。或者说,概念世界是对信息世界的建模。

3. 数据世界

数据世界又称机器世界。一切信息最终都是由计算机进行处理的,所以进入计算机的信息必须是数字化的。当信息由信息世界进入数据世界后,对应于信息世界的实体和属性等在数据世界中要进行数据化的表示,如每一个实体在数据世界中称为记录;对应于属性的称为数据项或字段;对应于实体集的称为文件。

1.2.2 概念模型的表示方法:E-R 图

有很多方法可以表示概念模型,其中最常用的一种是 E-R 图(entity-relationship diagram),也称为实体-联系图。E-R 图是用来描述现实世界的模型,是数据设计的有力工具。

构成 E-R 图的基本要素是实体、属性和联系,用到的符号包括矩形、椭圆形、菱形及其连线,如图 1-7 所示。

图 1-7　E-R 图的表示符号

1. 实体(entity)

在信息世界中,客观存在并且可以相互区别的事物称为实体,如某个学生、某一门课程、某个教师均可以看成是实体。同一类实体的集合称为实体集(entity set),如全体学生的集合。

实体在 E-R 图中用矩形表示,矩形框内写明实体名。

2. 属性(attribute)

属性用于描述实体的某些特征。一个实体可由若干个属性来刻画,如"学生"实体可用学号、姓名、性别、出生日期等属性来描述。

唯一标识实体的属性或属性集称为键(key),如学生的学号可以作为学生实体的键。由于学生的姓名有可能相同,因此其不能作为学生实体的键。

每个属性都有自己的取值范围,属性的取值范围称为该属性的值域。例如,"成绩"属性的值域可能是 0～100,而"性别"属性的取值只能是"男"或"女"。

在 E-R 图中属性用椭圆形表示,并用无向边连线将其与相应的实体连接起来。图 1-8 所示为学生实体及其属性,图 1-9 所示为成绩实体及其属性。

图 1-8　学生实体及其属性　　　　图 1-9　成绩实体及其属性

3. 域(domain)

属性的取值范围称为该属性的域,实体的属性值是数据库中存储的主要数据。例如,"学号"的域为字母和数字的组合,"姓名"的域为字符串集合,"性别"的域为"男"或"女"。

4. 联系(relationship)

正如现实世界中事物之间存在着联系一样,实体之间也存在着联系。实体之间的联系通常是指不同实体集之间的联系。实体间的联系可分为一对一、一对多与多对多 3 种联系类型,如图 1-10 所示。

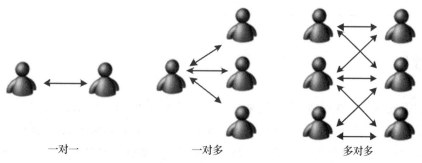

一对一　　　　　　　　　一对多　　　　　　　　　多对多

图 1-10　实体间的 3 种联系

设 A,B 为两个实体集,则每种联系类型的简单定义可叙述如下:

(1)一对一联系(1:1)。若实体集 A 中的每个实体至多和实体集 B 中的一个实体有联系,且反之亦如此,则称 A 与 B 是一对一的联系,记作 1:1。例如,一个学校只有一个校长,并且一个校长只能在一所学校任职,则学校与校长两个实体间是一对一的联系。

(2)一对多联系(1:n)。若实体集 A 中的每一个实体和实体集 B 中的多个实体有联系,反之,实体集 B 中的每个实体至多只和实体集 A 中一个实体有联系,则称 A 与 B 是一对多的联系,记作 1:n。例如,一个学校有很多个学生,而每个学生只能在一个学校注册,则学校与学生两个实体间是一对多的联系。

(3)多对多联系(m:n)。若实体集 A 中的每一个实体和实体集 B 中的多个实体有联系,且反之亦如此,则称 A 与 B 是多对多的联系,记作 m:n。例如,一个学生可以选修多门课程,而每一门课程也可以有多名学生选修,则课程与学生两个实体间是多对多的联系。

联系在 E-R 图中用菱形表示,菱形框内写明联系名,并用无向边连线分别将各菱形与有关实体连接起来,同时在无向边连线旁标上联系的类型(1:1,1:n 或 m:n)。例如,教师给学生授课存在"授课"关系,学生选修课程存在"选课"关系,各实体间通过联系相关联,且存在着多对多(m:n)的联系,如图 1-11 所示。

图 1-11 多对多联系示例

表 1-1 列出了从现实世界到数据世界有关术语的映射与对照,有助于读者理解这些概念之间的联系与区别。

表 1-1　3 个不同世界术语对照

现实世界	概念世界	数据世界
组织（事物及其联系）	实体及其联系	数据库
事物类（总体）	实体集	文件
事物（对象/个体）	实体	记录
特征	属性	数据项（字段）

1.2.3　数据库模型

当人们描述现实世界时，通常采用某种抽象模型来描述。广义地讲，模型（model）是对客观世界中复杂对象的抽象描述，获取模型的抽象过程称为建模（modeling）。例如，如果用数学的观点来描述现实世界，就可以建立一个数学模型；用物理学的观点来描述现实世界，就得到了一个关于它的物理模型；在数据库系统中，用数据的观点来描述现实世界，就获得了它的数据模型。

数据库模型（database model）是数据库系统中用于提供信息表示和操作手段的形式构架。从构成上看，数据结构、数据操作与数据的约束条件是数据模型的 3 个要素。数据结构部分规定了数据如何被描述（如树、表等），数据操作部分规定了数据的添加、删除、显示、维护、打印、查找、选择、排序、更新等操作，数据的约束条件是一组完整性规则的集合。例如，常见的关系数据库模型就是由关系数据结构、关系操作集合和关系完整性约束 3 部分组成。

1.2.4　关系模型的基本概念及性质

关系模型是一种用二维表表示实体集、主键标识实体、外键表示实体间联系的数据模型。关系模型的主要优点是数据表达简单，即使是比较复杂的查询也很容易表达出来，因而得到广泛使用。使用关系模型的数据库称为关系型数据库，Access 就是一种关系型数据库。

鉴于关系模型的重要性和广泛使用，本节将重点介绍关系的一些基本概念，这些知识点对于理解什么是关系模型十分重要。

1. 关系模型的基本概念

（1）关系：对应通常所说的表，它由行和列组成。

（2）关系名：每个关系要有一个名称，称之为关系名。

（3）元组：表中的每一行称为关系的一个元组，它对应于实体集中的一个实体。

（4）属性：表中的每一列对应于实体的一个属性，每个属性要有一个属性名。

（5）值域：每个属性的取值范围称为它的值域。关系的每个属性都必须对应一个值域，不同属性的值域可以相同，也可以不同。

（6）主键：又称主码，为了能够唯一地定义关系中的每一个元组，关系模型需要用表中的某个属性或某几个属性的组合作为主键。按照关系完整性规则,主键不能取空值(Null)。

(7)外键:在关系模型中,为了实现表与表之间的联系,通常将一个表的主键作为数据之间联系的纽带放到另一个表中,这个起联系作用的属性称为外键。例如,在学生表(表1-2)和成绩表(表1-3)中,利用公共属性"学号"实现这两个表的联系,这个公共属性便是一个表的主键和另一个表的外键。

通过公共属性"学号"实现两个表的关联

表 1-2　学生表

学号	姓名	性别	生源	专业编号
S01001	王小闽	男	福建	P01
S01002	陈京生	男	北京	P01
S02001	张渝	男	四川	P02
S02002	赵莉莉	女	福建	P02

表 1-3　成绩表

学号	课程号	成绩
S01001	C001	87.00
S01001	C002	90.00
S01002	C003	90.00
S01002	C004	88.00
S02001	C006	80.00
S02002	C002	76.00

对关系及其属性的描述可用下列形式表示:

关系名(属性1,属性2,……,属性n)

例如,学生关系可描述为:

学生(学号,姓名,性别,生源,专业编号)

2. 关系模型的性质

关系是一个二维表,但并不是所有的二维表都是关系。关系应具有下列性质,这些性质又可以看成是对关系基本概念的另一种解释:

(1)关系中每个属性值是不可分解的。

(2)关系中每个元组代表一个实体,因此不允许存在两个完全相同的元组。

(3)元组的顺序无关紧要,可以任意交换,不会改变关系的意义。

(4)关系中各列的属性值取自同一个域,故一列中的各个分量具有相同性质。

(5)列的次序可以任意交换,不改变关系的实际意义,但不能重复。

3. 关系模型支持的3种基本运算

(1)选择(selection)。选择运算是根据给定的条件,从一个关系中选出一个或多个元组(表中的行)。被选出的元组组成一个新的关系,这个新的关系是原关系的一个子集。例如,表1-4就是从表1-2关系中选取"性别"为"男"性而组成的新关系。

(2)投影(projection)。投影就是从一个关系中选择某些特定的属性(表中的列)重新排列组成一个新关系,投影之后属性减少,新关系中可能有一些行具有相同的值。如果这种情况发生,重复的行将被删除。例如,表1-5就是从表1-4关系中选取部分属性而得到的新关系。

表 1-4　选择运算

学号	姓名	性别	生源	专业编号
S01001	王小闽	男	福建	P01
S01002	陈京生	男	北京	P01
S02001	张渝	男	四川	P02

表 1-5　投影运算

学号	姓名	性别	生源
S01001	王小闽	男	福建
S01002	陈京生	男	北京
S02001	张渝	男	四川

（3）连接（join）。连接运算是从两个或多个关系中选取属性间满足一定条件的元组，组成一个新的关系。例如，表 1-6 就是将表 1-2 和表 1-3 按条件（学号）进行连接而生成的新关系。

表 1-6　连接运算

学号	姓名	性别	课程号	成绩
S01001	王小闽	男	C001	87.00
S01001	王小闽	男	C002	90.00
S01002	陈京生	男	C003	90.00
S01002	陈京生	男	C004	88.00
S02001	张渝	男	C006	80.00
S02002	赵莉莉	女	C002	76.00

1.2.5　关系完整性

关系模型的完整性规则是对关系的某种约束条件。为了维护数据库中数据与现实世界的一致性，关系数据库的数据与更新操作必须遵循下列 3 类完整性规则，即实体完整性、参照完整性和用户定义的完整性。

1. 实体完整性（entity integrity）

实体完整性是针对基本关系的，一个基本表通常对应于现实世界中的一个实体集。实体完整性规定关系的所有元组的主键属性不能取空值，如果出现空值，那么主键值就起不了唯一标识元组的作用。例如，当选定学生表中的"学号"为主键时，则"学号"属性不能取空值。

2. 参照完整性（referential integrity）

现实世界中的实体之间往往存在某种联系，这样就会存在关系之间的引用。参照完整性实质上反映了"主键"属性与"外键"属性之间的引用规则。例如，"学生"表和"成绩"表之间存在着属性之间的引用，即"成绩"表引用了"学生"表中的主键"学号"，显然，"成绩"表中"学号"属性的取值必须存在于"学生"表中。

3. 用户定义的完整性（user-defined integrity）

实体完整性和参照完整性是任何关系数据库系统都必须支持的。除此之外，不同的关系数据库系统根据其应用环境的不同，往往还需要一些特殊的约束条件，用户定义的完整性就是针对某一具体关系的数据库的约束条件,它反映了某一具体应用所涉及的数据必须满足的语义要求。例如,可以根据具体的情况规定学生成绩的分值应在 0～100 之间。

由以上介绍可见,实体完整性和参照完整性是关系模型必须满足的完整性约束条件,被称为关系的两个不变性,应该由关系数据库系统自动支持;用户定义的完整性是应用领域需要遵循的约束条件,体现了具体领域中的语义约束。

1.3　数据库应用系统设计

数据库应用系统的设计是指创建一个性能良好、能满足不同用户使用要求的,又能被选定的 DBMS 所接受的数据库以及基于该数据库上的应用程序。实践表明,数据库设计是一项软件工程,开发过程必须遵循软件工程的一般原理和方法。

数据库不是独立存在的,它总是与具体的应用相关,为具体的应用而建立。数据库设计的目标是对于一个给定的应用环境,构造出最优的数据库模式,进而建立数据库及其应用系统,满足各种用户的应用要求。设计一个数据库需要耐心收集和分析数据,仔细理清数据间的关系,消除对数据库应用不利的隐患等。一个数据库的设计好坏将直接影响将来基于该数据库的应用。整个数据库的设计过程必须按步骤认真完成。

关系数据库的设计过程可按以下步骤进行:

(1)数据库系统需求分析。

(2)概念数据库设计。

(3)逻辑数据库设计。

(4)关系的规范化。

(5)数据库的创建与维护。

在最初的设计中,不必担心发生错误或遗漏。若在数据库设计的初始阶段出现一些错误,在 Access 中是极易修改的;但一旦数据库中拥有大量数据,并且被用到查询、报表、窗体或 Web 访问页中,再进行修改就非常困难了。因此在确定数据库设计之前一定要做适量的测试和分析工作,排除其中的错误和不合理的设计。

1.3.1　数据库系统需求分析

系统需求分析,是为了了解系统到底需要什么样的功能,以便设计数据库系统。数据库设计的最初阶段必须对用户需求有较清楚的了解,设计前与用户深入沟通、与有经验的设计人员交流是十分重要的。

下面简单分析学生成绩管理系统的功能需求。

学生成绩管理是学校教务管理现代化的重要环节,系统的设计目标是为了对学生成绩等相关数据实现信息化管理,以提高工作效率,方便用户。该系统的基本要求是采用 Access 数据库对学生成绩进行管理,要求能够方便地查询到相关的教学信息,包括学生的基本信息、选课成绩、课程信息、教师信息、专业信息等，并且能够对这些数据进行添加、修改、删除、查询等操作。系统还应该考虑对数据库的完整性要求，保证数据的一致性。

1.3.2　概念数据库设计

在需求得到分析及确认后，就进入数据库设计过程的第二阶段——概念数据库设计。概念设计是对现实世界的一种抽象，它抽取了客观事物中人们所关心的信息，忽略了非本质的细节，并对这些信息进行精确的描述。概念模型设计是根据用户需求设计的数据库模型，可用实体-联系模型（E-R 模型）表示。

E-R 模型是在数据库设计中被广泛用作数据建模的工具。它所表示的概念模型与具体的 DBMS 所支持的数据模型相独立，是各种数据模型的共同基础。在进行概念数据库设计时，应对各种需求分而治之，即先分别考虑各个用户的需求，形成局部的概念模型（又称为局部 E-R 模式），其中包括确定实体、属性；然后再根据实体间联系的类型，将它们综合为一个全局的结构。全局 E-R 模式要支持所有局部 E-R 模式，合理地表示一个完整的、一致的数据库概念结构。

概念模型是对用户需求的客观反映，并不涉及具体的计算机软、硬件环境。因此，在这一阶段中必须将注意力集中在怎样表达出用户对信息的需求，而不考虑具体的实现问题。

经过需求分析，下面给出学习成绩管理系统的全局 E-R 图（图 1-12），图中共有 4 个实体，分别是学生、课程、教师与专业；各实体通过联系关联起来，联系确定后也要命名，命名应该反映联系的语义，通常采用某个动词命名，如"选课""授课"等。联系本身也可以产生属性，如"选课"联系的"成绩"属性。

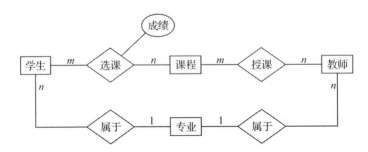

图 1-12　学习成绩管理系统的全局 E-R 模式

1.3.3　逻辑数据库设计

概念设计阶段完成以后，就得到了数据库的 E-R 模式。在这个环节，必须选择一个 DBMS 来实现数据库设计，将概念数据库设计转换为 DBMS 支持的关系模式，完成逻辑结构的设计。因此，逻辑数据库设计的主要任务就是将 E-R 模式转化为关系数据库模式。

E-R 模式是由 3 个要素组成的，即实体型、实体的属性和实体间的联系。因此将 E-R 模式转换为关系模式实际上就是要将实体型、实体的属性和实体间的联系转换为关系模式。这种转换遵循的原则是：一个实体型转换为一个关系模式，实体的属性就是关系的属性，实体的键就是关系的键。

对于实体型间不同类型的联系，转换的规则是：

（1）若实体间的联系是 1∶1，则可以在两个实体类型转换成的两个关系模式中，任意选择一个关系模式，在其属性中加入另一个关系模式的键和联系类型的属性。

（2）若实体间的联系是 1∶n，则需在 n 端实体类型转换成的关系模式中加入 1 端实体类型的键和联系类型的属性。

（3）若实体间的联系是 m∶n，则将联系类型也转换成关系模式，其属性为两端实体类型的键加上联系类型的属性，而键为两端实体键的组合。

（4）3 个或 3 个以上实体间的一个多元联系可以转换为一个关系模式，与该多元联系相连的各实体键以及联系本身的属性均转换为关系的属性，各实体键组成关系的键或关系键的一部分。

由学生成绩管理系统整体 E-R 图，按照 E-R 图向关系模型的转换规则，将实体、实体的属性和实体间的联系转换为关系模式，得到的关系模式如下：

学生（学号，姓名，性别，出生日期，生源，照片，专业编号）

主键：学号　　外键：专业编号

课程（课程编号，课程名称，学时，学分，学期，教师编号）

主键：课程编号　　外键：教师编号

专业（专业编号，专业名称，专业负责人）

主键：专业编号

教师（教师编号，姓名，性别，出生年月，职称，专业编号）

主键：教师编号　　外键：专业编号

成绩（学号，课程编号，成绩）

外键：学号，课程编号

其中"成绩"关系由"选课"联系得来，并包括本身的属性"成绩"。

1.3.4　关系的规范化*

设计关系数据库时，关系模式不可以随意建立，它们必须满足一定的规范化要求，以使结构更合理，消除存储异常，使数据冗余尽量小，便于插入、删除和更新。在关系数据库中，这种规则就是范式（normal form，NF）。范式是符合某一种级别的关系模式的集合，目前关系数据库有 6 种范式：第一范式（1NF）、第二范式（2NF）、第三范式（3NF）、第四范式（4NF）、第五范式（5NF）和第六范式（6NF）。满足最低要求的范式是第一范式（1NF），在第一范式的基础上进一步满足更多要求的称为第二范式（2NF），其余范式以此类推。一般说来，数据库只需满足第

＊　此部分为选学内容。

三范式（3NF）即可。

在介绍范式之前，先要搞清楚函数依赖的概念。在实际的数据库设计中，除了实体集间存在着联系外，在属性间（即数据项间）还存在着一定的依赖关系，由此就引入了属性间的函数依赖概念。下面给出函数依赖的定义：

【定义 1-1】关系中的主键 x 有一取值，随之确定了关系中的非主属性 y 的值，则称关系中的非主属性 y 函数依赖于主键 x，或称属性 x 函数决定属性 y，记作 $x \rightarrow y$。其中 x 叫作决定因素，y 叫作被决定因素。

下面我们举例介绍第一范式（1NF）、第二范式（2NF）和第三范式（3NF）。

1. 第一范式（1NF）

【定义 1-2】如果一个关系模式 R 的所有属性都是不可分的基本数据项，则称 R 属于第一范式的关系模式，记为 $R \in 1NF$。

第一范式是指，当一个关系中不存在组合数据项和多值数据项，只存在不可分的数据项时，这个表是规范化的。在任何一个关系数据库中，第一范式（1NF）是对关系模式的基本要求，不满足第一范式（1NF）的数据库就不是关系数据库。

例如，一个"选课"关系由"学号"和"课程名称"两个属性组成，在实际选课过程中，会出现一个学生选择多门课程的情况，见表 1-7，这样"课程名称"列中出现了存在多个值的情况，很显然该关系不满足第一范式（1NF）的要求。

由非规范化关系转化为规范化关系 1NF 的方法很简单，只要去除属性中多值的情况，将表 1-7 从纵向展开即可，使"课程名称"为单值数据项，见表 1-8。

表 1-7　不满足 1NF 的关系

学号	课程名称
S001	数据库应用，音乐欣赏
S002	大学信息技术，高级程序设计

表 1-8　满足 1NF 的关系

学号	课程名称
S001	数据库应用
S001	音乐欣赏
S002	大学信息技术
S002	高级程序设计

2. 第二范式（2NF）

【定义 1-3】若关系模式 $R \in 1NF$，且每一个非主属性都完全函数依赖于主键（或主码），则称 R 属于第二范式的关系模式，记为 $R \in 2NF$。

例如，"学生"关系中设计了"学号"属性，因为每个学生的学号是唯一的，所以每个学生可以被唯一区分，则"学号"属性列被称为主关键字（或主键、主码）。

第二范式要求关系中的非主属性（不能用作候选关键字的属性）完全依赖于主关键字。所谓完全依赖，是指不能存在仅依赖主关键字一部分的属性。如果存在，那么这个属性和主关键字的这一部分应该分离出来形成一个新的关系，新关系与原关系之间是一对多的关系。

2NF 示例分析：在学生成绩管理中，有同学设计"选课"关系模式如下：

选课（学号，课程号，成绩，学分）

可以看出,在"选课"关系中,主键为组合关键字(学号,课程号)。

在实际应用中,使用以上关系模式存在以下问题:

(1)数据冗余。假设同一门课由 40 个学生选修,则学分就重复了 40 次。

(2)更新异常。若调整了某课程的学分,相应元组的学分值都要更新,则有可能会出现同一门课学分不同的情况。

(3)插入异常。若计划开新课,由于没人选修,所以没有学号关键字,则只能等有人选修才能把课程和学分存入。

(4)删除异常。若学生已经结业,从当前数据库删除选修记录,而某些课程新生尚未选修,则这些课程及学分记录无法保存。

造成以上问题的原因是:非关键字属性"学分"仅函数依赖于"课程号",也就是"学分"属性部分依赖组合关键字(学号,课程号)而不是完全依赖。

解决方法是将原有关系分解成以下两个新关系模式:

成绩(学号,课程号,成绩)

课程(课程号,学分)

新关系包括两个关系模式,它们之间通过关键字"课程号"相联系,满足了第二范式的要求。

3. 第三范式(3NF)

【定义 1-4】若关系模式 $R \in 2NF$,且 R 中的每一非主属性都不传递依赖于任何关键字,则称 R 属于第三范式的关系模式,记为 $R \in 3NF$。

所谓传递函数依赖,是指如果存在"A→B→C"的决定关系,则 C 传递函数依赖于 A。

3NF 示例分析:在学生成绩管理中,有同学设计"学生"关系模式如下:

学生(学号,姓名,专业编号,专业名称,专业负责人)

很显然,这个关系中也存在大量的数据冗余。有关的几个属性如专业编号、专业名称、专业负责人等信息将重复存储,插入、删除和修改时也将产生数据异常的情况。

这是由关系中存在传递依赖造成的,即学号→专业编号,专业编号→专业负责人;"学号"不直接决定非主属性"专业负责人",而是通过"专业编号"传递依赖实现的,因此不满足第三范式的要求。

要解决以上问题以满足第三范式要求,其解决方法是将原有关系分解为两个新的关系,即

学生(学号,姓名,专业编号)

专业(专业编号,专业名称,专业负责人)

由以上分析可知,部分函数依赖和传递函数依赖是产生数据冗余、异常的两个重要原因,3NF 消除了大部分冗余、异常,具有较好的性能。

1.3.5　数据库的创建与维护

最后一个阶段是数据库的创建与维护。完成数据模型的建立后,设计人员必须对数据库表的字段进行命名,确定字段的类型和宽度,以及字段的属性设置,并利用数据库管理系统创

建其他数据库对象。数据库的实施是数据库设计过程的"最终实现"。

图 1-13 所示为在 Access 中创建的"学生"表数据视图。为方便读者在后续的章节中学习与实践,"学生成绩管理"系统各表的数据视图请参见附录 1。

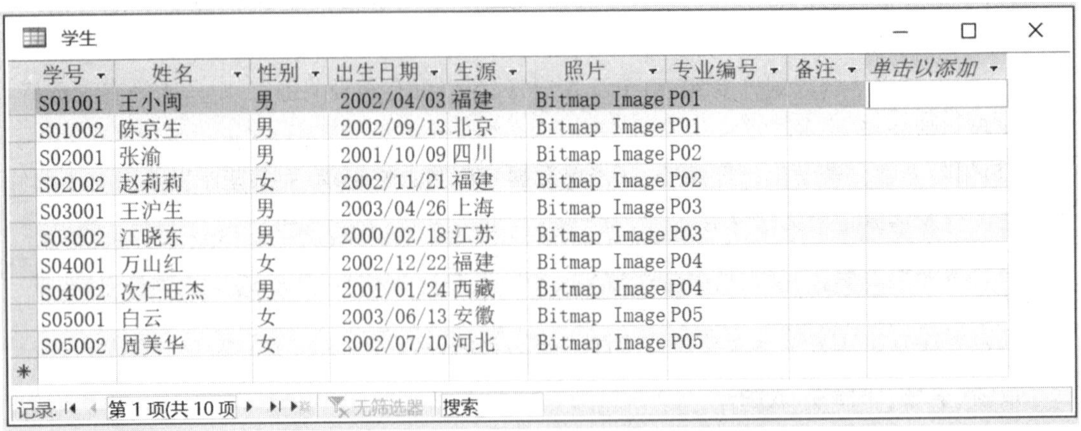

学生								
学号 ▾	姓名 ▾	性别 ▾	出生日期 ▾	生源 ▾	照片 ▾	专业编号 ▾	备注 ▾	单击以添加 ▾
S01001	王小闽	男	2002/04/03	福建	Bitmap Image	P01		
S01002	陈京生	男	2002/09/13	北京	Bitmap Image	P01		
S02001	张渝	男	2001/10/09	四川	Bitmap Image	P02		
S02002	赵莉莉	女	2002/11/21	福建	Bitmap Image	P02		
S03001	王沪生	男	2003/04/26	上海	Bitmap Image	P03		
S03002	江晓东	男	2000/02/18	江苏	Bitmap Image	P03		
S04001	万山红	女	2002/12/22	福建	Bitmap Image	P04		
S04002	次仁旺杰	男	2001/01/24	西藏	Bitmap Image	P04		
S05001	白云	女	2003/06/13	安徽	Bitmap Image	P05		
S05002	周美华	女	2002/07/10	河北	Bitmap Image	P05		

记录: |◀ 第 1 项(共 10 项) ▶ |▶ 无筛选器 搜索

图 1-13 在 Access 中创建的"学生"表数据视图

如果数据库运行正常,则表明数据库设计任务基本结束,以后的重点就是数据库的维护工作,包括做好备份工作、数据库的安全性和完整性调整、改善数据库性能等。

数据库的设计在数据库应用系统的开发中占有很重要的地位,只有设计出合理的数据库,才能为建立在数据库上的应用提供方便。不过数据库的设计过程从来都不会真正结束,因为随着用户需求和具体应用的变化,数据库的结构也可能会随之变化。

1.4 Access 2016 系统概述

Access 作为 Microsoft Office 软件中的一个重要组成部分,与其他数据库管理系统相比,有着相当显著的特点。Access 可以在很短的时间里开发出一个功能强大而且相当专业的数据库应用程序,并且这一过程是完全可视的,如果能给它加上一些 VBA(Visual Basic for Applications)代码,那么其开发出的程序功能会更加强大。

使用 Access 2016 可以高效地完成各种中小型数据库管理工作,如财务、行政、金融、经济、教育、统计、审计等众多的管理领域,尤其是它特别适合非 IT 专业的普通用户开发自己工作所需要的各种数据库应用系统。

本书各章内容均以 Access 2016 为版本进行介绍。

1.4.1 Access 2016 的特点

与以前的其他版本相比,Access 2016 的新增功能与特点使得原来十分复杂的数据库管理、应用和开发工作变得更简单、更轻松、更智能,同时突出了数据共享、网络交流、安全可靠等特性。

Access 2016 主要的特点和新增功能有如下几方面。

1. 使用"操作说明搜索"快速执行

利用 Access 2016 中的功能区上的"操作说明搜索"文本框,用户可以通过在其中输入将要执行的操作的相关词语,快速访问要使用的功能或要执行的操作,还可以选择获取与要查找的内容相关的帮助,如图 1-14-1 所示。当用户无法找到需要操作的某个按钮或菜单时,可以在"操作说明搜索"文本框内单击,输入一个词语,如"参数查询",Access 将会列出与"参数查询"相关的选项。如图 1-14-2 所示。

图 1-14-1　"操作说明搜索"文本框

图 1-14-2 "操作说明搜索"文本框

2. Access 程序新主题

Access 2016 提供了主题工具。使用主题工具可以快速设置、修改数据库外观,利用熟悉且具有吸引力的 Office 主题,从各种主题中进行选择,或者设计自己的自定义主题,以制作出美观的窗体界面、表格和报表。Access 2016 支持"彩色""深灰色""白色"三种主题,用户可以通过"文件"选项卡的"选项"菜单打开"Access 选项"对话框,选择"常规"下的"对 Microsoft

Office 进行个性化设置"组中的"Office 主题"来设置需要的主题类型，如图 1-15 所示。

图 1-15　Office 主题设置

3. 新颖的模板外观

Access 2016 提供了"数据库""业务""日志""行业""列表""个人""联系人"等模板大类，每个大类下又分为若干子类，通过联机搜索还有更多模板可供选择，如图 1-16 所示。这些桌面数据库模板都包含新的入门窗体，指向文章、视频和其他社区资源链接，可以帮助用户快速创建需要的数据库，如图 1-17 所示。

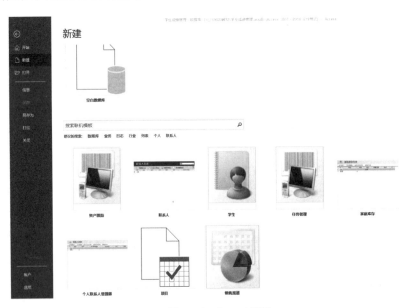

图 1-16　Access 模板

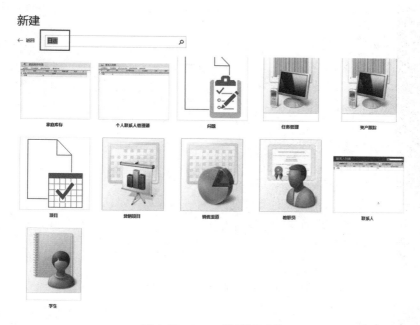

图 1-17　Access 模板"日志"

4. 用户界面

Access 2016 的新用户界面由多个元素组成,这些元素定义了用户与数据库的交互方式。所需要的各种工具全面、直观、醒目、有序地显示在界面上,显得十分简洁,对于新的 Access 用户来说显得万为方便。

5. Web 网络数据库与数据共享

Access 2016 具有通过 Web 网络共享数据库的功能。它提供了两种数据库类型的开发工具,一种是标准桌面数据库类型,另一种是 Web 数据库类型。使用 Web 数据库开发工具可以轻松方便地开发出网络数据库。

此外,Access 2016 可以通过 ODBC(open database connectivity,开放数据库互联)与 Oracle,Sybase,FoxPro 等其他数据库相连,实现数据的交换和共享,并且可以与 Word,Out-look,Excel,XML 等其他软件进行数据的交互和共享。

1.4.2　Access 2016 的主界面

Access 2016 采用了一种全新的用户界面,这种用户界面是 Microsoft 公司重新设计的,可以帮助用户提高工作效率。

用户可以从 Windows 的"开始"菜单或桌面快捷方式启动 Access 2016,启动后的主界面进入"开始"模式,这里可以选择"新建"—"空白数据库"或"打开"已有数据库,如图 1-18 所示,或通过"更多模板"—"搜索联机模板",选择相应的模板创建数据库,如图 1-19 所示。

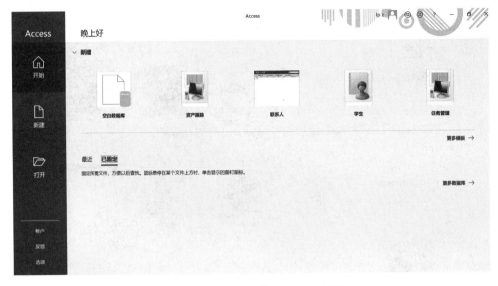

图 1-18　Access 2016 的 Backstage 视图 1

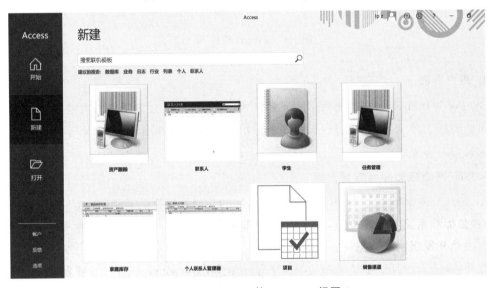

图 1-19　Access 2016 的 Backstage 视图 2

Access 2016 用户界面主要由 6 个元素组成,这 6 个元素提供了供用户创建和使用数据库的环境。

功能区:是一个包含多组命令且横跨程序窗口顶部的带状选项卡区域。

Backstage 视图:是功能区的"文件"选项卡上显示的命令集合。

导航窗格:是 Access 程序窗口左侧的窗格,用户可以在其中使用数据库对象。

选项卡式文档:更加方便对数据库对象的选择。

状态栏:显示用户当前操作对象的状态。

帮助:可以在学习过程中获得帮助。

1. 功能区

Access 2016 最突出的新界面元素是"功能区"。功能区是一个带状区域,贯穿程序窗口的顶部。它主要由多个选项卡组成,这些选项卡上有多个按钮组。

功能区代替了传统的菜单和工具栏,把原来众多的命令精简为最常用的命令提供给用户。例如,如果要创建一个新的对象,可以在"创建"选项卡下找到创建各种对象的方式。同时,使用这种选项卡式的"功能区",可以使各种命令的位置与用户界面更为接近,使各种功能按钮不再深深嵌入菜单中,从而大大方便了用户的使用。

在 Access 2016 的"功能区"中有 6 个选项卡,分别为"文件"、"开始"、"创建"、"外部数据"、"数据库工具"和"帮助",称为 Access 2016 的命令选项卡,其中用户主要使用的选项卡操作见表 1-9。

表 1-9　命令选项卡包括的主要操作

命令选项卡	可以执行的常用操作
开始	选择不同的视图;从剪贴板复制和粘贴;使用记录(刷新、新建、保存、删除、汇总、拼写检查及更多);对记录进行排序和筛选;查找,替换,选择记录;调整窗口;设置文本格式
创建	使用模板,创建表,创建查询,创建窗体,创建报表,创建宏与代码
外部数据	导入或链接到外部数据,导出数据,通过 Web 链接列表
数据库工具	压缩和修复数据库工具,启动 Visual Basic 编辑器或运行宏,创建和查看表关系,运行数据库文档或分析性能,移动数据,管理 Access 加载项

在每个选项卡下,都有不同的组,每个组中包含若干个操作命令,分别如图 1-20 至图 1-23 所示。

图 1-20　"开始"选项卡

图 1-21　"创建"选项卡

图 1-22　"外部数据"选项卡

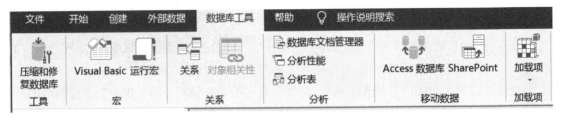

图 1-23 "数据库工具"选项卡

2. Backstage 视图

Backstage 视图即功能区上的"文件"选项卡,在打开 Access 但未打开数据库时,可以看到 Backstage 视图。

该视图中包含应用于整个数据库的命令,每个命令都包含一组相关命令或链接。用户可以从该视图获取有关当前数据库的信息、创建新数据库、打开现有数据库或者查看来自联机模板的特色内容,还可以使用这些命令来调整、维护或共享数据库。

3. 导航窗格

导航窗格区域位于窗口左侧,默认情况下,数据库使用"对象类型"类别来组织数据库对象,用以显示当前数据库中的各种数据库对象。单击"百叶窗开/关"按钮" ≫"或"≪",可打开和关闭导航窗格。

导航窗格可以从多种组织选项中进行选择。该类别包含对应于各种数据库对象的组。单击导航窗格右上方的小箭头,即可弹出"浏览类别"菜单,可以在该菜单中选择查看对象的方式,如图 1-24 所示。

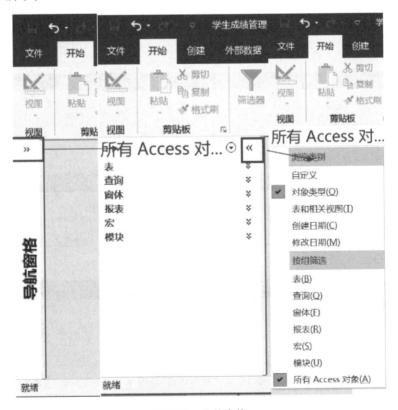

图 1-24 导航窗格

4. 选项卡式文档

可以用选项卡式文档代替重叠窗口来显示数据库对象,以方便用户操作使用(图 1-25)。通过设置 Access 选项可以启用或禁用选项卡式文档。

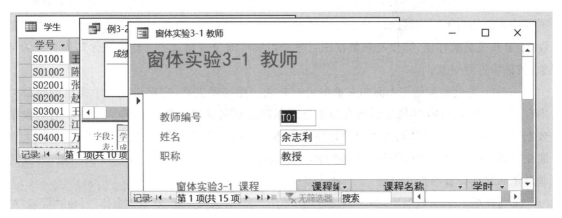

图 1-25 选项卡式文档

5. 状态栏

Access 2016 在窗口底部显示状态栏,可以帮助用户查找状态消息、属性提示、进度指示等。状态栏中还可用视图快速切换活动窗口,不管从哪个视图开始,始终可以使用 Access 窗口中状态栏上的视图按钮切换到其他视图。

6. 获得 Access 帮助

在学习 Access 2016 时,如果你有任何疑问,都可以按 F1 或单击功能区右侧的问号图标来获取帮助(图 1-26)。除了提供文字图片外,Access 帮助还提供了视频教学信息。

1.4.3 Access 的数据库对象

面向对象是当今计算机技术应用发展的主流方法。程序员通过面向对象程序设计来实现所需要的各项功能,操作员通过面向对象的操作来获取所需的操作结果。因此,理解并掌握对象的概念是学习当今计算机技术的基本内容。

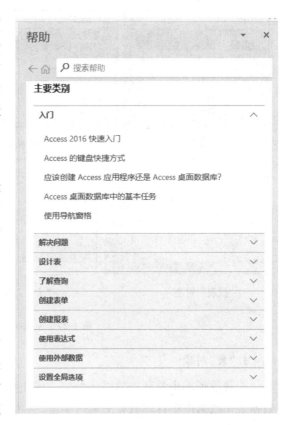

图 1-26 Access 帮助窗口

在客观世界中,可以将任何一个事物看作一个对象。或者说,客观世界是由千千万万个对象组成的。一个数据库应用系统总是包含着若干个数据库,因此,一个数据库即为应用系统中的一个对象。

任一个对象都具有一系列的属性,设定一个对象实际上也就是设定该对象的各个属性值。不同的对象具有不同的属性。对于数据库对象而言,它具有一个非常重要的属性——成员属性,设定其成员属性值,即设定该数据库对象是由哪些对象所组成的。能够包含其他对象的对象,被称为容器对象。

Access 实质上就是一个面向对象的可视化数据库管理工具,它提供了一个完整的对象类集合。人们在 Access 环境中的所有操作与编程都是面向这些对象进行的。Access 的对象是数据库管理的核心,是其面向对象设计的集中体现。用一套对象来反映数据库的构成,极大地简化了数据库管理的逻辑图像。因此,学习 Access 首先需要学习了解 Access 的对象,以及这些对象的属性设置与操作方法。

下面介绍 Access 数据库的六大数据对象,包括"表"对象、"查询"对象、"窗体"对象、"报表"对象、"模块"对象和"宏"对象,如图 1-27 所示。可以说,Access 的主要功能就是通过这六大数据对象来完成的。在以后的各章节里,将结合实例说明各个 Access 对象的具体属性与操作方法。

图 1-27　Access 数据库的数据对象

1．"表"对象

表是数据库中最基本的组成单位。建立和规划数据库,首先要做的就是建立各种数据表。数据表是数据库中存储数据的唯一单位,它将各种信息分门别类地存放在各种数据表中。

一个数据库中的多个表并不是孤立存在的,通过有相同内容的字段可在多个表之间建立关联。例如,"学生成绩管理"数据库中的教师表和授课表之间通过共有字段"教师编号"建立了联系。因此,设计良好的表结构,对整个数据库系统的高效运行至关重要。

2. "查询"对象

使用一些限制条件来选取表中的数据(记录)称为查询。查询是数据库中应用最多的对象之一,可执行很多不同的功能。最常见的查询对象类型是选择查询。选择查询将按照指定的准则,从一个或多个表对象中获取数据,并按照所需的排列次序显示。

3. "窗体"对象

在表中直接输入或修改数据不直观,而且容易出现错误,为此可以专门设计一个窗体对象来实现。窗体对象的主要功能在于建立一个可以查询、输入、修改、删除数据的操作界面,以便让用户能够在便捷和安全的环境中输入或查阅数据。

4. "报表"对象

报表用于将选定的数据以特定的版式显示或打印,是表现用户数据的一种有效方式,其内容可以来自某一个表也可来自某个查询。在 Access 中,报表能对数据进行多重分组并可将分组的结果作为另一个分组的依据,同时支持对数据的各种统计操作,如求和、求平均值或汇总等。

5. "模块"对象

模块就是所谓的"程序"。模块是由声明、语句和过程组成的集合,它们作为一个已命名的单元存储在一起,对 VBA 代码进行组织。Access 虽然在不需要撰写任何程序的情况下就可以满足大部分用户的需求,但对于较复杂的应用系统而言,只靠 Access 的向导及宏仍然稍显不足。因此,Access 还提供程序命令,可以自如地控制细微或较复杂的操作。

6. "宏"对象

宏的意思是指一个或多个操作的集合,其中每个操作实现特定的功能,如打开某个窗体或打印某个报表。可以将宏看作一种简化的编程语言;利用宏,用户不必编写任何代码,就可以实现一定的交互功能。

 本章小结

数据库技术和系统已经成为信息基础设施的核心技术和重要基础。数据库技术作为数据管理的最有效的手段,极大地促进了计算机应用的发展。本章介绍了数据库技术、数据库系统、关系数据模型、E-R 模型和数据库设计等基础理论知识以及 Access 2016,为后面各章的学习打下基础。

✅ 思考与练习

一、思考题

1.1 数据库系统由哪几部分组成? 请解释各组成部分的作用与区别。

1.2 数据库系统的特点有哪些?

1.3 数据库系统 3 级模式结构是什么?

1.4 构成 E-R 图的基本要素是什么? 掌握 E-R 图的基本画法。

1.5 实体集之间存在哪些联系?

1.6 什么是数据库模型? 常用的数据库模型有哪些?

1.7 关系模型有什么特点? 请解释关系模型的主要术语。

1.8 关系完整性约束包括哪些内容? 请举例说明。

1.9 数据库应用系统的设计包括哪些步骤?

1.10 某集团公司下属若干分厂,每个工厂由一名厂长来管理,厂长的信息用厂长号、姓名、年龄来反映,工厂的情况用厂号、厂名、地点来表示。请根据题意画出 E-R 图,并转化为关系模型。

1.11 Access 2016 数据库具有哪些特点?

1.12 启动 Access 2016,认识 Access 的功能区、Backstage 视图、导航窗格、各种选项卡等。

1.13 Access 的数据库对象包括哪些组件?

二、选择题

(1)数据库系统的特点是(　　),数据独立,减少数据冗余,避免数据不一致和加强数据保护。

　　A. 数据共享　　　　B. 数据存储　　　　C. 数据应用　　　　D. 数据保密

(2)下列叙述中正确的是(　　)。

　　A. 数据库系统是一个独立的系统,不需要操作系统的支持

　　B. 数据库技术的根本目标是要解决数据的共享问题

　　C. 数据库管理系统就是数据库系统

　　D. 以上 3 种说法都不对

(3)数据库(DB)、数据库系统(DBS)和数据库管理系统(DBMS)三者之间的关系是(　　)。

　　A. DBS 包括 DB 和 DBMS　　　　　　　B. DBMS 包括 DB 和 DBS

　　C. DB 包括 DBS 和 DBMS　　　　　　　D. DBS 就是 DB,也就是 DBMS

(4)在数据库中存储的是(　　)。

　　A. 数据　　　　　　　　　　　　　　　B. 数据模型

　　C. 数据以及数据之间的关系　　　　　　D. 数据报表

(5)关于数据库系统描述不正确的是(　　)。

　　A. 可以实现数据库共享、减少数据冗余　　B. 可以表示事物与事物之间的数据类型

　　C. 支持抽象的数据模型　　　　　　　　D. 数据独立性较差

(6)在数据库的 3 级模式结构中,描述整个数据库中数据的逻辑结构和特征的是(   )。

    A. 外模式　　　　　B. 内模式　　　　　C. 概念模式　　　　　D. 存储模式

(7)实体是概念世界中的术语,与之对应的数据世界术语为(   )。

    A. 文件　　　　　　B. 数据库　　　　　C. 字段　　　　　　　D. 记录

(8)用二维表来表示实体及实体之间联系的数据模型是(   )。

    A. 实体-联系模型　B. 层次模型　　　　C. 网状模型　　　　　D. 关系模型

(9)关系数据库中的数据表(   )。

    A. 完全独立,相互没有关系　　　　　　B. 相互联系,不能单独存在

    C. 既相对独立,又相互联系　　　　　　D. 以数据表名来表现其相互间的联系

(10)在数据库中能够唯一标识一个记录的字段或字段组合称为(   )。

    A. 记录　　　　　　B. 字段　　　　　　C. 域　　　　　　　　D. 关键字

(11)关系模型中,一个关键字是(   )。

    A. 可由多个任意属性组成

    B. 至多由一个属性组成

    C. 可由一个或多个其值能唯一标识该关系模式中任何元组的属性组成

    D. 以上都不是

(12)下面对于关系的叙述中,(   )的叙述是不正确的。

    A. 关系中的每个属性是不可分解的　　B. 在关系中元组的顺序是无关紧要的

    C. 任意的一个二维表都是一个关系　　D. 每一个关系只有一种记录类型

(13)要从学生关系中查询某个年龄的学生信息所进行的查询操作属于(   )。

    A. 选择　　　　　　B. 投影　　　　　　C. 连接　　　　　　　D. 自然连接

(14)将两个关系拼接成一个新的关系,生成的新关系中包含满足条件的元组,这种操作称为(   )。

    A. 选择　　　　　　B. 投影　　　　　　C. 连接　　　　　　　D. 并

(15)E-R 图是数据库设计的工具之一,它适用于建立数据库的(   )。

    A. 概念模型　　　　B. 数学模型　　　　C. 结构模型　　　　　D. 物理模型

(16)某宾馆中有单人间和双人间两种客房,按照规定,每位入住该宾馆的客人都要进行身份登记。宾馆数据库中有客房信息表(房间号,……)和客人信息表(身份证号,姓名,来源,……);为了反映客人入住客房的情况,客房信息表与客人信息表之间的联系应设计为(   )。

    A. 一对一联系　　　B. 一对多联系　　　C. 多对多联系　　　　D. 无联系

(17)数据库中有 A、B 两表,均有相同字段 C,在两表中 C 字段都设为主键。当通过 C 字段建立两表关系时,则该关系为(   )。

    A. 一对一　　　　　B. 一对多　　　　　C. 多对多　　　　　　D. 不能建立关系

(18)将 E-R 图转换为关系模式时,实体和联系都可以表示为(   )。

    A. 属性　　　　　　B. 键　　　　　　　C. 关系　　　　　　　D. 字段

(19)在关系数据库中,主键标识元组的作用是通过(   )实现的。

    A. 实体完整性规则　　　　　　　　　　B. 参照完整性规则

C. 用户定义的完整性　　　　　　　　　D. 域完整性

(20)为了合理地组织数据,应遵循的设计原则是(　　)。

　　A. 一个表描述一个实体或实体间的一种联系

　　B. 表中的字段必须是原始数据和基本数据元素,并避免在表中出现重复字段

　　C. 用外部关键字保证有关联的表之间的关系

　　D. 以上所有选项

(21)在下面的两个关系中,职工号和部门号分别为职工关系和部门关系的主键(或称主码):

职工(职工号、职工名、部门号、职务、工资)

部门(部门号、部门名、部门人数、工资总额)

在这两个关系的属性中,只有一个属性是外键(或称外码),它是(　　)。

　　A. 职工关系的"职工号"　　　　　　　B. 职工关系的"部门号"

　　C. 部门关系的"部门号"　　　　　　　D. 部门关系的"部门名"

(22)在数据库设计中,用 E-R 图来描述信息结构但不涉及信息在计算机中的表示,它属于数据库设计的(　　)阶段。

　　A. 数据库需求分析　　　　　　　　　B. 概念数据库设计

　　C. 逻辑数据库设计　　　　　　　　　D. 关系的规范化

(23)数据库系统的需求分析阶段的主要任务是确定(　　)。

　　A. 软件开发方法　　　　　　　　　　B. 软件开发工具

　　C. 软件开发费用　　　　　　　　　　D. 软件系统功能

(24)若两个实体之间的联系是 $1:m$,则实现 $1:m$ 联系的方法是(　　)。

　　A. 在"m"端实体转换的关系中加入"1"端实体转换关系的码

　　B. 将"m"端实体转换关系的码加入"1"端的关系中

　　C. 在两个实体转换的关系中,分别加入另一个关系的码

　　D. 将两个实体转换成一个关系

(25)将 E-R 图转换为关系模式时,如果两实体间的联系是 $m:n$,下列说法中正确的是(　　)。

　　A. 将 m 方主键(主码)和联系的属性纳入 n 方的属性中

　　B. 在 m 方属性和 n 方属性中均增加一个表示级别的属性

　　C. 增加一个关系表示联系,其中纳入 m 方和 n 方的主键(主码)

　　D. 将 n 方主键(主码)和联系的属性纳入 m 方的属性中

(26)在 E-R 模型中,如果有 6 个不同实体集,有 9 个不同的二元联系,其中 3 个 $1:n$ 联系,3 个 $1:1$ 联系,3 个 $m:n$ 联系,根据 E-R 模型转换成关系模型的规则,则转换成关系的数目是(　　)。

　　A. 6　　　　　　　　B. 9　　　　　　　　C. 12　　　　　　　　D. 15

*(27)关系数据规范化是为解决关系数据中(　　)问题而引入的。

　　A. 插入、删除异常和数据冗余　　　　　B. 提高查询速度

　　C. 减少数据操作的复杂性　　　　　　　D. 保证数据的安全性和完整性

（28）Access 是一个（　　）。

  A. 数据库文件系统   B. 数据库系统

  C. 数据库应用系统   D. 数据库管理系统

✓【选择题参考答案】

（1）A （2）B （3）A （4）C （5）D （6）C （7）D （8）D （9）C （10）D

（11）C （12）C （13）A （14）C （15）A （16）B （17）A （18）C （19）A （20）D

（21）B （22）B （23）D （24）A （25）C （26）B （27）A （28）D

第2章

创建数据库和表对象

开发一个 Access 数据库应用系统的第一步工作是创建一个 Access 数据库对象,其操作结果是生成一个扩展名为.accdb 的数据库文件;第二步工作则是在数据库中创建相应的数据表,并建立各数据表间的联系;第三步工作是逐步创建其他所需要的 Access 对象,最终即可形成完整的 Access 数据库应用系统。整个数据库应用系统仅以一个数据库文件的形式存储于文件系统中,使用极为方便。

本章将介绍如何创建数据库和如何在数据库中创建表,以及表的编辑与操作。其知识结构导航如图 2-1 所示。

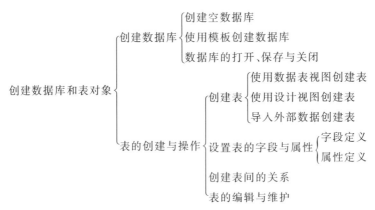

图 2-1　本章知识结构导航

2.1　创建数据库

在 Access 中创建数据库有两种方法:一是先建立一个空数据库,然后按应用需求再添加表、窗体、报表等其他对象。这种方法较为灵活,但需要分别定义和设计每个数据库对象。二是使用模板创建。模板是一个完整的跟踪应用程序,其中包含预定义表、窗体、报表、查询、宏和关系。这些模板被设计为可立即使用,这样用户可以快速开始工作。在 Backstage 视图中,可以创建新数据库、打开现有数据库,以及执行多种文件和数据库维护任务。

无论采用哪种方法,都可以随时修改或自定义数据库,以便更好地满足各种需求。

2.1.1　创建一个空白数据库

所谓空白数据库,就是建立数据库的外壳,是没有任何对象的数据库。数据库建好后,再向其中添加表、查询、窗体等对象。

如果没有模板可满足需要,或者要在 Access 中使用另一个程序中的数据,则更好的办法是从头开始创建数据库。在 Access 2016 中,可以选择标准桌面数据库或 Web 数据库。

下面以"学生成绩管理"数据库为例,介绍数据库系统的创建步骤。

【例 2-1】创建"学生成绩管理"的桌面数据库。

数据库创建步骤如下:

(1)从"开始"菜单或快捷方式启动 Access,进入 Backstage 视图。

(2)单击导航窗格的"开始"或"新建"—"空白数据库"—输入文件名"学生成绩管理",默认的扩展名是 *.accdb。

(3)单击"创建"按钮,这样在指定的存储目录位置就创建了一个名为"学生成绩管理"的空白数据库如图 2-2 所示。

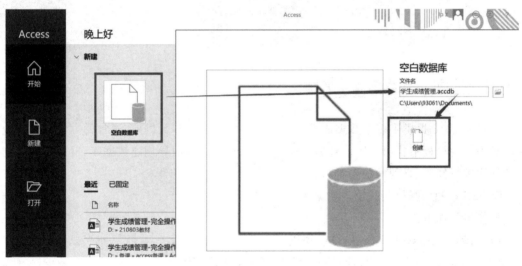

图 2-2　创建数据库

(4)新建一个空白数据库后,数据库会自动创建一个新的数据表,如图 2-3 所示。

图 2-3　数据库自动创建一个数据表

 提示

> Access Services 为用户提供了可在 Web 上使用的数据库的平台。可以使用 Access 2016 和 SharePoint 设计和发布 Web 数据库,并在 Web 浏览器中使用 Web 数据库。具体应用可参考 Access 帮助。

2.1.2　利用联机模板创建数据库

Access 2016 提供了多个数据库模板。利用联机模板创建数据库,通常的方法是先从数据库向导提供的模板中找出与所建数据库相近的模板,再利用向导创建数据库,最后对向导创建的数据库进行修改,直到满足要求为止。

【例 2-2】利用联机模板创建数据库。

操作步骤如下:

(1)启动 Access,进入 Backstage 视图。

(2)在 Backstage 视图中,选择联机模板,然后浏览可用模板。

(3)找到要使用的模板(如"教职员")后,单击该模板,如图 2-4 所示。

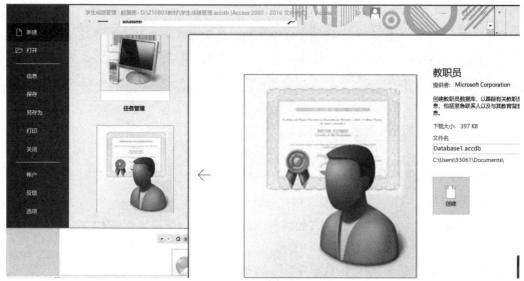

图 2-4　样本模板

（4）在右侧的"文件名"框中，键入文件名或使用系统提供的文件名。

（5）单击"创建"按钮，Access 将从模板创建新的数据库并打开该数据库。"教职员"模板提供的数据库对象如图 2-5 所示。

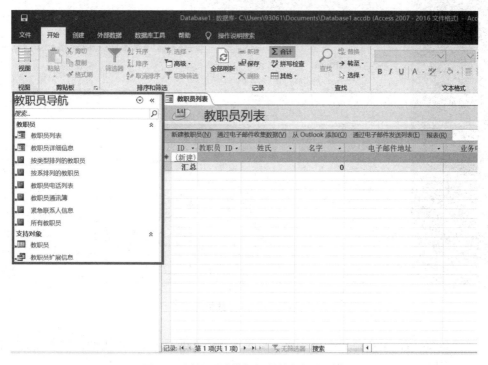

图 2-5　"教职员"模板提供的数据库对象

提示

在打开（或创建再打开）数据库时，Access 会将该数据库的文件名和位置添加到最近使用文档的内部列表中。此列表显示在 Backstage 视图的"最近"选项卡中，以便用户轻松打开最近使用的数据库。

2.1.3 数据库的打开、保存与关闭

数据库的打开、保存和关闭，全部在文件菜单中完成。

1. 打开数据库

单击屏幕功能区的"文件"选项卡，如果所需数据库列在"最近的数据库"下，则在该列表中单击该数据库并打开。

如果数据库没有列在"最近的数据库"下，则选择"浏览"命令（图 2-6）。

图 2-6　打开数据库

在"打开"对话框中选择数据库文件夹位置并单击数据库名，再单击"打开"按钮，即可打开此数据库文件。

2. 保存数据库

选择"文件"选项卡的"保存"命令，即可保存输入的信息。

3. 关闭数据库

选择"文件"选项卡的"关闭"命令,即可关闭当前数据库。

2.2　创建表

创建了数据库以后,就可以为数据库添加表、查询等数据库对象了。一般而言,表作为数据库中各种数据的唯一载体,往往是应该最先创建的。

简单地说,"表"就是关于特定主题(如学生、教师、课程等)的数据集合,将相同性质的数据存储在一起,以方便增减数据、查询数据或者进行各种应用。表是数据库中用来存储和管理数据的对象,是整个数据库的基础,也是查询、窗体、报表、页等其他对象的数据来源。

表由表结构和数据两部分组成。建立表结构就是确定表中包括哪些字段,每个字段的名称、类型和属性都是什么。表结构建立好后,再将数据输入表中,就完成了表的创建。

Access 提供了多种方式创建表,常用的有:

(1)使用数据表视图创建表。

(2)使用设计视图创建表。

(3)导入外部数据创建表。

下面结合"学生成绩管理"数据库中表的建立,介绍表建立的步骤。

2.2.1　使用数据表视图创建表

使用"创建"选项卡上的"表"组中的工具,可以向现有数据库添加新表。

在数据表视图中,可以立即输入数据,并让 Access 生成后台表结构。

【例 2-3】使用数据表视图,在"学生成绩管理"数据库中建立"学生"表,表结构见表 2-1。

表 2-1　"学生"表结构

字段名称	学号	姓名	性别	出生日期	生源	照片	专业编号
类型	短文本,主键	短文本	短文本	日期/时间	短文本	OLE 对象	短文本
字段大小	10	8	1	常规日期	6		3

(1)启动 Access 2016,打开新建的"学生成绩管理"数据库。

(2)在功能区上的"创建"选项卡的"表格"组中,单击"表"按钮,这时将创建名为"表 1"的新表,并在数据表视图中打开。在功能区中有一个"表格工具"组,其中包括"添加和删除"和"属性"组(图 2-7)。

(3)在设计视图中,按照表 2-1 的内容,定义第一个字段,将光标放在"单击以添加"列中的第一个空单元格中。选择"单击以添加"按钮,在弹出的下拉列表中选择相应的数据类型,如"短文本"(图 2-8),或在"表格工具"中选择数据类型。

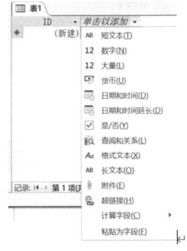

图 2-7 "表格工具"组　　　　　　　　　图 2-8 选择字段的数据类型

提示

> ID 字段默认数据类型为"自动编号"，添加新字段的数据类型为短文本，可以暂时不用管它。用户所添加的字段是其他的数据类型。

（4）表中默认的字段名称依次为"字段 1""字段 2"，按数字顺序指定字段名称（图 2-9），双击字段名可以对其进行重新命名。例如，双击"字段 1"，输入"学号"（图 2-10）；双击"字段 2"，输入"姓名"。使用同样方法，输入其他字段名。

图 2-9 默认的字段名　　　　　　　　　图 2-10 定义新的字段名

（5）在"表格工具"的"属性"组中，设置"字段大小"数值为 10（图 2-11）。

重复（3）～（5）步骤，按表 2-1 所示结构，依次定义其他字段的字段名称、数据类型和字段大小。

在添加其他字段时，如果还需要其他类型，则在"表格工具"的"添加和删除"组中，单击"其他字段"右侧的下拉按钮，即会弹出要建立的字段类型。

（6）单击工具栏中的"保存"按钮，在弹出的"另存为"对话框中，输入表的名称"学生"，单击"确定"按钮，完成"学生"表的创建（图 2-12）。

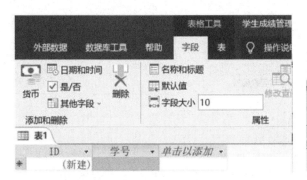

图 2-11　定义字段大小

图 2-12　保存"学生"表

2.2.2　使用设计视图创建表

在设计视图中,首先创建新的表格结构,然后可以切换到数据表视图以输入数据。这也是创建表结构最直接、最方便的方法。

下面以"教师"表为例,说明使用设计视图创建表的过程:

【例 2-4】 使用设计视图,在"学生成绩管理"数据库中建立"教师"表,其结构见表 2-2。

表 2-2　教师表结构

字段名称	教师编号	姓名	性别	出生日期	职称	专业编号
字段类型	短文本,主键	短文本	短文本	日期/时间	短文本	短文本
字段大小	4	10	1	常规日期	10	3

(1)启动 Access 2016,打开新建的"学生成绩管理"数据库。

(2)在功能区的"创建"选项卡的"表格"组中,单击"表设计"按钮,这时将创建名为"表 1"的新表,并在设计视图中打开,如图 2-13 所示。

图 2-13　创建名为"表 1"的新表

计视图分为上下两部分,如图 2-14 所示。上半部分是字段输入区,从左至右分别为"字段选定器"、"字段名称"列、"数据类型"列和"说明"列。"字段名称"列用来定义新建字段的名称,"数据类型"列用来定义该字段的数据类型,如果需要可以在说明列中对字段进行必要的说明。

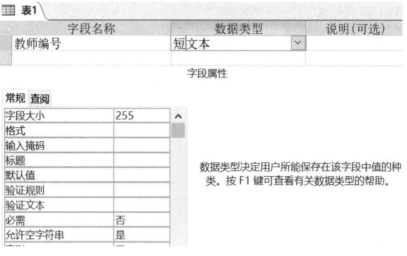

图 2-14 设计视图的结构

下半部分是字段属性区，用来设置字段的属性值，包括字段大小、格式、输入掩码、验证规则等。定义字段属性可实现对所输数据的限制和验证，或控制数据在数据表视图中的显示格式等。

（3）选择设计视图的第一行"字段名称"列，在其中输入"教师编号"；单击"数据类型"列，在下拉列表中选择"短文本"数据类型；同时在字段属性区设置"教师编号"的字段大小为 4。

（4）选择设计视图的第二行"字段名称"列，并在其中输入"姓名"；单击"数据类型"列，在下拉列表中选择"短文本"数据类型。同时在"字段属性"区设置"姓名"字段的大小为 10，如图 2-15 所示。

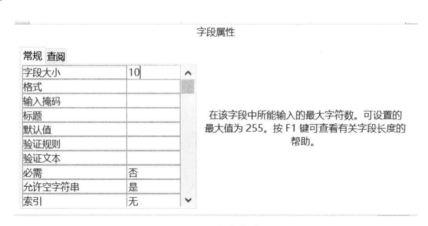

图 2-15 设置字段大小

（5）重复上述步骤，按表 2-2 所示结构，依次定义其他字段的字段名称、数据类型和字段大小。

（6）当要保存表文件时，系统会自动提示"尚未定义主键"，如图 2-16 所示。

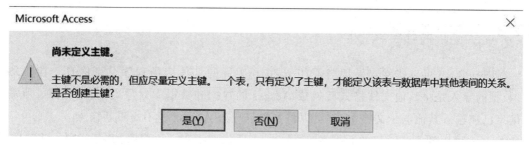

图 2-16 "尚未定义主键"提示

单击"教师编号"字段进行选定,然后单击工具栏上的"主键"按钮,为所建表定义一个主键。主键定义后,在表中的"教师编号"字段单元格的左边有一个钥匙形状的图标 ,它表示该字段是此表的主关键字。

(7)定义完全部字段后,单击保存按钮,以"教师"为名称保存表。

当全部字段定义后,设计视图中的表结构如图 2-17 所示。

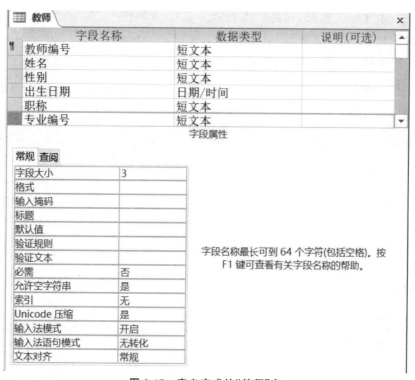

图 2-17 定义完成的"教师"表

☞ 提示

　在 Access 中,通常每个表都应有一个主键。使用主键不仅可以唯一标识表中每一条记录,还能加快表的索引速度。

2.2.3　导入外部数据创建表

Access 2016 可以非常容易地与 Office 2016 组件的其他应用程序共享信息。在 Access 中，数据的导入是将其他文件格式转换成 Access 的数据和数据库对象。如果 Access 所需要的信息已被输入其他电子文档中，就可以将其信息导入 Access 而不需重新输入。

Access 可以导入和链接的数据源有：Access、Excel、ODBC 数据库、Text 文本、HTML 文件等。

【例 2-5】现有一个在 Microsoft Excel 建立的"学生信息"文件，将其导入"学生成绩管理"数据库中。

（1）启动 Access，打开"学生成绩管理"数据库。

（2）单击"外部数据"选项卡，在"导入并链接"组中，选择"新数据源"，单击"从文件"，选择某个可用的数据源，如"Excel"按钮，如图 2-18 所示。

（3）系统弹出"获取外部数据"对话框，在"指定数据源"一栏中，单击"浏览"按钮选择要导入的文件，如图 2-19 所示。

图 2-18　"外部数据"选项

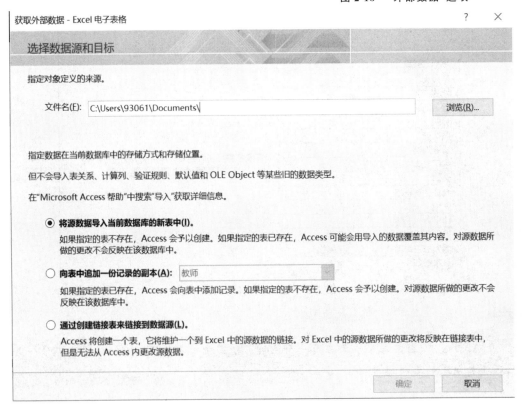

图 2-19　指定数据源和在当前数据库中的存储方式

(4)在“指定数据在当前数据库中的存储方式和存储位置”选项中，一共有 3 个单选项，这里选择第一个选项“将源数据导入当前数据库的新表中”。

(5)单击“确定”按钮，在“导入数据表向导”中，按照要求选择有关的选项，并指定导入的表名为“学生基本表”，然后单击“完成”按钮(图 2-20)。

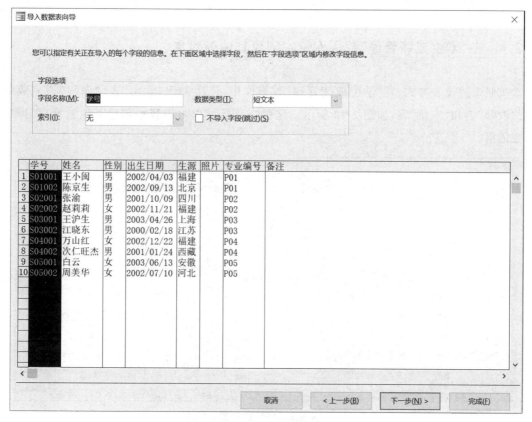

图 2-20　导入数据表向导

(6)在“学生成绩管理”数据库中，打开新建的“学生基本表”，就可以看到刚刚导入的数据了(图 2-21)。

学号	姓名	性别	出生日期	生源
S01001	王小闽	男	2002/04/03	福建
S01002	陈京生	男	2002/09/13	北京
S02001	张渝	男	2001/10/09	四川
S02002	赵莉莉	女	2002/11/21	福建
S03001	王沪生	男	2003/04/26	上海
S03002	江晓东	男	2000/02/18	江苏
S04001	万山红	女	2002/12/22	福建
S04002	次仁旺杰	男	2001/01/24	西藏
S05001	白云	女	2003/06/13	安徽
S05002	周美华	女	2002/07/10	河北

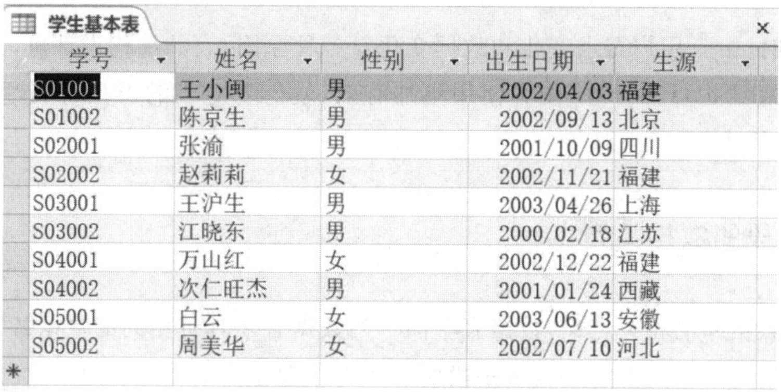

图 2-21　外部导入数据新建的表

提示

导入数据时，将在当前数据库的新表中创建数据的副本。以后对源数据进行的更改不会影响导入的数据，并且对导入的数据进行的更改也不会影响源数据。连接到数据源并导入其数据后，可以使用导入的数据，而无须连接到源。另外，可以更改导入的表的设计。

2.2.4　在"学生成绩管理"数据库依次创建其他表对象

按照上述建表方式，在"学生成绩管理"数据库中，依次创建"学生"表、"课程"表、"成绩"表、"教师"表和"专业"表，如图 2-22 所示。这些表是后续学习内容中创建其他数据库对象的主要依据。

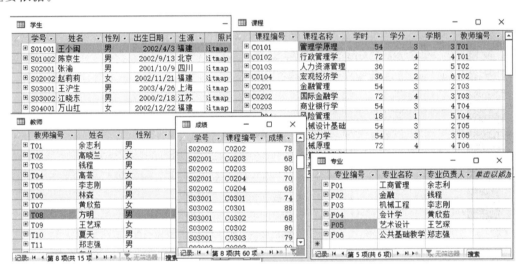

图 2-22　"学生成绩管理"数据库的表对象

2.3　表的数据类型与属性定义

在创建表时，由于用户需求变化和数据变化等各种原因，表的结构设计可能不能完全尽如人意。为了使表结构更加合理，内容使用更加有效，就需要对表的类型与属性进行设定与维护，以符合设计需求。

2.3.1　表字段的数据类型

根据关系数据库的相关定义，数据表中同一列数据必须具有相同的数据特征，称为字段的数据类型。合适的数据类型能够反映字段所表示的信息选择。如果数据类型选取不合适，则会使数据库效率降低，并且容易引起错误。

每个数据都应该有明确的数据类型,因此,定义表时要指出每个字段的类型。有一些数据可以定义不同的类型,这样的数据到底应该指定为哪种类型,要根据它自身的用途和特点来确定。这可以从两个方面来考虑:一是字段类型要与所输数据的类型一致,数据的有效范围决定数据所需存储空间的大小;二是要考虑数据的操作和显示,如对数值型字段可进行各种算术运算操作,对货币型数据可按照行业要求设置规定的显示格式等。

Access 支持非常丰富的数据类型,因此能够满足各种各样的应用。表 2-3 给出了 Access 提供的常用基本数据类型的含义及字段大小。

表 2-3　常用基本数据类型的含义及字段大小

数据类型	可存储的数据	字段长度
短文本(text)	文字、数字型字符	最多存储 255 个字符
长文本(text)	备注、批注和说明	最多存储 65535 个字符
数字	包括字节、整数、长整数、单精度数、双精度数、同步复制 ID、小数	不同类型的取值范围和精度有区别
日期/时间 (date/time)	日期/时间值 100 到 9999 年的日期和时间值	8 字节
日期/时间已延长 (date/time)	日期/时间值 1 到 9999 年的日期和时间值	8 字节
货币 (currency)	货币值或用于数学计算的数值数据	8 字节
自动编号 (autonumber)	可制定某一数值,缺省初值为 1,自动以 1 递增,不随记录删除变化	4 字节或 16 字节
是/否 (yes/no)	逻辑值,也叫布尔型。作为逻辑值的常量,可以取的值有 true,on,yes,存储的值是 −1;false,off 与 no 存储的值为 0。−1 表示真值,0 表示假值	1 字节
OLE 对象	用于将 OLE 对象(如 Microsoft Office Excel 电子表格)附加到记录	最大为 1 GB 字节
超链接 (hyperlink)	用于存储超链接,例如电子邮件地址或网站 URL	最大为 2048 个字符
附件	附加到数据库中记录的图像、电子表格文件、文档、图表以及受支持的其他类型文件,类似于将文件附加到电子邮件	压缩的附件,最大为 2GB;非压缩附件,最大容量为 700KB
计算	计算结果。计算必须引用相同表格中的其他字段	8 个字节
查阅向导	从列表框或组合框中选择的文本或数值	

2.3.2　表的属性定义

在定义了字段的数据类型后,需要详细设置字段的属性。在 Access 中,每一个字段都有一系列的属性描述,字段属性决定了如何存储、处理和显示该字段的数据,内容涉及格式、输入掩码、验证规则等。

1. 字段大小

字段大小属性用于限制输入到该字段的数据的最大字符数,当输入数据超过这个限制时,系统将拒绝接收。字段大小只适用于"文本""数字""自动编号"。

2. 格式

每当用户打开表,就可以查看整个表的数据记录。每个字段的数据都有一个显示的"格式",这个格式是默认格式。用户可以通过"字段属性"框中的"格式"栏进行设置。

Access 拥有丰富的格式,如"数字""货币""日期/时间"等数据类型有多种的"格式"属性,如图 2-23 所示。

图 2-23 "数字""货币""日期/时间"的格式属性

3. 输入掩码

掩码是掩藏的输入格式。在输入数据时,如果希望输入的格式标准保持一致,或希望检查输入时的错误,则可以使用 Access 提供的"输入掩码向导"来设置一个输入掩码。输入掩码主要用于文本型和日期/时间型字段,但也可以用于数字型或货币型字段。

设置掩码时可以在"输入掩码"单元格中直接定义,也可以单击与"输入掩码"单元格相邻的掩码生成器按钮,在"输入掩码向导"对话框选择不同的掩码格式,如图 2-24 所示。

图 2-24 "输入掩码向导"对话框

输入掩码由字面显示字符(如括号、句号和连字符)和掩码字符(用于指定可以输入数据的位置以及数据种类、字符数量)组成,如表 2-4 所示。

表 2-4　输入掩码字符表

字符	说明
0	数字(0 到 9,必须输入,不允许使用加号"＋"与减号"－")
9	数字或空格(非必须输入,不允许使用加号和减号)
＃	数字或空格(非必须输入;在"编辑"模式下空格显示为空白,但是在保存数据时空白将删除;允许使用加号和减号)
L	字母(必须输入)
?	字母(可选输入)
A	字母或数字(必须输入)
a	字母或数字(可选输入)
&	任一字符或空格(必须输入)
C	任一字符或空格(可选输入)
.，:;－/	小数点占位符及千位、日期与时间的分隔符(分隔符:用来分隔文本或数字单元的字符)。实际显示的字符将根据 Windows"控制面板"中的"区域设置"对话框的设置而定
＜	将所有的字符转换为小写
＞	将所有的字符转换为大写
!	使输入掩码从右到左显示,而不是从左到右显示。键入掩码中的字符始终都是从左到右填入。可以在输入掩码中的任何地方包含感叹号
\	使接下来的字符以字面字符显示(例如,\A 只显示为 A)
密码	将"输入掩码"属性设置为"密码",可创建密码输入控件。在该控件中输入的任何字符都将以原字符保存,但显示为星号(＊)

【例 2-6】为"学生"表的"学号"字段定义"输入掩码"属性。

"学号"是全数字文本型字段,位数固定,共 6 位,第 1 位是字符,后面 5 位是数字,所以在"学号"的"输入掩码"属性栏输入:L99999。

该掩码表示字段大小必须输入 6 位,第 1 位限定只能输入字母,后面 5 位只能由 0～9 的数字组成。

4."验证规则"与"验证文本"属性

在关系数据库中,实体完整性通过主键来实现;参照完整性通过建立表的关系来实现;而用户定义的完整性约束,是在表定义时,通过多种字段属性来实施,与之相关的字段属性有"验证规则""验证文本""默认值"等。

"验证规则"是 Access 中另一个非常有用的属性,可以使用验证规则控制表中字段的数据输入方式。"验证规则"属性允许用户定义一个逻辑表达式来限定将要写入字段的值,只有运算结果为"true"的值才能够存入字段,当系统发现输入错误时,会显示提示信息。利用该属性可以防止非法数据输入表中。

为了使"验证规则"提示信息更加清楚、明确，可以定义"验证文本"。验证文本只能与"验证规则"属性配套使用，其作用是将操作错误提示信息显示给操作者。表 2-5 给出了一些设置示例。

表 2-5　字段验证规则及验证文本设置示例

验证规则设置	验证文本设置
$<>0$	请输入一个非零值
$>=0$ and $<=100$	输入成绩值在 0 到 100 之间
(Date()－[出生日期])/365	用当前时间计算年龄
$>=$ #2016-1-1# and $<=$ #2016-12-31#	日期必须在 2016 年内
"男" Or "女"	性别只能输入男或者女！

注：日期、时间或日期时间的常量表示要用"#"作为标识符，如 2016 年 10 月 1 日表示为：#2016-10-1#。

【例 2-7】对"学生"表的"性别"字段设置验证规则，限定该字段值只能输入"男"或"女"。

(1)打开"学生成绩管理"数据库，选择"学生表"，打开该表的"设计视图"窗口。

(2)选择性别字段，在设计视图的"字段属性"区的"验证规则"属性单元格中输入："男" Or "女"(注意输入的引号是英文符号)。

(3)在"验证文本"单元格中输入：性别只能输入男或者女！(提示信息不需要加入引号)。

(4)输入完成后的"性别"属性栏如图 2-25 所示，保存当前设置。

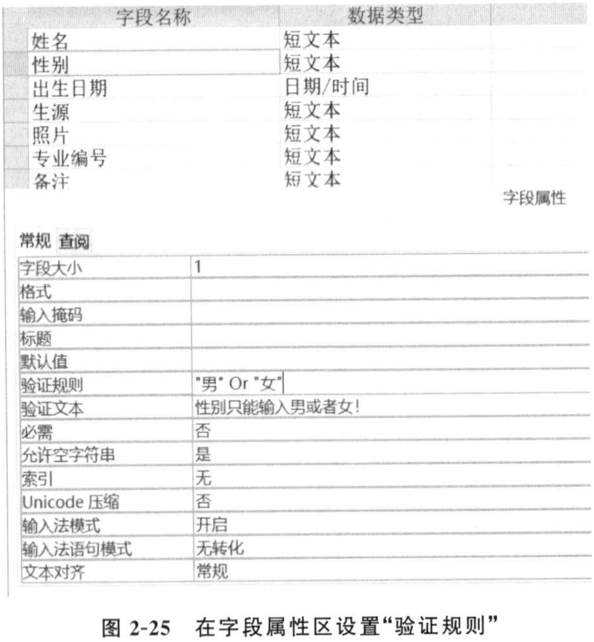

图 2-25　在字段属性区设置"验证规则"

(5)验证规则的设置也可以由"表达式生成器"生成。具体方法是，单击"验证规则"单元格最右侧的"表达式生成器"按钮 ，启动"表达式生成器"对话框，如图 2-26 所示。输入验证规则的表达式,单击"确定"按钮即可。

在编辑数据表记录时,当"性别"字段输入的值不符合"验证规则"时,系统会自动给予提示,如图 2-27 所示。

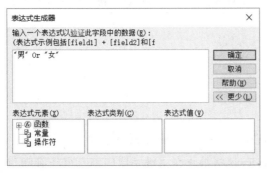

图 2-26　在"表达式生成器"中设置"验证规则"

图 2-27　性别字段的"验证规则"提示

5. 索　引

在词典索引中,要查找一个词语,可以在索引表中直接找到这个词语所在的页码,从而直接找到它所在的位置,非常方便。数据的索引就像是词典的索引一样。Access 将表中建立的索引保存在数据库文件中专门的位置,索引有助于 Access 对记录进行快速查找和排序。

字段索引选项有:

(1)无。字段不索引。

(2)有(有重复)。"有重复"索引字段允许重复取值。

(3)有(无重复)。"无重复"索引字段的值都是唯一的。

在 Access 中,如果将一个字段指定为主键,系统将自动为其建立一个无重复值的索引,且该索引一定是主索引。可以为一个字段建立索引,也可以将多个字段组合起来建立索引。如果有多个索引,则可将其中的一个设置为主索引,记录将按主索引的升序(ascending)或降序(descending)显示,但索引并不改变表记录的存储顺序。

6. 其他字段属性的使用

(1)标题属性:是一个辅助性属性。当在数据表视图、报表或窗体等界面中显示字段时,"标题"属性值可代替原字段标题作为标题来显示。

(2)"默认值"属性:使用默认值可提高输入数据的速度,减少操作的错误,提高数据的完整性与正确性。除了"自动编号"和"OLE 对象"类型以外,其他类型的字段都可以在定义表时定义一个默认值。

(3)新值属性:用于指定在表中添加新记录时,"自动编号"型字段的递增方式。

(4)小数位数属性:定义数字的小数部分的位数,默认值为"自动"。单击"小数位数"单元格,打开其下拉列表,就可以选择不同的小数位数。

(5)"允许空字符串"属性:空字符串是指长度为 0 的字符串。该属性针对"文本""备注""超链接"等类型字段,用于定义是否允许输入空字符串(" ")。"允许空字符串"属性值是一个逻辑值，默认值为"否"。

（6）输入法模式属性：仅适用于"文本""备注""日期/时间"型字段，用于定义当焦点移至字段时是否开启输入法。

（7）Unicode 压缩属性：用于定义是否允许对"文本"、"备注"和"超链接"型字段进行Unicode 压缩。

2.3.3 主键的作用

1. 主 键

每张表创建后应该设定主键（特殊情况除外），用它唯一标识表中的每一行数据。指定了表的主键之后，为确保唯一性，Microsoft Access 将禁止在主键字段中输入重复值或 Null。

2. 主键的基本类型

（1）自动编号主键。当向表中添加每一条记录时，可以将自动编号字段设置为自动输入连续数字的编号。将自动编号字段指定为表的主键是创建主键的最简单的方法。如果在保存新建的表之前没有设置主键，则 Microsoft Access 将询问是否创建主键，如果回答"是"，则 Microsoft Access 将为新表创建一个"自动编号"字段作为主键；如果回答"否"，则不建立"自动编号"主键；如果回答"取消"，则放弃保存表的操作。

（2）单字段主键。如果字段中包含的都是唯一的值，如 ID 号或学生的学号，则可以将该字段指定为主键。如果选择的字段有重复值或 Null 值，则 Microsoft Access 将不会设置主键。通过运行"查找重复项"查询，可以找出包含重复数据的记录。如果通过编辑数据仍然不容易消除这些重复项，则可以添加一个自动编号字段并将它设置为主键，或定义多字段主键。

（3）多字段主键。在不能保证任何单字段都包含唯一值时，可以将两个或更多的字段设置为主键，这种情况最常用于多对多关系中关联另外两个表的表。

3. 设置或更改主键

（1）定义主键。在设计视图中打开相应的表，选择所要定义为主键的一个或多个字段。如果选择一个字段，则单击字段选定块。如果要选择多个字段，则按下 Ctrl 键，再对每一个所需的字段单击字段选定块，然后单击功能区"表格工具/设计"选项卡下"工具"组中的"主键"按钮。

（2）取消主键设置。在设计视图中打开相应的表，单击当前使用的主键的字段选定块，然后单击功能区"表格工具/设计"选项卡下"工具"组中的"主键"按钮。

2.4 建立表之间的关系

在数据库应用系统中,一个数据库中常常包含若干个数据表,用以存放不同类别的数据集合。

例如,在"学生成绩管理"数据库中,通过前面表的创建,我们就得到了学生表、教师表、成绩表、课程表和专业表,这些表集中存放于同一个数据库中,是由于它们之间存在着相互的联系。我们把这种数据表间的相互联系称为关联(或关系),数据表通过表间的共有关键字段而建立起关联性。利用关系可以避免多余的、不合理的数据。

通过定义表之间的关系,可以将数据库中各个表的信息联系起来。只有定义了关系以后,创建查询、窗体、报表等才可以同时显示多个表的信息。在 Access 数据表中主要有两种关联:一对一的关联和一对多的关联,多对多关系可通过两个一对多关系实现。

2.4.1 建立表间的关系

在两个表间建立关系,两个表中需要有名称相同的字段。一般情况下,这些相互匹配的字段往往是各表中的关键字。Access 数据库只有通过各个表中主关键字间的关系,才能高效率地实现各种数据库的强大功能。

对表关系的一系列操作都可以通过"表格工具"选项卡下"表"选项卡下的"关系"组中的功能按钮来实现,也可以通过"数据库工具"选项卡下的"关系"组中的功能按钮来实现,如图 2-28 所示。

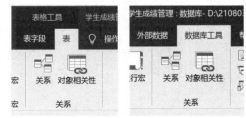

图 2-28 "关系工具"组的按钮

【例 2-8】在"学习成绩管理"数据库中,建立其中各表间的关系。

首先分析所创建的各个表间的内在联系,如"学生"表与"成绩"表通过"学号"字段相关联;"学生"表与"专业"表通过"专业编号"字段相关联;"成绩"表与"课程"表通过"课程编号"字段相关联;"教师"表与"课程"表通过"教师编号"字段相关联;"教师"表与"专业"表通过"专业编号"字段相关联。

对于满足建立关联的两个表,可以按以下步骤建立关系:

(1)打开"学习成绩管理"数据库,关闭当前所有打开的表(不能在已打开的表间创建或修改关系)。

(2)单击功能区"数据库工具"选项卡下"关系"组中的"关系"按钮。

(3)在打开的"显示表"对话框中,选择"表"选项卡(图 2-29),单击需要创建关系的表名称,然后单击"添加"按钮(或双击欲创建关系的表名称),此时在"关系"窗口中将出现这些表(包含字段列表框)(图 2-30)。

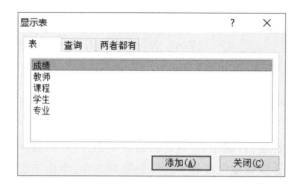

图 2-29　显示表对话框

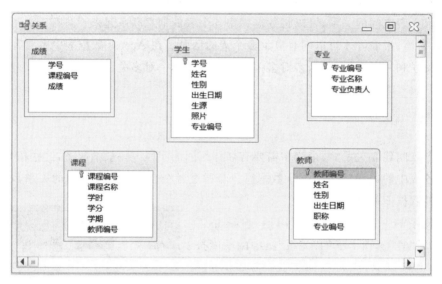

图 2-30　"关系"窗口

（4）依次选取表，将它们拖动到合适的地方并调整布局，并关闭"显示表"对话框。

（5）定义关系。在"关系"窗口中，将要建立关系的字段从一个表中拖动到相关表的对应字段上，其中建主键或唯一索引的表为主表，另一个表为相关表，系统会自动识别。

例如，将"学生"表中的"学号"字段拖动到"成绩"表的"学号"字段上，则系统将弹出如图 2-31 所示的"编辑关系"对话框，其中列出了相关表及其相关字段的名称和关系类型。如果要在两个表间建立参照完整性，选中"实施参照完整性"复选框。

（6）单击"创建"按钮，则建立了"学生"表和"成绩"表之间的关系。当确定两个表之间"实施参照完整性"时，可以看到两表之间显示 ⚭———1 的线条，表示两表之间存在着"一对多"的关系。

重复以上步骤，依次定义各表之间的关系，

图 2-31　"编辑关系"对话框

结果如图 2-32 所示。

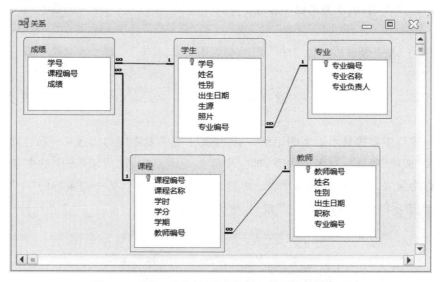

图 2-32　"学习成绩管理"数据库中各表之间的关系

(7)单击工具栏中的"保存"按钮,保存数据库中各表的关系。

2.4.2　关系的编辑

对于已建立好的关系,如果某一方面不符合需要,则可以对其进行修改。这些修改包括:重新选择关系两端的表及字段、关系的选项、连接类型或新建关系。

【例 2-9】对"学生成绩管理"数据库中表的关系进行编辑操作。

(1)打开"学生成绩管理"数据库,关闭所有已打开的表。

(2)单击功能区"数据库工具"选项卡下"关系"组中的"关系"按钮。

(3)单击所要编辑的关系连线,如"学生"表和"成绩"表的关系连线。选中时,关系连线变成一条粗黑线。在选中的关系连线上单击鼠标右键,弹出"编辑关系"和"删除"两个选项,如图 2-33 所示。

(4)单击"编辑关系",则系统弹出"编辑关系"对话框,在"编辑关系"窗口中重新设置关系的选项(图 2-34)。

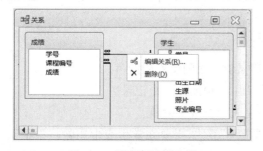

图 2-33　选定"关系"连线

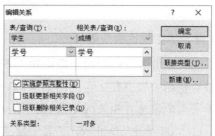

图 2-34　重新设置关系的选项

(5)若选择"删除"选项,则系统弹出警告对话框;若选择"是"按钮,则系统将在"关系"窗口中删除关系连接线,表示该关系已不存在。

2.4.3 建立父子表

父子表是一种一对多的关系,意味着子表必须参考父表中的数据,才能表示完整的数据表。

在同一窗口中直接显示子表的记录,前提是父子表两者之间的关系必须已经建立。例如,"学生"表和"成绩"表是一对多的关系,即一个学生记录对应着"成绩"表中的多条记录,其中"学生"表称为父表,"成绩"表称为子表。可以在学生表中,按下某一记录前的"+"按钮,会得到如图 2-35 所示的父子表;按下"—"按钮,可将子表折叠。

图 2-35　父表与子表

2.4.4 参照完整性

参照完整性就是在输入或删除记录时,为维持表之间已定义的关系而必须遵循的规则。如果实施了参照完整性,则当添加或修改数据时,Access 会按所创建的关系来检查数据,若违反了这种关系,就会显示出错信息且拒绝这种数据。

1. 实施参照完整性的步骤

(1)选定表间连线,右击弹出快捷菜单,选择"编辑关系",出现"编辑关系"窗口。

(2)在"编辑关系"窗口中根据需要选择"实施参照完整性""级联更新相关字段""级联删除相关记录"复选框。

2. 实施参照完整性的规则

(1)不能在相关表的外部键字段中输入不存在于主表的主键中的值。

(2)如果在相关表中存在匹配的记录,不能从主表中删除这个记录。

(3)如果某个记录有相关的记录,则不能在主表中更改主键值。

例如,由于在"学生"表和"成绩"表中建立参照完整性,当要在学生表中删除一条记录时,由于在成绩表中保存有该学生记录的多项成绩,这时参照完整性规则起作用,弹出系统提示框,提示"不能删除或改变该记录"(图 2-36)。与此类似,当要在成绩表中输入一条新记录时,如果在学生表中不存在该学生的学号,这时参照完整性规则起作用,弹出系统提示框,提示"不能添加或修改记录"(图 2-37)。

图 2-36　在"学生"表中删除记录时的参照完整性提示

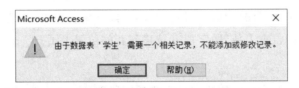

图 2-37　在"成绩"表中增加记录时的参照完整性提示

3. 实施参照完整性的级联更新和级联删除规则

(1)如果设置了"级联更新相关字段"复选框,那么在主表中更改主键值,将自动更新所有相关记录中的匹配值。

(2)如果设置了"级联删除相关记录"复选框,那么删除主表中的记录,将删除任何相关表中的相关记录。

2.5　表的编辑与操作

数据库的应用是不断变化的;随着时间的推移,如果要使一个数据库能够真实反映事物的特征和需求的变化,它的结构和记录就需要及时修改更新。因此,表的编辑、修改是数据库用户的一项日常工作,可以使数据库更符合实际需求。

2.5.1　修改表结构

表创建好后,在实际操作过程中难免会对表的结构做进一步的调整,即对字段进行添加、编辑、移动、删除等操作。对表结构的调整通常是在设计视图中进行的。

表是数据库的基础,对表结构的修改,会对整个数据库产生较大影响。例如,修改了表中的某个字段,系统中与之相关的查询、窗体和报表就不能正常工作,从而产生错误。因此,对表结构的修改应该慎重,最好事先备份。

1. 添加字段

在设计视图中打开要调整的表,用鼠标选中要插入行的位置(在选中字段前插入),然后单击功能区"表格工具/设计"选项卡下"工具"组中的"插入行"按钮,在插入的空白行中进行新字段设置;也可将鼠标指向要插入的位置,单击右键,在快捷菜单中选择"插入行"。

2. 更改字段

更改字段主要指的是更改字段的名称。字段名称的修改不会影响数据,字段的属性也不会发生变化。当然数据类型、字段属性也可以进行修改,其操作同创建字段时一样。

在设计视图中选择需要修改的字段,然后输入新的名称。或者在数据表视图中,选择要修改的字段,鼠标右击,在属性菜单中选择"重命名字段"。

3. 移动字段

在设计视图中把鼠标指向要移动字段左侧的字段选定块上单击,选中需要移动的字段,然后拖动鼠标到要移动的位置上放开,字段就被移到新的位置上了。

4. 删除字段

在设计视图中把鼠标指向要删除字段左侧的字段选定块上单击,选中需要删除的字段,之后单击右键,在快捷菜单中选择"删除行"。

提示

> 对表中字段的插入和删除,一般会影响到表中存储的数据,以及与表相关的查询、窗口、报表等数据库对象。对在设计视图和数据表视图中的字段均可以进行移动,操作非常简单,而且一般不会有什么不良后果。

【例 2-10】 修改"学生"表的结构,增加"备注"字段。

"备注"类型与"文本"类型相似,都可存储文字性信息。不同的是备注类型主要用于存储超出文本数据长度的信息,可输入多达 65536 个字符的内容。

(1)打开"学生成绩管理"数据库,选择"学生"表,单击工具栏中的"设计"按钮,打开设计视图窗口。

(2)将光标移到字段行的最后一行(专业编号)的下方,在字段名称的单元格中,输入字段名"备注",同时定义数据类型为"长文本"类型,如图 2-38 所示。用这种方法可以添加或修改其他字段和其数据类型。

学生基本表	
字段名称	数据类型
学号	短文本
姓名	短文本
性别	短文本
出生日期	日期/时间
生源	短文本
照片	短文本
专业编号	短文本
备注	长文本

图 2-38　学生表中增加"备注"字段

(3)完成对表中字段的修改后,单击工具栏上的"保存"按钮。或者在关闭表的设计视图时,系统会自动对表进行检测,如果表已被修改,则屏幕上出现保存表设计提示框,单击"是"按钮即可(图 2-39)。

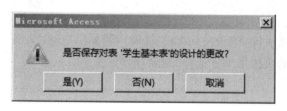

图 2-39　保存表设计

2.5.2　表的复制、删除与导出

1. 表的复制

【**例 2-11**】将"学生"表进行复制,得到"学生表备份"表对象。

(1)打开"学生成绩管理"数据库,在"导航窗格"中,单击"表"对象。若复制"学生"表,则将鼠标指向该表,单击右键,弹出快捷菜单,选择"复制"命令选项(图 2-40),或在"开始"选项卡中点击"复制"按钮。

(2)在数据库窗口空白处,使用鼠标单击右键,弹出快捷菜单,选择"粘贴"命令选项,或在"开始"选项卡中点击"粘贴"命令。

(3)弹出"粘贴表方式"对话框,在该对话框的"表名称"栏中,输入表名:学生表备份,在"粘贴选项"中选择"结构和数据"(图 2-41),然后单击"确定"按钮,即可在当前数据库中由"学生"表复制得到"学生表备份"的数据表。

图 2-40　表操作快捷菜单

图 2-41　粘贴表方式对话框

2. 表的重命名

打开数据库,在"导航窗格"中单击"表"对象。若对"学生表备份"重命名,则将鼠标指向该表，单击右键，弹出快捷菜单，选择"重命名"命令选项，则可在原表名处直接命名。

3. 表的删除

打开数据库，在"导航窗格"中单击"表"对象。若删除"学生表备份表"，则将鼠标指向该表，单击右键，在弹出的快捷菜单中选择"删除"即可（图 2-42）。

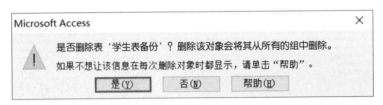

图 2-42　表的"删除"对话框

4. 表的导出

数据的导出是一种将数据和数据库对象输出到其他数据库、电子表格或文件格式的方法，以便其他数据库、应用程序等可以使用这些数据。导出功能与复制和粘贴功能相似，可以将数据导出到各种支持的数据库、程序或文件格式中。

【例 2-12】将"学生"表导出为 Excel 格式。

（1）打开"学生成绩管理"数据库，在"导航窗格"中用右键单击"学生"表对象，在弹出的快捷菜单中选择"导出"，并单击"Excel"选项，如图 2-43 所示。

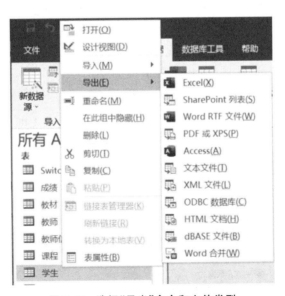

图 2-43　选择"导出"命令和文件类型

（2）在弹出的"导出"对话框中，在"指定目标文件名及格式"下的"文件名"栏中，输入文件名，默认文件格式为"Excel"，单击"确定"按钮即可（图 2-44）。

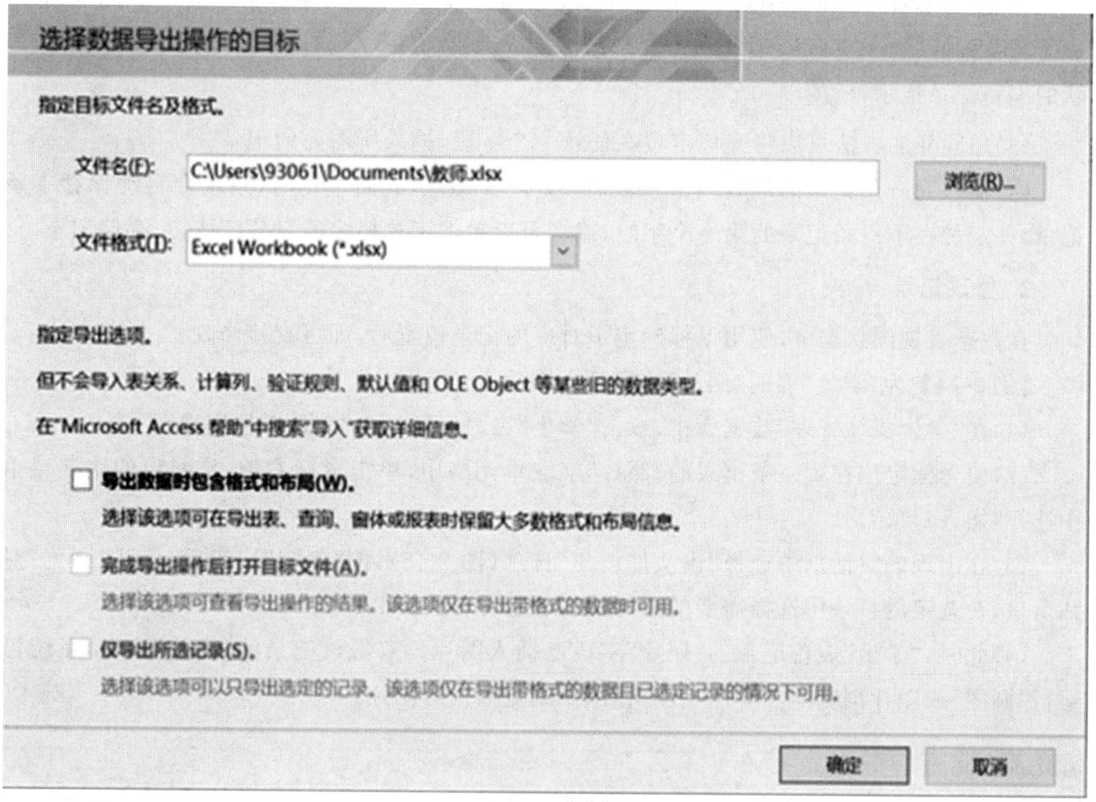

图 2-44　指定目标文件名及文件格式

2.5.3　数据表视图中记录的编辑与操作

在数据表视图中输入与编辑数据，与在 Excel 工作表中输入数据非常类似，主要的限制是：必须从数据表的左上角开始，在连续的行和列中输入数据；不应当像在 Excel 工作表中那样，尝试通过包括空行或列来设置数据的格式，因为这样做将浪费表的空间。

以下内容以"学生"表为例，进行表中记录的添加、修改、删除、查找、替换等操作。

1. 添加记录

在创建表的各种方法中，只有在"表"视图才可以直接向表中输入记录，其他方法都只能设计表的结构，而无法向表中输入记录。

在数据表视图中打开已经设计好的表，可以向表中输入记录。一个新建表的数据表视图仅在表的顶端显示表的字段名称，并在其下面显示一条记录。如果任何字段有默认值，则 Access 将在空记录的相应字段内，显示该默认值。而无论表中有多少记录，在表的底部总有一条空记录，以方便用户添加新的记录。

【例 2-13】 在"学生"表中添加新记录。

(1)打开"学生成绩管理"数据库，双击"学生"表列表项，打开"学生"表的数据表视图。

(2)用箭头键或者鼠标,使光标定位在最后一条记录的"学号"单元格中,按指定格式输入一个学号。此时,Access自动在其下方新增一条空白记录,并在当前记录选择器上出现铅笔状的编辑记录指示符 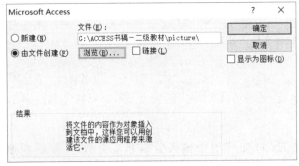。

(3)用同样的方法可以将光标定位在任意一个字段,输入所需要的记录。

(4)输入完一条记录的最后一个字段后,按下"Tab"键或回车键时,系统会自动保存本条记录,并定位在下一条记录的第一个字段,或者可以单击工具栏中的"保存"按钮,存储记录。

2. 修改记录

在数据表视图状态下,使用鼠标确定了对应的记录位置后,即可直接修改。

【例2-14】为"学生"表的"照片"字段插入图片。

(1)在"学生成绩管理"数据库中,双击"学生"表,打开"学生"表的数据表视图。

(2)使光标定位在第一条记录的"照片"字段单元格中,单击鼠标右键,从弹出的快捷菜单中选择"插入对象"。

(3)在出现的对话框中选择"由文件创建"选项(图2-45),按"确定"按钮后,打开"浏览"对话窗口,在选定的目录中选择需要的照片,按"确定"按钮(图2-46)。

(4)此时,"学生"表首记录的"照片"字段已插入图片。双击该记录的"照片"字段,系统可运行"画图"或图片浏览器等应用程序,让用户浏览插入的图片。

图2-45 选择"由文件创建"选项

图2-46 在"浏览"窗口中选择照片

3. 删除记录

选定要被删除的记录后,单击工具栏中的"删除记录"按钮。如果该表与其他表建立了参照完整性,当要在学生表中删除一条记录时,参照完整性规则将起作用,弹出系统提示框,提示"不能删除或改变记录"(图2-47);否则系统弹出删除记录警告框,单击"是"按钮,确认删除记录。

图2-47 "不能删除或改变记录"提示框

提示

> 在 Access 数据库的数据表视图中,可以在任何时候删除表中的任意一条记录,但是记录一旦删除,就不能再恢复,所以在执行此项操作时要慎重。选中所要删除的记录,在该记录的最左端出现一个小三角标志,表明当前的焦点处于该记录。还可以选取要删除的多条记录,单击鼠标右键,在弹出的菜单中选择"删除记录"命令。

4. 复制记录

将鼠标定位到要复制的记录行上,并将鼠标指向该记录行,单击右键,弹出快捷菜单,选择"复制";再将鼠标指向空记录行,单击右键,弹出快捷菜单,选择"粘贴"即可。

但在一般情况下,对于已经建立主关键字或索引的表来讲,复制记录操作可能造成重复记录;如果主关键字或索引值相同,则操作可能不能完成,系统会给出警告提示,如图 2-48 所示。

图 2-48 "复制记录"提示框

5. 记录的查找和替换

若想查找特定的记录或查找字段中的某些值,则可以选定某个字段,单击右键,弹出快捷菜单,出现如图 2-49 所示的"查找和替换"对话框,在"查找内容"中输入要查找的字段值,在"查找范围"的下拉列表中可以选择表中的某个字段,也可以选择表的所有字段。单击"查找下一个",则系统将定位在符合查找内容的记录上。反复查找,直至查找完毕。

若想修改查找到的内容,则可以利用"替换"来完成。表中数据的替换就是在查找操作的基础上,将符合查找内容的记录值替换为指定的内容。

图 2-49 "查找和替换"对话框

6. 记录排序

所谓排序,就是以当前表中的一个或多个字段的值来对整个表的所有记录进行重新排序,以方便用户查看和阅览。选中"学生"表中某一列,如"出生日期"字段,单击"记录"菜单下的"排序"命令,再选择"升序排序"或"降序排序"选项,数据表即按选择重新排列顺序。

7. 记录筛选

筛选是实现表中数据查找的一种操作,但它所查找的信息是表中符合条件的记录,而不是具体的数据项。Access 提供了多种筛选方式,如窗体筛选、内容筛选、内容排除筛选等。

【例 2-15】 在"学生"表中筛选出"生源"是福建的所有记录。

(1)打开"学生"表的数据表视图,在表中用鼠标选择"生源"字段。

(2)单击"排序和筛选"(图 2-50)中的"选择"按钮,列出了"筛选"条件,选择"等于'福建'"选项。

(3)筛选结果窗口中显示出生源为"福建"的所有学生记录(图 2-51)。

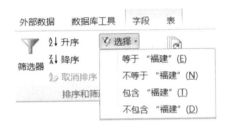

图 2-50 记录筛选命令　　　　　　　**图 2-51 按选定内容筛选的记录结果**

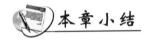

本章主要介绍了如何创建数据库和表。数据库是由数据表组成的,因此创建数据库的过程就是创建数据表的过程。本章要求读者主要掌握用设计视图建立数据表的方法,并能根据需要选择适当的字段属性设置。

主键是数据表中记录的唯一标识,对多个数据表同时进行操作时,多数据表只有通过主键建立关系,才能进行互相访问。另外,要求掌握对数据表创建关系,能够对数据表的结构与记录进行编辑修改,建立索引,并按要求进行筛选。

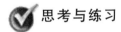 **思考与练习**

一、思考题

2.1 Access 有哪些建立数据库的方法?

2.2 Access 数据库中有哪几种创建表的方法?简述各种建表方法的特点。

2.3 数据类型的作用有哪些?试举几种常用的数据类型及其常量表示。

2.4 什么是主键?表中定义主键有什么作用?

2.5 Access 数据库中有几种数据完整性?如何实施?

2.6 常用的字段属性包括哪些内容？掌握其应用方法。

2.7 什么是索引？索引的作用是什么？

2.8 什么是字段的验证规则？如何使用？

2.9 什么是字段的输入掩码？在定义表时使用输入掩码有何作用？

2.10 什么是父子表？如何查看父子表？

2.11 在定义关系时实施参照完整性的具体含义是什么？什么是级联修改和级联删除？

二、选择题

(1)Access 的数据库文件的扩展名为(　　　)。

    A. .dbf　　　　　　B. .accdb　　　　　　C. .dot　　　　　　D. .xls

(2)创建数据库有不同方法:第一种方法是先建立一个空数据库,然后向其中添加数据库对象,另一种方法可以使用(　　　)创建。

    A. 数据库视图　　　　　　　　　　B. 数据库向导

    C. 数据库模板　　　　　　　　　　D. 数据库导入

(3)Access 中表和数据库的关系是(　　　)。

    A. 一个数据库可以包含多个表　　　　B. 一个表只能包含两个数据库

    C. 一个表可以包含多个数据库　　　　D. 一个数据库只能包含一个表

(4)Access 数据库最基础的对象是(　　　)。

    A. 表　　　　　　　B. 宏　　　　　　　C. 报表　　　　　　D. 查询

(5)如果在创建表中建立字段"性别",并要求用汉字表示,则其数据类型应当是(　　　)。

    A. 是/否　　　　　　B. 数字　　　　　　C. 文本　　　　　　D. 备注

(6)在数据表的设计视图中,数据类型不包括(　　　)类型。

    A. 文本　　　　　　B. 逻辑　　　　　　C. 数字　　　　　　D. 备注

(7)如果字段内容为图像文件,则该字段的数据类型应定义为(　　　)。

    A. 备注　　　　　　B. 文本　　　　　　C. OLE 对象　　　　D. 超级链接

(8)Access 中,为了使字段的值不出现重复以便索引,可以将该字段定义为(　　　)。

    A. 索引　　　　　　B. 主键　　　　　　C. 必填字段　　　　D. 验证规则

(9)定义字段的默认值是指(　　　)。

    A. 不得使字段为空　　　　　　　　B. 不允许字段的值超出某个范围

    C. 在未输入数值之前,系统自动提供数值D. 系统自动把小写字母转换为大写字母

(10)创建表时可以在(　　　)中进行。

    A. 报表设计器　　　B. 表浏览器　　　　C. 表设计器　　　　D. 查询设计器

(11)在 Access 的"数据库工具"选项卡中,选择(　　　)按钮来设置表之间的关系,完成各种数据库的强大功能。

    A. 对象相关性　　　B. 分析表　　　　　C. 关系　　　　　　D. 分析性能

(12)表结构中不包括的字段类型是(　　　)。

    A. 文本　　　　　　B. 日期　　　　　　C. 备注　　　　　　D. 索引

(13)若要查询成绩为 60～80 分(包括 60 分,不包括 80 分)的学生的信息,成绩字段的查询准则应设置为(　　)。

　　A. ＞60 or ＜80　　　　　　　　　　　B. ＞=60 And ＜80

　　C. ＞60 and ＜80　　　　　　　　　　　D. IN(60,80)

(14)在下列数据类型中,可以设置"字段大小"属性的是(　　)。

　　A. 备注　　　　　　B. 文本　　　　　　C. 日期/时间　　　　D. 货币

(15)在定义表中字段属性时,对要求输入相对固定格式的数据,如电话号码 010-65971234,应该定义该字段的(　　)。

　　A. 格式　　　　　　B. 默认值　　　　　　C. 输入掩码　　　　D. 验证规则

(16)在表中直接显示姓"李"的记录的方法是(　　)。

　　A. 排序　　　　　　B. 筛选　　　　　　C. 隐藏　　　　　　D. 冻结

(17)在设计视图中,为了限制学生表中只能输入"1992 年 9 月 10 日"以前出生的学生情况,需要在"字段属性"区的"验证规则"属性单元格中,对"出生日期"字段的验证规则进行设置,规则表达式的正确表述形式为(　　)。

　　A. ＞♯1992-09-10♯　　　　　　　　　B. ＜♯1992-09-10♯

　　C. ＞[1992-09-10]　　　　　　　　　　D. ＜[1992-09-10]

(18)在设计视图中,为了限制"性别"字段只能输入"男"或"女",该字段"验证规则"设置中正确的规则表达式为(　　)。

　　A. [性别]="男" and [性别]="女"　　　　B. [性别]="男" or [性别]="女"

　　C. 性别="男" and 性别="女"　　　　　　D. 性别="男" or 性别="女"

(19)在 Access 数据库中,为了保持表之间的关系,要求在子表(从表)中添加记录时,如果主表中没有与之相关的记录,则不能在子表(从表)中添加或修改该记录。为此需要定义的关系是(　　)

　　A. 输入掩码　　　　B. 验证规则　　　　C. 默认值　　　　　D. 参照完整性

(20)实施参照完整性后,不可以实现的关系约束是(　　)。

　　A. 不能在子表的相关字段中输入不存在于主表主键中的值

　　B. 如果在相关表中存在匹配的记录,则不能从主表中删除这个记录

　　C. 如果相关记录存在于子表中,则不能在主表中更改相应的主键值

　　D. 任何情况下都不允许修改主表中主键的值

(21)下列关于 Access 字段属性内容的叙述中,错误的是(　　)。

　　A. 验证规则是指正确输入数据的一些文本说明

　　B. 验证规则是指一个表达式,用以规定用户输入的数据必须满足该表达式

　　C. 验证文本的设定内容是当输入值不满足验证规则时,系统提示的信息

　　D. 输入掩码主要用于指导和规范用户输入数据的格式

(22)Access 中,为了达到"删除主表中的记录时,同时删除子表中与之相关记录"的操作限制,需要定义(　　)。

　　A. 输入掩码　　　　B. 参照完整性　　　　C. 验证规则　　　　D. 验证文本

(23)假设一个书店用(书号,书名,作者,出版社,出版日期,库存数量)一组属性来描述图书,可以作为"关键字"的是(　　)。

　　A. 书号　　　　　　B. 书名　　　　　　C. 作者　　　　　　D. 出版社

(24)Access 可以导入和链接的数据源不包括(　　)。

　　A. Excel 表　　　　B. ODBC 数据库　　C. Text 文本　　　D. Word 文件

(25)在"关系"窗口中,当两个表之间显示|——∞的线条,表示两表之间存在着(　　)的关系。

　　A. 一对一　　　　　B. 一对多　　　　　C. 多对多　　　　　D. 索引

【选择题参考答案】

(1)B　　(2)C　　(3)A　　(4)A　　(5)C　　(6)B　　(7)C　　(8)B　　(9)C　　(10)C

(11)C　(12)D　(13)B　(14)B　(15)C　(16)B　(17)B　(18)B　(19)D　(20)D

(21)A　(22)B　(23)A　(24)D　(25)B

三、操作题

实验 1　创建表

【实验目的】

(1)掌握使用"表设计器"创建表的步骤与方法。

(2)在创建完成的表中输入记录。

【实验内容】

打开"学生成绩管理 .accdb"数据库文件,试按要求完成以下操作:

(1)在当前数据库中,使用表设计器新建一个表名为"教材"的表,表结构见表1。

表 1　"教材"表结构

字段名称	数据类型	字段大小	格式
教材编号	短文本	10	
课程编号	短文本	5	
教材名称	短文本	20	
作者	短文本	10	
出版社	短文本	20	
出版日期	日期/时间		短日期
单价	数字	单精度型	常规数字
数量	数字	整型	常规数字

(2)设置"教材编号"字段为主键。新表创建完成之后,关闭设计视图并保存新表。

(3)打开"教材"表视图,在表中依次输入以下记录,显示结果如图 1 所示。

(4)记录输入完成后,存盘并关闭表。

图 1　"教材"表记录

实验 2　数据表字段的属性设置

【实验目的】

本实验要求掌握使用设计视图完成字段属性的设置方法,用来控制数据的显示和用户输入。

【实验内容】

在"学生成绩管理"数据库中,使用设计视图对"教材"表的字段属性完成以下操作:

(1)设置"出版社"字段的默认值为"高等教育出版社"。

(2)设置"数量"字段的"验证规则"属性为:大于等于 30 且小于等于 100;"验证文本"属性为:输入的值应在 30 到 100 之间,请重新输入。

(3)设置"出版时间"字段的验证规则为 2015 年之后的时间。

(4)在设计视图中为"教材"表的"课程编号"字段定义掩码格式,规定课程编号共 5 位,其中第 1 位是字符,且只能是字符 B,后面 4 位是数字。

实验 3　表的基本编辑操作

【实验目的】

掌握表的基本编辑操作,包括表结构的修改、记录的编辑与查找。

【实验内容】

(1)在"教材"表中,新增"教材内容简介"的备注字段,并输入相关的内容。

(2)交换表结构中的"单价"与"数量"两个字段的位置。

(3)在"教材"表中追加一条新记录,然后将其删除。

(4)在"教材"表中,利用"编辑"菜单下的"查找"命令,查找出版社为"高等教育出版社"的所有记录。

(5)在"教材"表中,利用"编辑"菜单下的"查找"命令,查找"单价"为 30 的记录,并将记录值替换为 30.8。

(6)将"教材"表导出为 Excel 格式,修改一些数据后再导入数据表中。

实验 4　建立表之间的关系

【实验目的】

(1)理解建立表关系的重要性。

(2)利用"关系"工具创建表之间的关系,知道建立表关系的方法。

(3)显示父子表的相关记录。

【实验内容】

(1)在"学生成绩管理"数据库中,通过"关系"工具建立各表之间的关系(包括新建的"教材"表),注意表间的主键和外键的对应关系。建立完成的各表间关系如图 2 所示。

(2)"教师"与"课程"表之间为一对多关系,试建立两者之间的父子表显示。显示结果如图 3 所示。

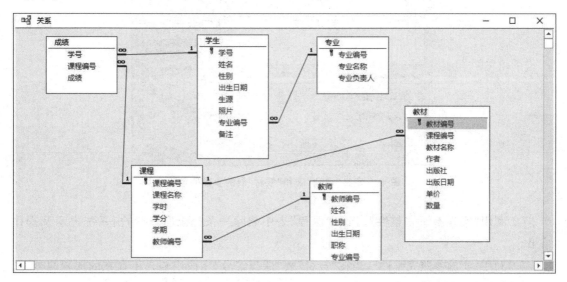

图 2　关系窗口中各表间的关系

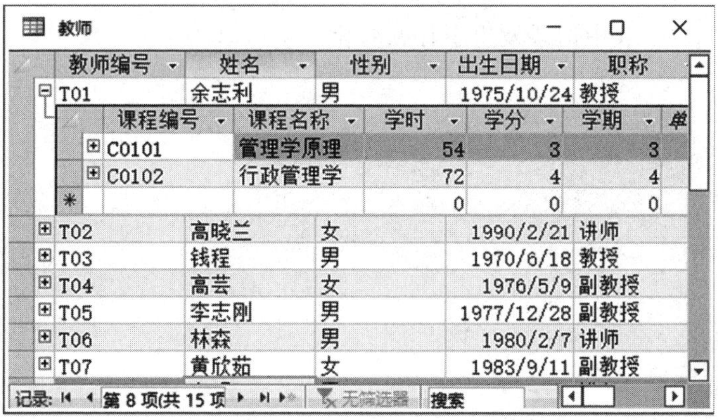

图 3　"教师"与"课程"表的父子表显示

(3)"专业"与"教师"表之间为一对多关系,试建立两者之间的父子表显示。

实验 5　表间的参照完整性设置

【实验目的】

深入理解参照完整性的含义,在数据表之间设置参照完整性,确保相关表中记录之间关系的有效性。

【实验内容】

(1)在"关系"窗口中,在"课程"表和"教材"表中建立参照完整性,选中"实施参照完整性"复选框和"级联更新相关字段"复选框,显示结果如图 4 所示。

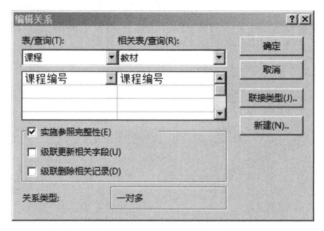

图 4　定义"课程"表和"教材"表的参照完整性

(2)利用"实施参照完整性",当在"课程"表中删除一条记录时,试给出系统提示及操作结果。

(3)利用"实施参照完整性",当在"教材"表"课程编号"字段中输入不存在的课程编号时,试给出系统提示及操作结果。

(4)利用"级联更新相关字段",在"课程"表中更新某记录中的"课程编号"字段的值,试根据操作结果说明"教材"表中记录发生了什么变化。

第 3 章

查询

查询是数据库最重要和最常见的应用,它作为 Access 数据库中的一个重要对象,可以让用户根据指定条件对数据库进行检索,将查询到的数据组成一个集合,这个集合中的字段可能来自一个表,也可能来自多个不同的表,这个集合就称为查询。在 Access 数据库中,查询可以用来生成窗体、报表,甚至是生成其他查询的基础。

本章知识结构导航如图 3-1 所示。

图 3-1　本章知识结构导航

3.1　查询的基本概念

3.1.1　查询的概念与作用

查询是关系数据库中的一个重要概念。查询对象不是数据的集合,而是操作的集合,可以理解为查询是针对数据表中数据源的操作命令。在 Access 数据库中,查询是一种统计和分析数据的工作,是对数据库中的数据进行分类、筛选、添加、删除和修改。从表面现象上看,查询似乎是建立了一个新表,但是,查询的记录集实际上并不存在。每次运行查询时,Access 便从查询源表的数据中创建一个新的记录集,使查询中的数据能够和源表中的数据保持同步。每次打开查询,就相当于重新按条件进行查询。

在创建数据库时,并不需要将所有可能用到的数据都罗列在表上,尤其是一些需要计算的值。使用数据库中的数据时,并不是简单地使用这个表或那个表中的数据,而常常是将有"关系"的很多表中的数据一起调出使用,有时还要把这些数据进行一定的计算以后才能使用。用"查询"对象可以很轻松地解决这类问题,它同样也会生成一个数据表视图,看起来就像新建的"表"对象的数据表视图一样。

查询可以作为结果,也可以作为数据源,即查询可以根据条件从数据表中检索数据,并将结果存储起来;查询也可以作为创建表、查询、窗体或报表的数据源。

在 Access 数据库中,利用查询可以完成以下功能:

(1)选择字段。在查询中可以指定所需要的字段,而不必包括表中的所有字段。

(2)选择记录。可以指定一个或多个条件,只有符合条件的记录才能在查询的结果中显示出来。

(3)分级和排序记录。可以对查询结果进行分级,并指定记录的顺序。

(4)完成计算功能。用户可以建立一个计算字段,利用计算字段保存计算结果。

(5)使用查询作为窗体、报表或数据访问页的记录源。用户可以建立一个条件查询,将该查询的数据作为窗体或报表的记录源,当用户每次打开窗体或打印报表时,该查询从基本表中检索最新数据。

3.1.2 查询的种类

根据其应用目的不同,可以将 Access 的查询分为以下 5 种类型。

1. 选择查询

选择查询是最常见的查询类型,可通过"查询设计视图"或"查询向导"创建。选择查询包括基本查询(单表查询、多表查询)、条件查询、计算查询(汇总计算、自定义计算)等,是 Access 支持的多种类型查询对象中最重要的一种。选择查询主要用于浏览、检索、统计数据库中的数据,并最终以动态数据库表的形式显示查询结果。同时,选择查询还是其他类型查询创建的基础。

2. 参数查询

参数查询通过查询设计视图创建,是以询问方式存在的动态查询模式,在执行时会显示一个对话框,要求用户输入参数,系统根据所输入的参数找出符合条件的记录。例如,查询学生表中的生源或某专业的学生等,就可以使用"参数查询",因为这些查询的格式相同,只是查询条件有所变化。

3. 交叉表查询

交叉表查询通过交叉查询向导创建。交叉表查询显示来源于表中某个字段的汇总值(合计、计算、平均等),并将它们分组,一组行在数据表的左侧,一组列在数据表的上部。交叉表查询运行的显示形式,是作为数据源的表转置后形成的数据表。

4. 操作查询

操作查询通过查询设计视图创建。操作查询是在一个记录中更改许多记录的查询,查询后的结果不是动态集合,而是转换后的表。它有 4 种类型:删除查询、更新查询、追加查询和生成表查询。

5. SQL 查询

SQL(structured query language)是一种用于数据库的结构化查询语言,许多数据库管理系统都支持该种语言。SQL 查询是指用户通过使用 SQL 语句创建的查询。一个 Access 查询对象实质上是一条 SQL 语句,而 Access 提供的查询设计视图实质上提供了一个编写相应 SQL 语句的可视化工具。

常见的 SQL 查询包括联合查询、传递查询、数据定义查询与子查询。

3.1.3　查询视图

Access 2016 的查询视图有设计视图、数据表视图、SQL 视图、数据透视表视图和数据透视图视图 5 种,本节仅介绍常用的前 3 种视图方式。

1. 设计视图

查询设计视图是一个设计查询的窗口,包含了创建查询所需要的各个组件,用户只需在各个组件中设置一定的内容就可以创建一个查询。

查询设计窗口分为上下两部分,上部为表/查询的字段列表,显示添加到查询中的数据表或查询的字段列表;下部为查询的设计网格区,定义查询的字段,并将表达式作为条件,限制查询的结果;中间是可以调节的分隔线;标题栏显示查询的名称,如图 3-2 所示。

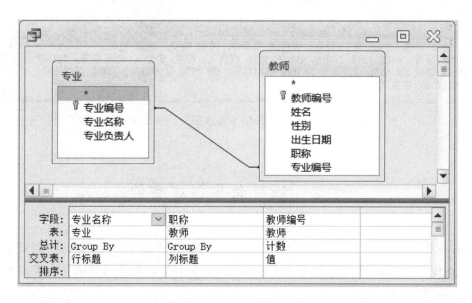

图 3-2　查询设计视图的布局

2. 数据表视图

数据表视图可以查看查询的生成结果,以数据表的形式显示查询结果。数据表视图主要用于在行和列格式下显示表、查询以及窗体中的数据,如图 3-3 所示。

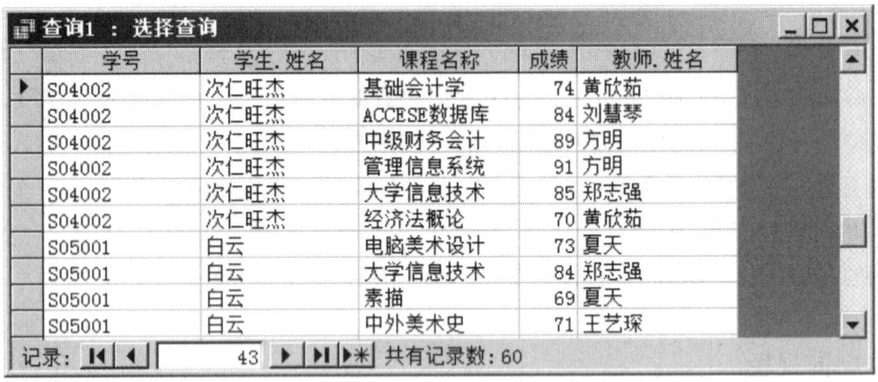
查询1 : 选择查询
记录: 43 共有记录数: 60

学号	学生.姓名	课程名称	成绩	教师.姓名
S04002	次仁旺杰	基础会计学	74	黄欣茹
S04002	次仁旺杰	ACCESE数据库	84	刘慧琴
S04002	次仁旺杰	中级财务会计	89	方明
S04002	次仁旺杰	管理信息系统	91	方明
S04002	次仁旺杰	大学信息技术	85	郑志强
S04002	次仁旺杰	经济法概论	70	黄欣茹
S05001	白云	电脑美术设计	73	夏天
S05001	白云	大学信息技术	84	郑志强
S05001	白云	素描	69	夏天
S05001	白云	中外美术史	71	王艺琛

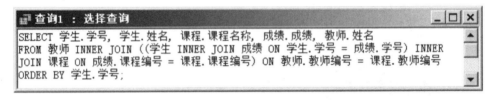

图 3-3 数据表视图

3. SQL 视图

SQL 视图是用于显示当前查询的 SQL 语句或用于创建 SQL 查询的窗口。建立查询的操作,实质上是生成 SQL 语句的过程。当用户在设计视图中创建查询时,Access 在 SQL 视图中自动创建与查询对应的 SQL 语句,用户可以在 SQL 视图中查看或改变 SQL 语句,进而改变查询。

为方便读者学习,在本章的每个示例后,都会给出查询结果所对应的 SQL 语句。例如,图 3-3 的查询结果所对应的 SQL 视图如图 3-4 所示。

查询1 : 选择查询
SELECT 学生.学号, 学生.姓名, 课程.课程名称, 成绩.成绩, 教师.姓名
FROM 教师 INNER JOIN ((学生 INNER JOIN 成绩 ON 学生.学号 = 成绩.学号) INNER
JOIN 课程 ON 成绩.课程编号 = 课程.课程编号) ON 教师.教师编号 = 课程.教师编号
ORDER BY 学生.学号;

图 3-4 SQL 视图

3.2 使用向导创建查询

Access 提供了 4 种向导方式创建简单的选择查询,分别是“简单查询向导”、“交叉表查询向导”、“查找重复项查询向导”和“查找不匹配项查询向导”,以帮助用户从一个或多个表或查询中指定的字段检索数据。

3.2.1　简单查询向导

在 Access 中可以利用简单查询向导创建查询,可以在一个或多个表(或其他查询)指定的字段中检索数据。另外,通过向导也可以对一组记录或全部记录进行总计、计数以及求平均值的运算,还可以计算字段中的最大值、最小值等。

【例 3-1】使用"简单查询向导"查询"学生成绩管理"数据库中的学生基本信息及专业名称。

(1)打开"学生成绩管理"数据库,在"创建"选项卡中单击"查询向导"(图 3-5)。

(2)在"新建查询"对话框提供的 4 种查询向导方法中,选择"简单查询向导"选项(图 3-6),单击"确定"按钮。

图 3-5　"创建"选项

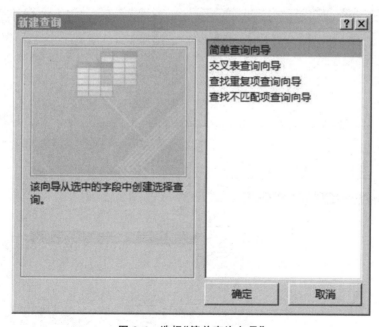

图 3-6　选择"简单查询向导"

(3)在"简单查询向导"对话框中,在"表/查询"下拉列表框选择所要查询的基本表(图 3-7),在"可用字段"列表框中选择查询结果集中所要显示的字段,然后按 > ,选定的字段将会出现在右侧的"选定字段"列表框中（图 3-8）。

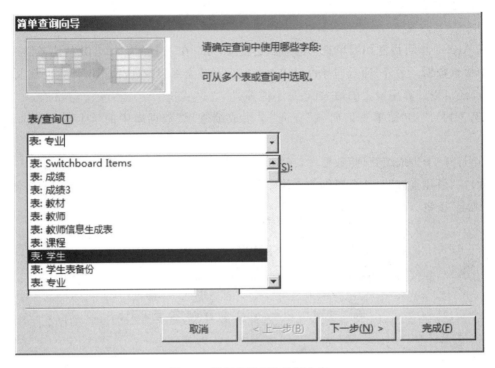

图 3-7　选择所要查询的基本表

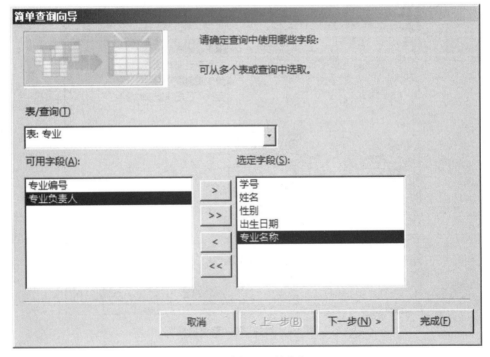

图 3-8　选择需要的字段

在本例中，在"可用字段"列表框中选择"学生"表中的"学号""姓名""性别""出生日期"字段，以及“专业”表中“专业名称”字段，分别添加到“选定字段”列表框中，单击“下一步”按钮。

(4)单击“完成”按钮就可以得到查询结果了，如图 3-9 所示。指定查询文件标题为“例 3-1”。

(5)对于一个设计完成的查询对象，可以在当前数据库窗口中“导航窗格”下的查询对象列表中看到它的图标，用鼠标双击即可运行这个查询对象，如图 3-10 所示。

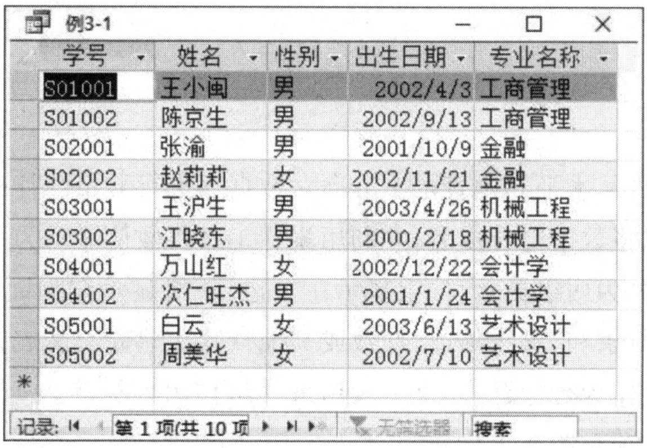

学号	姓名	性别	出生日期	专业名称
S01001	王小闽	男	2002/4/3	工商管理
S01002	陈京生	男	2002/9/13	工商管理
S02001	张渝	男	2001/10/9	金融
S02002	赵莉莉	女	2002/11/21	金融
S03001	王沪生	男	2003/4/26	机械工程
S03002	江晓东	男	2000/2/18	机械工程
S04001	万山红	女	2002/12/22	会计学
S04002	次仁旺杰	男	2001/1/24	会计学
S05001	白云	女	2003/6/13	艺术设计
S05002	周美华	女	2002/7/10	艺术设计

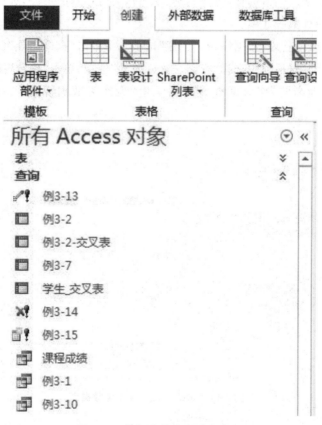

图 3-9　使用向导创建的查询结果

图 3-10　数据库的查询对象列表

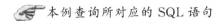本例查询所对应的 SQL 语句

SELECT 学生.学号,学生.姓名,学生.性别,学生.出生日期,专业.专业名称
FROM 专业,学生
WHERE 专业.专业编号＝学生.专业编号;

3.2.2 交叉表查询向导

交叉表查询是一种从水平和垂直两个方向对数据表进行分组统计的查询方法。使用向导创建交叉表查询，可以将数据组合成表，并利用累计工具将数值显示为电子报表式的格式。交叉表查询可以将数据分为两组显示，一组显示在左边，一组显示在上面，左边和上面的数据在表中的交叉点可以进行求和、求平均值、计数或其他计算。建立交叉表查询至少要指定 3 个字段，一个字段用来分组作为行标题，一个字段用来分组作为列标题，一个字段放在行与列交叉位置作为统计项（统计项只能有 1 个）。

【例 3-2】在"学生成绩管理"数据库中，使用"交叉表查询向导"统计各专业的学生生源分布情况。数据源为"学生"表，选择"专业名称"字段作为行标题的字段，选择"生源"作为列标题的字段，"学号"作为计数统计项。

（1）打开"学生成绩管理"数据库，在"创建"选项卡中单击"查询向导"（图 3-5）。

（2）在"新建查询"对话框中选择"交叉表查询向导"选项，单击"确定"按钮。

（3）在"交叉表查询向导"对话框，选择"学生"表作为数据源（图 3-11），单击"下一步"按钮。

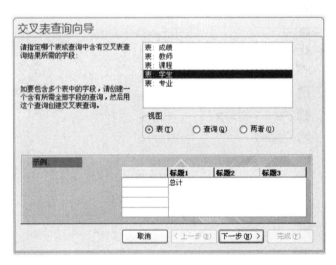

图 3-11　选择"学生"表作为数据源

（4）在"可用字段"列表框中选择"专业编号"作为行标题的字段（图 3-12），单击"下一步"按钮。

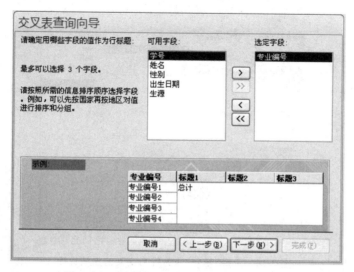

图 3-12　选择"专业编号"作为行标题的字段

（5）在"可用字段"列表框中选择"生源"作为列标题的字段（图 3-13），单击"下一步"按钮。

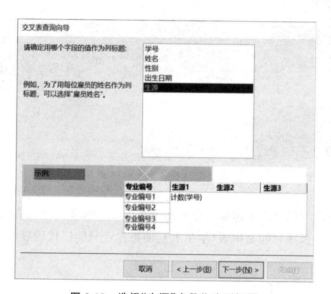

图 3-13　选择"生源"字段作为列标题

（6）在"字段"列表框中选择"学号"作为行列交叉的点统计项，在"函数"列表中选择"计数"（Count）函数项（图 3-14），单击"下一步"按钮。

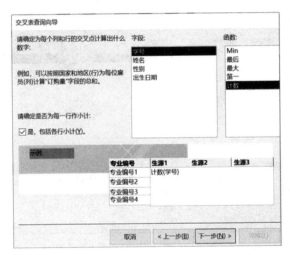

图 3-14　选择"学号"作为行列交叉的点统计项

（7）在"请指定查询的名称"文本框中输入查询的文件名为"例 3-2"，然后单击"完成"按钮，就可以得到交叉表查询结果了（图 3-15）。

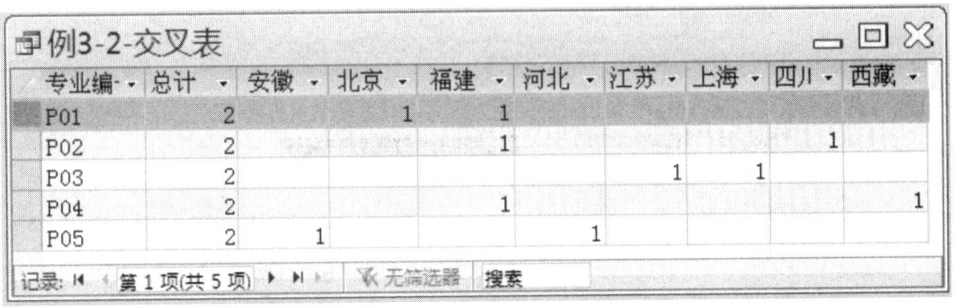

专业编·	总计·	安徽·	北京·	福建·	河北·	江苏·	上海·	四川·	西藏·
P01	2		1	1					
P02	2			1				1	
P03	2					1	1		
P04	2			1					1
P05	2	1		1					

图 3-15　交叉表查询结果

从交叉表的查询结果可以看出每个专业的学生数总计和学生来源的分布情况，但由于交叉表查询向导的数据来源只能是单表（学生表），使得专业只能以代码显示，使得统计结果并不直观。

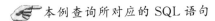 本例查询所对应的 SQL 语句

```
TRANSFORM Count(学生.[学号])AS 学号之计数
SELECT 学生.[专业编号],Count(学生.[学号])AS [总计 学号]
FROM 学生
GROUP BY 学生.[专业编号]
PIVOT 学生.[生源];
```

3.2.3 其他向导查询的使用

1. 查找重复项查询向导

根据"查找重复项查询向导"创建的查询结果,可以确定在表中是否有重复的记录,或确定记录在表中是否共享相同的值。

【例 3-3】在"学生成绩管理"数据库的"学生"表中,利用向导查找"生源"字段中的重复值。

(1)打开"学生成绩管理"数据库,在"创建"选项卡中单击"查询向导"(图 3-5)。

(2)在"新建查询"对话框中选择"查找重复项查询向导"选项,单击"确定"按钮。

(3)在弹出的"查找重复项查询向导"对话框中,选择具有重复字段值的"学生"表作为数据源,单击"下一步"按钮。

(4)在图 3-16 中,选择"生源"作为"重复值字段",单击"下一步"按钮。

(5)在图 3-17 中,选择"姓名"作为"另外的查询字段",单击"完成"按钮。

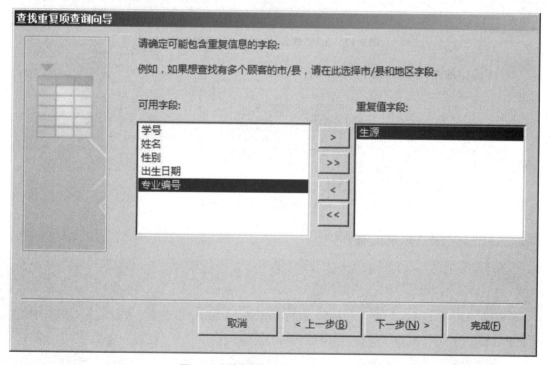

图 3-16 选择"生源"作为重复值字段

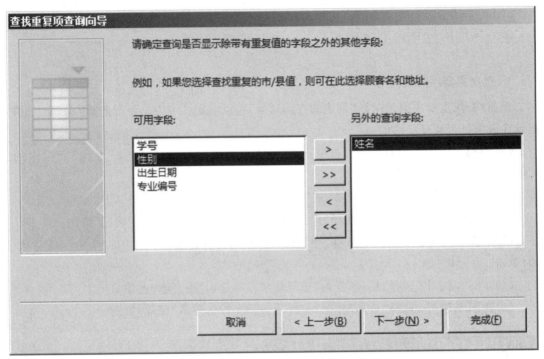

图 3-17　选择"姓名"作为另外的查询字段

（6）本操作的查询结果如图 3-18 所示。

图 3-18　查找重复项查询结果

☞ *本例查询所对应的 SQL 语句*

```
SELECT 学生.[生源],学生.[姓名]
FROM 学生
WHERE((((学生.[生源])In(SELECT [生源] FROM [学生] As Tmp GROUP BY
[生源] HAVING Count(＊)＞1)))
ORDER BY 学生.[生源];
```

2. 查找不匹配项查询向导

查找不匹配项查询的作用是供用户在一个表中找出另一个表中所没有的相关记录。在具有一对多关系的两个数据表中，对于"一"方的表中的每一条记录，在"多"方的表中可能有一条或多条甚至没有记录与之对应；使用不匹配项查询向导，就可以查找出那些在"多"方中没有对应记录的"一"方数据表中的记录。

提示

> 若要打开任何数据库对象，包括查询，可在导航窗格中双击该对象。

3.3　使用"设计视图"创建查询

在 Access 提供的 5 种新建查询对象中，有 4 种是基于向导查询的，但灵活性和功能方面受到限制。在大部分查询操作中，使用"设计视图"进行查询是最为灵活和有效的。如果生成的查询不完全符合要求，则可以在"设计视图"中更改查询。因此，理解与掌握"设计视图"的操作使用，是本章的重点。

3.3.1　查询设计视图的布局与使用

1. 查询设计视图的布局

查询设计视图被分为上下两个部分，上部为数据源显示区；下部为查询设计区，该区由多个参数行组成，如字段行、表行、排序行、显示行、条件行等，如图 3-19 所示。

Access 查询对象的数据源可以是若干个表，也可以是已经存在的某些查询，还可以是若干个表与某些查询的组合。与此对应，"显示表"对话框中包含 3 个选项卡："表"、"查询"和"表和查询"，应根据实际需要进行适当的选择。如果设计具有多个数据源的查询对象，则需在"显示表"对话框中逐一将各个数据源添加至查询设计视图的数据源显示区内。

在选择确定多个数据源（表或查询）后，必须保证各个数据源间存在必要的关联。表与表间的关联如果已在数据库视图中通过建立表间关系形成，则这些关系将被继承在查询设计视图中。如果上述关系不存在，则必须在查询设计视图中指定，如此指定的关系仅在本查询中有效。

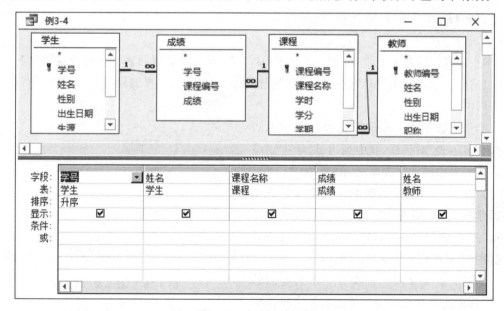

图 3-19　查询设计视图

查询设计区中网格的每一列都对应着要显示的查询结果其中的一个字段,网格的行标题表明字段的属性设置及要求。具体属性的说明如下:

(1)字段。查询工作表中所使用的字段名称。

(2)表。该字段所来自的数据表。

(3)排序。确定是否按该字段排序以及按何种方式进行排序。

(4)显示。确定该字段是否在查询工作表中显示。

(5)条件。用来指定该字段的查询条件。

(6)或。用来提供多个查询条件。

在后面的内容中,我们会结合具体实例对这些具体参数的使用进行介绍。

2. 使用"设计视图"创建查询操作的基本步骤

使用"设计视图"可以完成选择查询、交叉表查询、参数查询、操作查询等,根据查询操作的要求不同,可按以下步骤进行:

(1)向查询添加表。

(2)向查询添加字段。

(3)设置排序准则。

(4)设置查询条件。

(5)在不同视图下查看查询结果。

(6)保存查询。

3.3.2 使用"设计视图"进行多表的基本查询

多表查询就是从多个表中检索相关的信息,并把相关的数据在一个视图中显示出来。所谓基本查询,就是从表中选取若干或全部字段的所有记录,而不包含任何条件的查询。

【例 3-4】在"学生成绩管理"数据库中查询所有学生的成绩、课程名称以及授课教师名称。

本查询操作涉及 4 个表,分别是学生表、成绩表、课程表和教师表。其操作步骤如下:

(1)打开"学生成绩管理"数据库,在"创建"选项卡中单击"查询设计"按钮,进入"查询设计"视图窗口。

(2)指定数据源。Access 在查询设计中弹出"显示表"对话框,其中列出了"学生成绩管理"数据库中的 5 个关联表(图 3-20)。

(3)在"显示表"对话框中逐个地选定数据源,即学生表、成绩表、课程表、教师表,并单击"添加"按钮,将指定的数据源依次添加入查询设计视图上半部的数据源显示区域内(图 3-21)。

(4)定义查询字段。该步骤是从选定的数据表中选择需要在查询中显示的数据字段。将

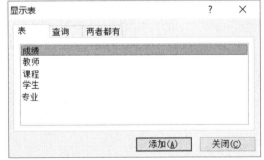

图 3-20 "显示表"对话框

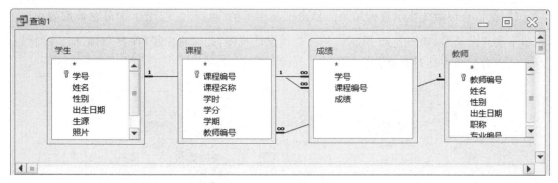

图 3-21　为查询指定数据源

数据源表中那些需要显示在查询中的数据字段逐个地拖动至查询设计区"字段"行的各列中。或逐个地下拉"字段"行列表框,从中选取需要显示的数据字段。例如,将学生表中的"学号"字段,成绩表中的"成绩"字段,课程表中的"课程名称"字段,教师表中的教师"姓名"字段,逐个地拖动至"字段"行的各列中,这时,"字段"行中出现选中的字段名,"表"行中出现该字段所在表的表名,"显示"行中的复选框中出现"√"(它表明该查询字段将被显示,取消这个标记则意味着得到了一个不被显示的查询字段),如图 3-22 所示。

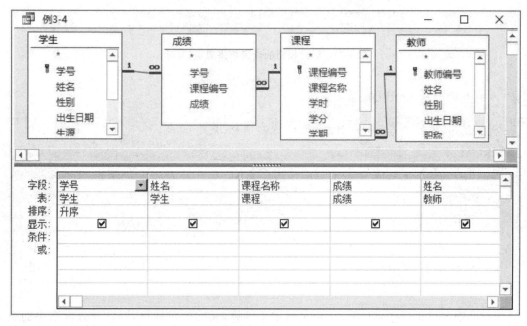

图 3-22　在查询设计视图定义字段

☞提示

　　在定义查询字段时,既可以选择数据源中的全部字段,也可以仅选择数据源中的部分字段,且各个查询字段的排列顺序可以与数据源中的字段排列顺序相同,也可以与数据源中的字段排列顺序不同。如此选择查询字段,可以将查询字段的排列顺序设置为不同于数据源中字段的排列顺序,是非常灵活的一种方式。

(5)执行查询命令显示查询结果。单击工具栏上的“执行”按钮 ! ,即可在数据表视图中显示本次查询结果,如图 3-23 所示。关闭查询设计视图,此时将出现“保存”对话框,在“保存”对话框中为新建查询对象命名为“例 3-4”。

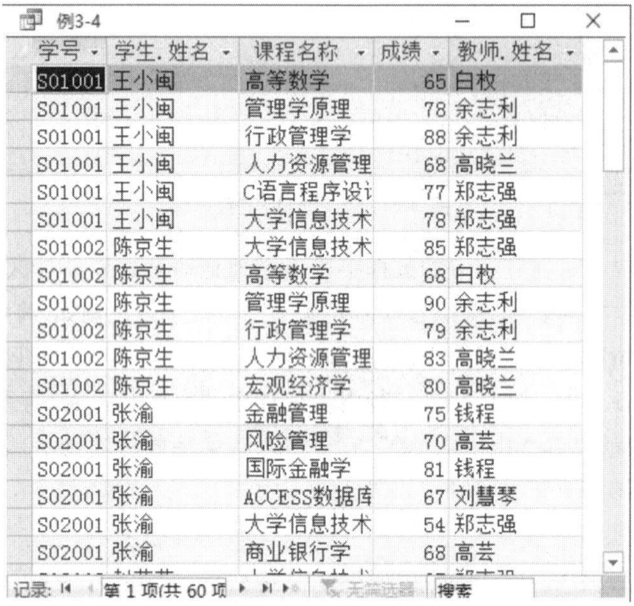

学号	学生.姓名	课程名称	成绩	教师.姓名
S01001	王小闽	高等数学	65	白枚
S01001	王小闽	管理学原理	78	余志利
S01001	王小闽	行政管理学	88	余志利
S01001	王小闽	人力资源管理	68	高晓兰
S01001	王小闽	C语言程序设计	77	郑志强
S01001	王小闽	大学信息技术	78	郑志强
S01002	陈京生	大学信息技术	85	郑志强
S01002	陈京生	高等数学	68	白枚
S01002	陈京生	管理学原理	90	余志利
S01002	陈京生	行政管理学	79	余志利
S01002	陈京生	人力资源管理	83	高晓兰
S01002	陈京生	宏观经济学	80	高晓兰
S02001	张渝	金融管理	75	钱程
S02001	张渝	风险管理	70	高芸
S02001	张渝	国际金融学	81	钱程
S02001	张渝	ACCESS数据库	67	刘慧琴
S02001	张渝	大学信息技术	54	郑志强
S02001	张渝	商业银行学	68	高芸

图 3-23　设计视图的查询结果显示(局部)

本例查询所对应的 SQL 语句

```
SELECT 学生.学号,学生.姓名,课程.课程名称,成绩.成绩,教师.姓名
FROM 学生,教师,成绩,课程
WHERE 成绩.课程编号=课程.课程编号 AND 教师.教师编号=课程.教师编号 AND 学生.学号=成绩.学号
ORDER BY 学生.学号;
```

3.3.3　在查询中使用计算

在查询中可以执行两类计算:一类是预定义计算,又称汇总计算,即针对查询结果的全部或部分记录进行计算,包括求和、求平均值、计数、求最大值和最小值以及计算方差和标准差等;另一类是自定义计算,用于对查询结果中的一个或多个字段进行数值、日期等计算,执行此类计算时需要在设计网格中定义计算字段。

1. 在查询中使用汇总计算

汇总计算使用系统提供的汇总函数对查询中的记录组或全部记录进行分类汇总计算,需要单击工具栏上的“汇总”按钮 Σ ,在“设计视图”的设计网格中出现“总计”行。“总计”行单元格的下拉列表中有 12 个选项,其选项的名称和含义见表 3-1。

表 3-1　"总计"函数的名称及功能

函数名	功能
分组(Group By)	对记录按字段值分组,字段值相同的记录只显示一个
合计(Sum)	计算一组记录中某字段值的总和
平均值(Avg)	计算一组记录中某字段值的平均值
最小值(Min)	计算一组记录中某字段值的最小值
最大值(Max)	计算一组记录中某字段值的最大值
计数(Count)	计算一组记录中记录的个数
标准差(Stdev)	计算一组记录中某字段值的标准偏差
方差(Var)	计算一组记录中某字段值的方差值
第一条记录(First)	一组记录中某字段的第一个值
最后一条记录(Last)	一组记录中某字段的最后一个值
表达式(Expression)	创建一个由表达式产生的计算字段
条件(Where)	设定分组条件以便选择记录

【例 3-5】在"学生成绩管理"数据库中,使用"总计"计算,统计选修各门课程的人数,并计算每门课程的平均成绩、最高分与最低分。

(1)打开"学生成绩管理"数据库,选择"创建"选项卡,单击"查询设计"按钮,进入"查询设计"视图窗口及"显示表"对话框。

(2)在"显示表"对话框中,单击表选项卡,将"成绩"表和"课程"表添加到查询设计视图上半部的窗口中,然后关闭"显示表"对话框。

(3)在"设计"选项卡上的"显示/隐藏"组中,单击"汇总" Σ ,这时在设计区网格中插入一个"总计"行。

(4)将"成绩"表中的"学号"字段拖动到设计区网格的"字段"行上,这时在"字段"行中出现选中的字段名"学号",在"表"行中出现该字段所在表的表名"成绩"。为使输出的查询结果列标题直观,在字段行上将标题"学号"改为"人数:学号",在"总计"行的下拉列表中选择"计数"。

(5)将"课程"表中的"课程名称"字段拖动到设计网格的相应字段行上,在"总计"行的下拉列表中选择"分组"(Group By)。

(6)按照上述步骤,将"成绩"表中的"成绩"字段分 3 次拖动到设计网格的相应字段行上,将 3 个字段的标题分别更改为"平均成绩:成绩"、"最高分:成绩"和"最低分:成绩",在"总计"行的下拉列表中分别选择"平均值"、"最大值"和"最小值",平均成绩字段按降序排列,设置完成的查询设计视图如图 3-24 所示。

(7)单击工具栏上的"执行"按钮 ！ ,即可在数据表视图中显示本次查询结果,如图 3-25所示。将查询对象命名为"例 3-5"并保存。

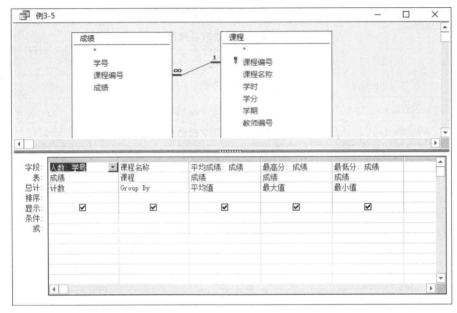

图 3-24　查询设计视图

人数	课程名称	平均成	最高分	最低分
4	ACCESS数据库	78.25	90	67
1	C语言程序设i	77	77	77
2	大学物理	74	78	70
8	大学信息技术	77	86	54
2	大学英语	73	76	70
2	电脑美术设计	73.5	74	73
2	风险管理	69	70	68
4	高等数学	64	73	50
2	管理信息系统	93	95	91
2	管理学原理	84	90	78
2	国际金融学	79.5	81	78
1	宏观经济学	80	80	80
2	机械设计基础	81	88	74
2	机械原理	84.5	90	79
2	基础会计学	81	88	74
2	计算机辅助设	77.5	78	77

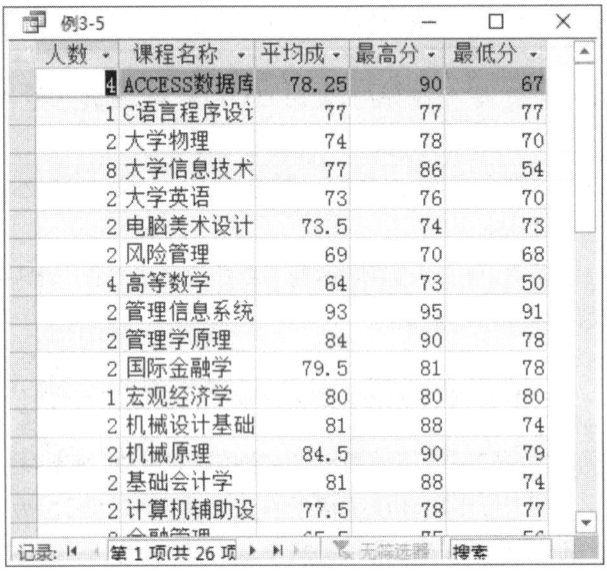

图 3-25　查询的数据表视图

本例查询所对应的 SQL 语句

```
SELECT Count(成绩.成绩)AS 人数,课程.课程名称,Avg(成绩.成绩)AS 平均成绩,
Max(成绩.成绩)AS 最高分,Min(成绩.成绩)AS 最低分
FROM 课程,成绩
WHERE 课程.课程编号=成绩.课程编号
GROUP BY 课程.课程名称
ORDER BY Avg(成绩.成绩)DESC;
```

2. 在查询中使用自定义计算

在查询中可以使用各种运算符或内置函数对一个或多个字段进行自定义计算,从而在查询中建立计算字段。自定义计算一般需要设计者在"设计网格"中创建新的计算字段,并在新列字段单元格中,写出计算表达式来对一个或多个字段进行数值、日期或文本计算。在计算表达式中,如果包含字段名,则需要用一对方括号"[]"括起字段名。

在条件表达式中使用日期/时间时,必须要在日期/时间值两边加上"♯"以表示其中的值为日期/时间。以下写法都是允许的,如♯Oct.10,2016♯、♯10/10/2016♯、♯2016/10/10♯等。

【例 3-6】在"学生成绩管理"数据库的"学生"表中查询"出生日期"为 2000 年以后的记录。

操作步骤如下:

(1)打开"学生成绩管理"数据库,选择"创建"选项卡,单击"查询设计"按钮,进入"查询设计"视图窗口及"显示表"对话框。

(2)在"显示表"对话框中,单击表选项卡,将"学生"表添加到查询设计视图上半部的窗口中,然后关闭"显示表"对话框。

(3)将"学生"表中的"学号"、"姓名"、"性别"字段和"出生日期"字段,分别拖动到设计网格的"字段"行上。

(4)将光标移至"出生日期"字段的"条件"行上,输入条件表达式">♯2000/1/1♯"(图 3-26)。符号">"表示"大于"号,注意在日期值两边加上"♯"。条件表达式的含义为"出生日期"字段的值应大于 2000 年 1 月 1 日,即在该日期以后出生的记录。

(5)单击工具栏上的"执行"按钮 ❗,即可在数据表视图中显示本次查询结果,如图 3-27所示。将查询对象命名为"例 3-6"并保存。

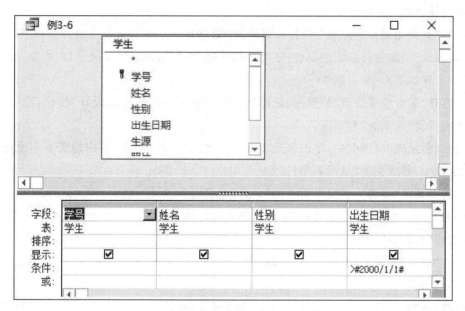

图 3-26　查询设计视图

例3-6

学号	姓名	性别	出生日期
S01001	王小闽	男	2002/4/3
S01002	陈京生	男	2002/9/13
S02001	张渝	男	2001/10/9
S02002	赵莉莉	女	2002/11/21
S03001	王沪生	男	2003/4/26
S03002	江晓东	男	2000/2/18
S04001	万山红	女	2002/12/22
S04002	次仁旺杰	男	2001/1/24
S05001	白云	女	2003/6/13
S05002	周美华	女	2002/7/10

记录: 第 1 项(共 10 项 无筛选器 搜索

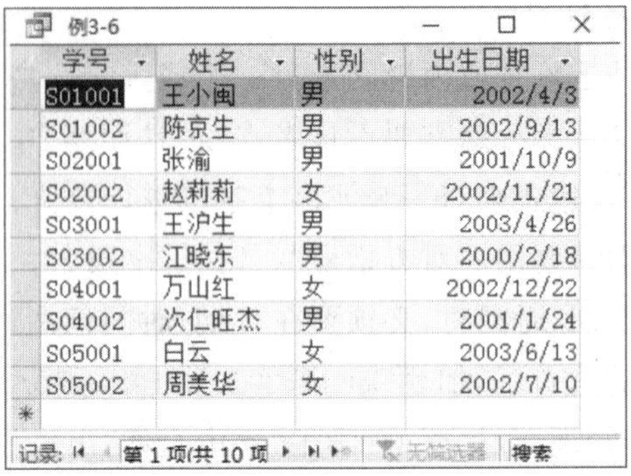

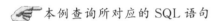

图 3-27　查询的数据表视图

本例查询所对应的 SQL 语句

```
SELECT 学生.学号,学生.姓名,学生.性别,学生.出生日期
FROM 学生
WHERE 学生.出生日期>(#1/1/2000#);
```

3.3.4　使用“设计视图”建立交叉表查询

在例 3-2 中介绍了如何使用交叉表查询向导建立查询,这里介绍使用设计视图建立交叉表查询的示例。其步骤是在设计视图的设计区网格中自行设置行标题、列标题和相应的计算值,并对行标题和列标题选择“分组”。

【例 3-7】 使用设计视图在“学生成绩管理”数据库中,按专业分别统计各职称系列的人数,“专业名称”字段为行标题,“职称”字段为列标题,按“教师编号”字段进行“计数”统计。

操作步骤如下:

(1)打开“学生成绩管理”数据库,选择“创建”选项卡,单击“查询设计”按钮,进入“查询设计”视图窗口及“显示表”对话框。

(2)在“显示表”对话框中,单击表选项卡,将“教师”表和“专业”表添加到查询设计视图上半部的窗口中,然后关闭“显示表”对话框。

(3)选择菜单“查询”→“交叉表查询”命令,在视图的设计网格中出现“交叉表”行。

(4)将“专业”表中的“专业名称”字段拖动到设计网格的“字段”行上,在“交叉表”行的下拉列表中选择“行标题”。

(5)将“教师”表中的“职称”字段拖动到设计网格的“字段”行上,在“交叉表”行的下拉列表中选择“列标题”。

(6)将“教师”表中的“教师编号”字段拖动到设计网格的“字段”行上,在“总计”行的下拉列表中选择“计数”,在“交叉表”行的下拉列表中选择“值”。以上步骤完成后,查询设计视图的布局如图 3-28 所示。

(7)单击工具栏上的"执行"按钮 ┃！┃，即可在数据表视图中显示每个专业的教师职称系列统计结果，如图 3-29 所示。将查询对象命名为"例 3-7"并保存。

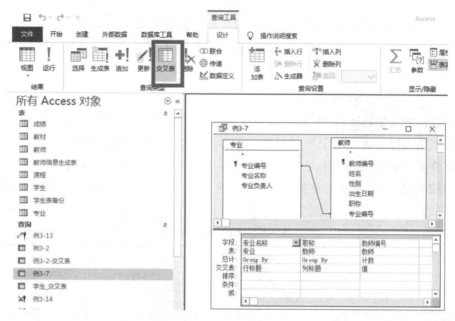

图 3-28　交叉查询的设计视图

图 3-29　交叉查询的数据表视图

☞ 本例查询所对应的 SQL 语句

```
TRANSFORM Count(教师.教师编号)AS 各专业职称分布
SELECT 专业.专业名称
FROM 专业,教师
WHERE 专业.专业编号＝教师.专业编号
GROUP BY 专业.专业名称
PIVOT 教师.职称;
```

3.3.5 在查询中使用条件表达式

查询条件就是在创建查询时,通过对字段添加限制条件,使查询结果中仅包含满足查询条件的数据记录。或者说,查询条件是一种限制查询范围的方法,主要用来筛选出符合某种特殊条件的记录。

1. 条件表达式与运算符

条件表达式是运算符、常数、函数和字段名称、控件和属性的任意组合。Access 的许多操作中都要使用条件表达式,表达式的计算结果为单个值,但有不同的类型。

运算符是一个标记或符号,它指定表达式内执行的计算类型。Access 的常用运算符见表 3-2。有关条件表达式、运算符及其相关函数的使用在第 7 章的"VBA 程序设计"中还会做进一步介绍。

表 3-2   Access 常用运算符

条件运算符	含义
算术运算符	+(加),−(减),∗(乘),/(除),&(连接符)
比较运算符	=(等于),>(大于),<(小于),>=(大于等于),<=(小于等于),<>(不等于)
逻辑运算	AND(与),OR(或),NOT(非)
确定范围	[NOT] Between … And …(不在/在……和……的范围内)
确定集合	[NOT]IN(不属于/属于指定集合)
字符匹配	[NOT] Like '<匹配串>'

2. 使用表达式生成器

在为查询写条件时,有时会用到很多函数或表中的字段名,直接来写表达式可能会很麻烦。为了解决这种问题,Access 提供了一个名为"表达式生成器"的工具。这个工具,为用户提供了数据库中所有的"表"或"查询"中"字段"名称、窗体、报表中的各种控件,还有很多函数、常量及操作符和通用表达式,将它们进行合理搭配,就可以书写任何一种表达式,十分方便。

可用下列方法打开"表达式生成器"对话框:

(1)在"学生成绩管理"数据库窗口中,选择"创建"选项卡,选择"查询设计",添加"成绩"表,选择表的所有字段。对"成绩"字段设置"<=60"的条件,在"查询工具"选项卡中的"查询设置"组中,单击"生成器"按钮,如图 3-30 所示。

(2)在弹出的"表达式生成器"对话框中,分别在"表达式元素"、"表达式类别"和"表达式值"列表框中分别设置,就可以得到表达式,如图 3-31 所示。

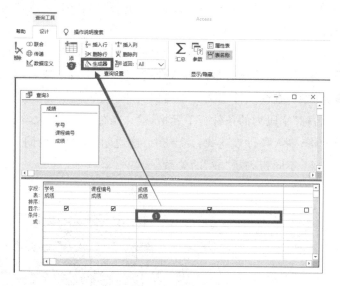

图 3-30　"查询设置"的选项

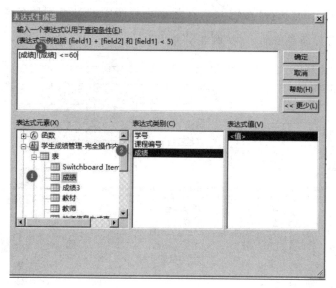

图 3-31　"表达式生成器"对话框

3. 在查询条件中使用字段名和表达式

【例 3-8】在"学生成绩管理"数据库中查询课程名称为"大学信息技术"且成绩为 80 分以上的所有记录。

本查询操作涉及 3 个表,分别是学生表、成绩表和课程表,操作步骤如下:

(1)打开"学生成绩管理"数据库,选择"创建"选项卡,在"查询工具"选项卡中,单击"查询设计"按钮,进入"查询设计"视图窗口。

(2)在"显示表"对话框中,将"教师"表和"专业"表添加到查询设计视图窗口中,然后关闭"显示表"对话框。

(3)将“学生”表的“学号”、“姓名”字段,“课程”表的“课程名称”字段,“成绩”表的“成绩”字段,依次拖动到设计网格的“字段”行上。

(4)在“成绩”字段列的条件行单元格,输入条件表达式:[成绩]>=80 AND [课程名称]=“大学信息技术”。这里需要注意的是:如果条件表达式中出现字段名,需要用括号[]将字段括起来。以上步骤完成后,查询设计视图的布局如图 3-32 所示。

也可以在“课程名称”字段列的条件行单元格,输入条件表达式“大学信息技术”,在“成绩”字段列的条件行单元格,输入条件表达式:>=80。这说明,不同字段同一行之间设置的条件在逻辑上存在“与”关系,不同行表示“或”的关系。

提示

> 若要将某个字段值与某个表达式进行比较,则在该字段的“条件”单元格中输入比较运算符和表达式即可,而不必输入该字段的名称。例如,要求“成绩”字段值大于 80 分,只需在条件单元格中输入表达式:>=80,而不必输入表达式:[成绩]>=80。同样,“课程名称”字段列下的条件输入也是如此。

(5)单击工具栏上的“执行”按钮 ! ,在数据表视图中即可得到按条件进行查询的结果,如图 3-33 所示。将查询对象命名为“例 3-8”并保存。

图 3-32　查询设计视图

学号	姓名	课程名称	成绩
S01002	陈京生	大学信息技术	85
S04001	万山红	大学信息技术	86
S04002	次仁旺杰	大学信息技术	85
S05001	白云	大学信息技术	84

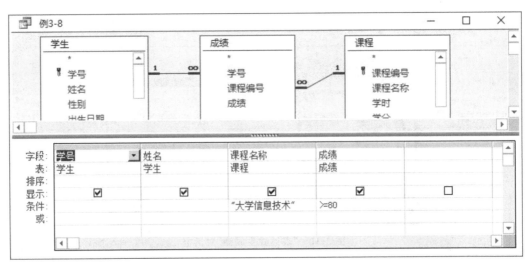

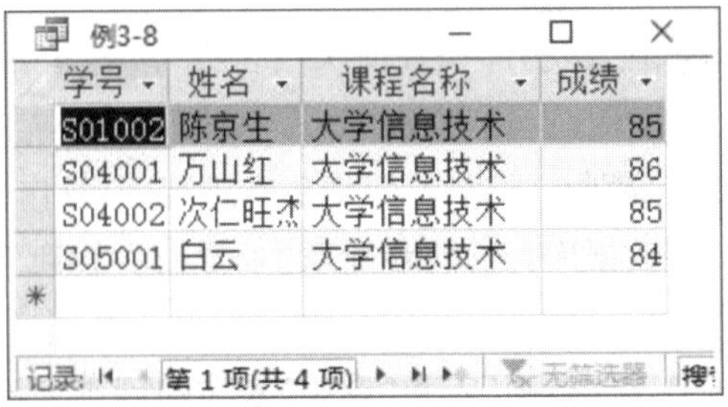

图 3-33　查询的数据表视图

☞ **本例查询所对应的 SQL 语句**

```
SELECT 学生.学号,学生.姓名,课程.课程名称,成绩.成绩
FROM 学生,成绩,课程
WHERE 成绩.课程编号=课程.课程编号 AND 学生.学号=成绩.学号
AND 课程.课程名称='大学信息技术' AND 成绩.成绩>=80;
```

4. 在查询条件表达式中使用 Like 运算符和通配符

当仅知道某个值的一部分,想要根据某值所包含的一些字母或数字搜索该值,或者想要检索与某个模式匹配的数据时,可以在查询中使用通配符"﹡"或"?",前者可以匹配任意字符数,后者可以匹配任意单个字母字符。使用通配符时,还需要同时使用 Like 运算符。

Like 运算符用于测试一个字段串是否与给定的模式相匹配,模式则是由普通字符和通配符组成的一种特殊字符串。使用 Like 运算符和通配符,可以搜索部分匹配或完全匹配的内容。

【例 3-9】 在"学生成绩管理"数据库中,查询"李"姓的教师,并显示其职称和所在专业等信息。

本查询操作涉及"教师"表和"专业"表,操作步骤如下:

（1）打开"学生成绩管理"数据库,选择"创建"选项卡,在"查询"组中单击"查询设计"按钮,进入"查询设计"视图窗口。

（2）在"显示表"对话框中,将"教师"表和"专业"表添加到查询设计视图窗口中,然后关闭"显示表"对话框。

（3）将"教师"表的"姓名"字段、"职称"字段,"专业"表的"专业名称"字段,依次拖动到设计网格的"字段"行上。

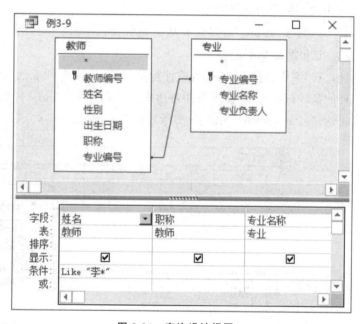

图 3-34　查询设计视图

（4）在"姓名"字段列的条件行单元格,输入条件表达式:Like"李﹡","﹡"号为通配符,表示以"李"开头的所有字符串。

以上步骤完成后,查询设计视图的布局如图 3-34所示。

（5）单击工具栏上的"执行"按钮 ❗ ,在数据表视图中即可得到按条件进行查询的结果,如图 3-35 所示。将查询对象命名为"例 3-9"并保存。

图 3-35　查询的数据表视图

☞ 本例查询所对应的 SQL 语句

SELECT 教师.姓名,教师.职称,专业.专业名称
FROM 专业,教师
WHERE 专业.专业编号＝教师.专业编号 AND 教师.姓名 Like '李＊';

5. 在查询条件表达式中使用"Between...And..."运算符

"Between...And..."运算符用于测试一个值是否位于指定范围内。在"条件"单元格中使用 Between 运算符时的格式如下：

Between ＜起始值＞ And ＜终止值＞

起始值和终止值必须和所在字段的数据类型相同。如果字段的值介于起始值和终止值之间，即大于等于起始值并且小于等于终止值，则相应的记录将包含在查询结果中。

【例 3-10】在"学生成绩管理"数据库中查询课程名称为"Access 数据库"且成绩在 60 与 80 分之间的所有记录。

本例与"例 3-8"查询要求基本类似，所涉及的表也相同，只是条件表达式的内容有所不同。这里简述如下：

在"课程名称"字段列的条件行单元格，输入条件表达式"Access 数据库"，在"成绩"字段列的条件行单元格，输入条件表达式：Between 60 And 80，如图 3-36 所示。顺便说明，这里的表达式：Between 60 And 80 实际等同于表达式：＞＝60 And ＜＝80,其查询结果是一样的。

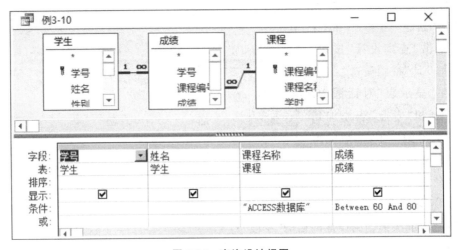

图 3-36　查询设计视图

其他操作步骤可参考"例 3-8"由同学们自行完成。查询对象运行后数据表视图如图 3-37 所示。将查询对象命名为"例 3-10"并保存。

图 3-37　查询的数据表视图

☞本例查询所对应的 SQL 语句

> SELECT 学生.学号,学生.姓名,课程.课程名称,成绩.成绩
>
> FROM 学生,成绩,课程
>
> WHERE 成绩.课程编号＝课程.课程编号 AND 学生.学号＝成绩.学号
>
> AND 课程.课程名称＝'Access 数据库' AND 成绩.成绩 Between 60 And 80;

3.3.6　参数查询

要创建参数查询,必须在查询列的"条件"单元格中输入参数表达式(括在方括号中),而不是输入特定的条件。运行该查询时,Access 将显示包含参数表达式文本的参数提示框。在输入数据后,Access 使用输入的数据作为查询条件。

【例 3-11】在"学生成绩管理"数据库中,根据用户输入的课程名称进行成绩查询,要求显示成绩在 60 分以上的所有记录。

本例与"例 3-8、例 3-10"基本类似,所涉及的表也相同,只是条件表达式的内容有所不同。这里简述如下:

在"课程名称"字段列的条件行单元格,输入条件表达式:[请输入课程名称],在"成绩"字段列的条件行单元格,输入条件表达式:>60,如图 3-38 所示。

其他操作步骤可参考"例 3-8"由同学们自行完成。查询对象运行后会显示"输入参数值"提示框,这时输入要查询的课程名称(图 3-39)。查询的数据表视图如图 3-40 所示。将查询对象命名为"例 3-11"并保存。

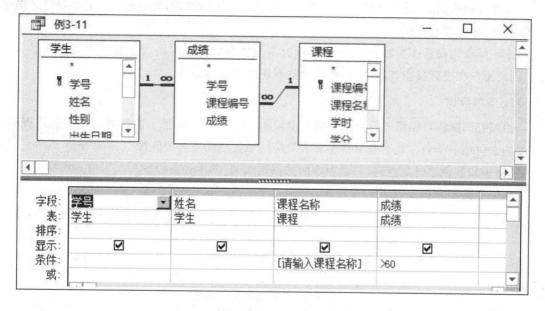

图 3-38　设计视图窗口

图 3-39　课程查询

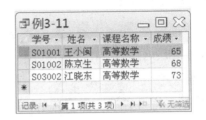

图 3-40　课程查询结果

☞本例查询所对应的 SQL 语句

SELECT 学生.学号,学生.姓名,课程.课程名称,成绩.成绩
FROM 学生,成绩,课程
WHERE 成绩.课程编号＝课程.课程编号 AND 学生.学号＝成绩.学号
AND 课程.课程名称＝[请输入课程名称] AND 成绩.成绩＞60;

3.3.7　操作查询

前面介绍的查询方法,都是根据特定的查询条件,从数据源中产生符合条件的动态数据集,但并没有改变表中原有的数据。

使用操作查询是建立在选择的基础上,对原有的数据进行批量更新、追加和删除,或者创建新的数据表。通常操作查询包括:更新查询、追加查询、删除查询和生成表查询。

操作查询的结果,不像选择查询那样运行后就显示查询结果,而是运行后需要再打开操作更新的表,才能看到操作查询的结果。

由于操作查询将改变数据表的内容,而且某些错误的操作可能会造成数据表中数据的丢失,因此用户在进行操作查询之前,应该对数据库或表进行备份。

1. 追加查询

追加查询能将数据源中符合条件的记录追加到另一个表尾部。数据源可以是表或查询,追加的去向是一个表。数据源与被追加表对应的字段之间要类型匹配。

【例 3-12】创建追加查询,将学生表的数据追加到"学生表备份"中。

操作步骤如下:

(1)打开查询设计视图窗口,在"显示表"对话框中,将"学生"添加到查询设计视图的窗口中,然后关闭"显示表"对话框。

(2)将"学生"表的"＊"号拖动到设计网格的"字段"行上,设计网格字段栏中显示为:"学生.＊"。

提示

　　将数据源表中的"＊"符号拖动至设计视图下部的"字段"行中,或下拉"字段"行的列表框,从中选取"＊"符号,这时,"字段"行中即出现"＊"符号,"表"行中出现该字段所在的表名。如此方式建立的查询对象在其运行时,将显示数据源表中所有字段中的所有记录数据,即符号"＊"代表着全部字段。

　　(3)用鼠标右键单击设计视图上半部的空白区域,在弹出的快捷菜单中选择"查询类型"→"追加查询"菜单项,系统打开"追加"对话框(图 3-41)。

　　(4)在"追加"对话框"表名称"编辑栏中,输入"学生表备份"(或从下拉列表中选取),单击"确定"按钮,返回设计窗口。这时设计网格中出现"追加到:"行,并在其单元格中显示"学生表备份.＊"。至此完成查询设计,设计视图如图 3-42 所示。

　　(5)保存查询为"例 3-12",关闭查询窗口,返回数据库窗口。

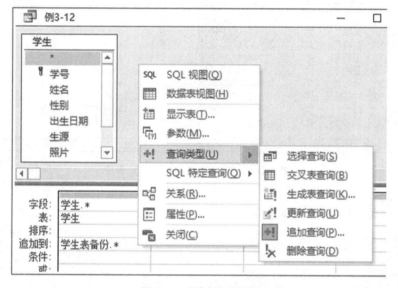

图 3-41　"追加"对话框

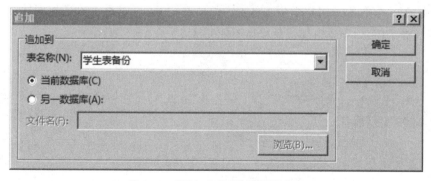

图 3-42　"追加查询"设计视图窗口

　　(6)在数据库窗口中双击查询对象"例 3-12",系统显示如图 3-43 提示框,按"是"按钮,确认追加操作,并在接着出现的系统提示框中确认追加。

(7)在数据库窗口中打开"学生表备份"数据表视图,可见"学生"表所有记录已追加到该表中(图 3-44)。

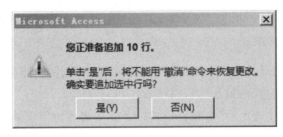

图 3-43 追加记录信息提示框

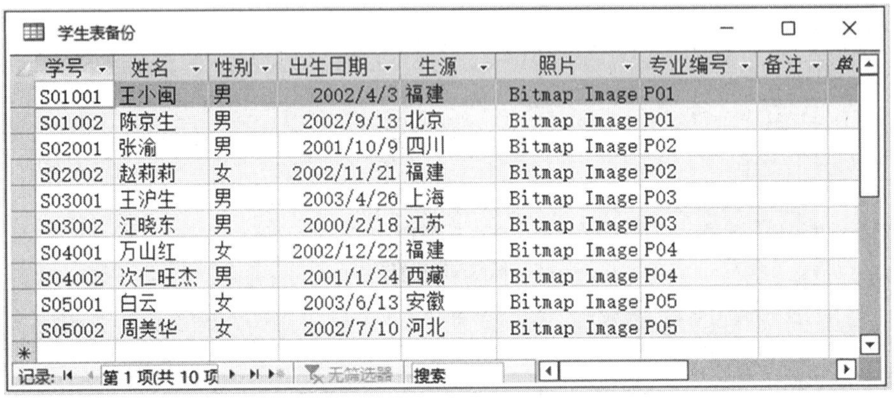

学号	姓名	性别	出生日期	生源	照片	专业编号	备注
S01001	王小闽	男	2002/4/3	福建	Bitmap Image	P01	
S01002	陈京生	男	2002/9/13	北京	Bitmap Image	P01	
S02001	张渝	男	2001/10/9	四川	Bitmap Image	P02	
S02002	赵莉莉	女	2002/11/21	福建	Bitmap Image	P02	
S03001	王沪生	男	2003/4/26	上海	Bitmap Image	P03	
S03002	江晓东	男	2000/2/18	江苏	Bitmap Image	P03	
S04001	万山红	女	2002/12/22	福建	Bitmap Image	P04	
S04002	次仁旺杰	男	2001/1/24	西藏	Bitmap Image	P04	
S05001	白云	女	2003/6/13	安徽	Bitmap Image	P05	
S05002	周美华	女	2002/7/10	河北	Bitmap Image	P05	

记录: 第 1 项(共 10 项)   无筛选器   搜索

图 3-44 记录已追加到学生备份表中

☞本例查询所对应的 SQL 语句

```
INSERT INTO 学生表备份
SELECT 学生.*
FROM 学生;
```

在本例操作之前,必须清空学生表备份中的所有记录,否则由于验证规则冲突,将出现如图 3-45 所示提示信息,导致追加记录操作不能完成。

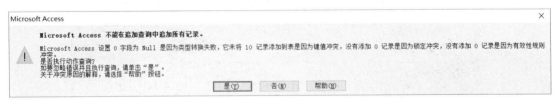

图 3-45 验证规则冲突提示框

2. 更新查询

更新查询可以同时更新多个数据源和多个字段的值。用更新查询更改记录的数据项以后,无法用"撤销"命令取消操作。

【例 3-13】创建更新查询,将"学生表备份"中"生源"字段值为"福建"的记录,更改为"福建厦门"。

操作步骤如下:

(1)打开"学生成绩管理"数据库,选择"创建"选项卡,在"查询"组中单击"查询设计"按钮,进入"查询设计"视图窗口。

(2)在"显示表"对话框中,将"学生表备份"表添加到查询设计视图窗口中,然后关闭"显示表"对话框。

(3)将"学生表备份"的"生源"字段拖动到设计网格的"字段"行上。

(4)用鼠标右键单击设计视图上半部的空白区域,在弹出的快捷菜单中选择"查询类型"→"更新查询"菜单项,这时设计网格中出现"更新到:"行。

(5)在"更新到:"单元格中输入"福建厦门",在条件行单元格中输入:Like"福建"。至此完成更新查询设计,设计视图如图 3-46 所示。

(6)单击工具栏上的"执行"按钮 ！ ,系统将显示提示框,如图 3-47 所示。按"是"按钮,确认更新操作。将本次更新查询命名为"例 3-13"并保存。

图 3-46 更新查询设计视图

图 3-47 系统提示

(7)在数据库窗口中打开"学生表备份"数据表视图,可见"生源"字段中符合条件的记录已更改(图 3-48)。

学号	姓名	性别	出生日期	生源	照片	专业编号	备注
S01001	王小闽	男	2002/4/3	福建厦门	Bitmap Image	P01	
S01002	陈京生	男	2002/9/13	北京	Bitmap Image	P01	
S02001	张渝	男	2001/10/9	四川	Bitmap Image	P02	
S02002	赵莉莉	女	2002/11/21	福建厦门	Bitmap Image	P02	
S03001	王沪生	男	2003/4/26	上海	Bitmap Image	P03	
S03002	江晓东	男	2000/2/18	江苏	Bitmap Image	P03	
S04001	万山红	女	2002/12/22	福建厦门	Bitmap Image	P04	
S04002	次仁旺杰	男	2001/1/24	西藏	Bitmap Image	P04	
S05001	白云	女	2003/6/13	安徽	Bitmap Image	P05	
S05002	周美华	女	2002/7/10	河北	Bitmap Image	P05	

记录: 第 1 项(共 10 项) 无筛选器 搜索

图 3-48 更新的数据表视图

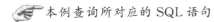

👉 本例查询所对应的 SQL 语句

UPDATE 学生表备份 SET 学生表备份.生源＝'福建厦门'
WHERE 学生表备份.生源 Like '福建';

3. 删除查询

删除查询能将数据表中符合条件的记录成批删除。删除查询可以给单个表删除记录,也可以给建立了关系的多个表删除记录,但多个表之间要建立参照完整性,并选择了"级联删除"选项。

在删除查询的设计网格中,只放入作删除条件的字段即可。运行删除查询后,被删除的表中记录不能用"撤销"命令恢复。

【例 3-14】 创建删除查询,将"学生表备份"中"学号"字段值含有"S05"的记录删除。

操作步骤如下:

(1)打开"学生成绩管理"数据库,选择"创建"选项卡,在"查询"组中单击"查询设计"按钮,进入"查询设计"视图窗口。

(2)在"显示表"对话框中,将"学生表备份"表添加到查询设计视图窗口中,然后关闭"显示表"对话框。

(3)将"学生表备份"表的"学号"字段拖动到设计网格的"字段"行上。

(4)用鼠标右键单击设计视图上半部的空白区域,在弹出的快捷菜单中选择"查询类型"中的"删除查询"菜单项,这时设计网格中出现"删除:"行,并在单元格显示"Where"子句。

(5)在条件行单元格中输入:Like "S05 *",至此完成删除查询设计,设计视图如图 3-49所示。

(6)单击工具栏上的"执行"按钮 ❗ ,系统将显示删除提示框。按"是"按钮,确认更新操作(图 3-50)。将本次更新查询命名为"例 3-14"并保存。

(7)在数据库窗口中打开"学生表备份"数据表视图,可以看到"学号"字段中符合条件的记录已被删除。

图 3-49　删除查询设计视图

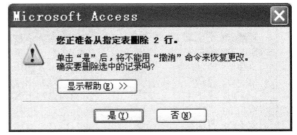

图 3-50　删除提示框

☞本例查询所对应的 SQL 语句

DELETE 学生表备份.学号
FROM 学生表备份
WHERE 学生表备份.学号 Like 'S05 *'

4. 生成表查询

生成表查询能将查询结果保存成数据表,使查询结果由动态数据集合转化为静态的数据表。新表不继承数据源表的关键字属性。

生成表查询通常用几个表中的数据组合起来生成新表,如果仅用一个表的数据生成新表,则可以在数据库窗口用复制、粘贴表的方法实现。

【例 3-15】创建生成表查询,新表命名为"教师信息生成表",表中字段包括"姓名"、"职称"、"专业名称"、所授"课程名称"、"学时"等。

本查询操作涉及 3 个表,分别是"教师"表、"专业"表和"课程"表,操作步骤如下:

(1)打开"学生成绩管理"数据库,选择"创建"选项卡,在"查询"组中单击"查询设计"按钮,进入"查询设计"视图窗口。

(2)在"显示表"对话框中,单击表选项卡,分别将"教师"表、"专业"表和"课程"表添加到查询设计视图上半部的窗口中,然后关闭"显示表"对话框。

(3)用鼠标右键单击设计视图上半部的空白区域,在弹出的快捷菜单中选择"查询类型"的"生成表查询"菜单项,在弹出的"生成表"对话框中,在"表名称"栏中输入"教师信息生成表",如图 3-51 所示。

(4)分别将"教师"表中的"姓名"和"职称"字段、"专业"表中的"专业名称"字段,"课程"表中的"课程名称"和"学时"字段,依次拖动到设计网格的"字段"行上,设计视图如图 3-52 所示。

(5)单击工具栏上的"执行"按钮 ⁞,出现如图 3-53 所示的提示框,按"是"按钮确认,并将本次生成表查询命名为"例 3-15"并保存。

(6)在数据库窗口中打开"教师信息生成表"数据表视图,共生成 26 条记录,如图 3-54 所示。

图 3-51　"生成表"对话框

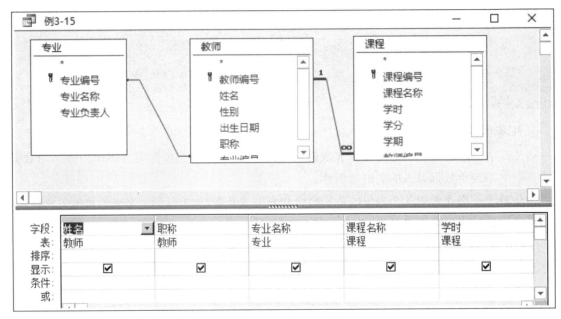

图 3-52　设计视图设置

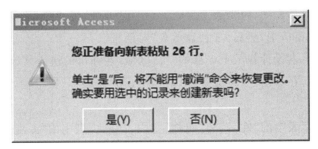

图 3-53　系统信息提示

教师信息生成表

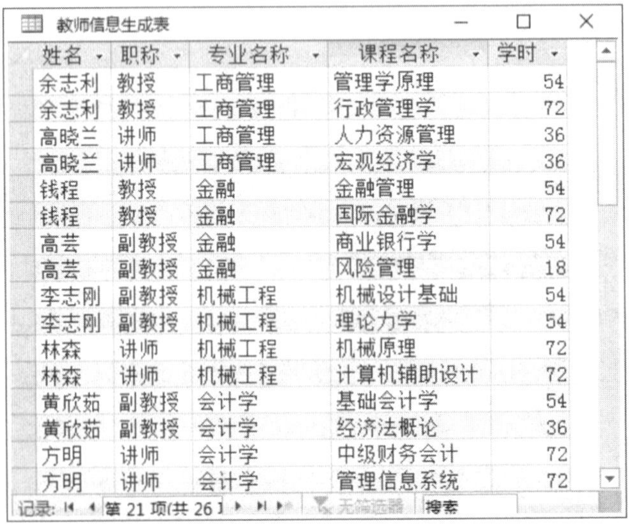

姓名	职称	专业名称	课程名称	学时
余志利	教授	工商管理	管理学原理	54
余志利	教授	工商管理	行政管理学	72
高晓兰	讲师	工商管理	人力资源管理	36
高晓兰	讲师	工商管理	宏观经济学	36
钱程	教授	金融	金融管理	54
钱程	教授	金融	国际金融学	72
高芸	副教授	金融	商业银行学	54
高芸	副教授	金融	风险管理	18
李志刚	副教授	机械工程	机械设计基础	54
李志刚	副教授	机械工程	理论力学	54
林森	讲师	机械工程	机械原理	72
林森	讲师	机械工程	计算机辅助设计	72
黄欣茹	副教授	会计学	基础会计学	54
黄欣茹	副教授	会计学	经济法概论	36
方明	讲师	会计学	中级财务会计	72
方明	讲师	会计学	管理信息系统	72

记录: 第 21 项(共 26 项)　无筛选器　搜索

图 3-54　生成表查询数据视图

☞ **本例查询所对应的 SQL 语句**

> SELECT 教师.姓名,教师.职称,专业.专业名称,课程.课程名称,课程.学时 INTO 教师信息生成表
>
> FROM 专业,教师,课程
>
> WHERE 专业.专业编号＝教师.专业编号 AND 教师.教师编号＝课程.教师编号;

3.4　SQL 查询

SQL 即"结构化查询语言"的英文缩写,当今的所有关系型数据库管理系统都是以其作为核心的。SQL 概念的建立始于 1974 年,随着 SQL 的发展,国际标准化组织(International Organization for Standardization,ISO)、美国国家标准协会(American National Standards Institute,ANSI)等国际权威标准化组织都为其制定了标准,从而建立了 SQL 在数据库领域中的核心地位。

数据库查询是数据库的核心操作。本章前面介绍的各种查询示例表明,在 Access 中,无论是使用"向导查询",还是使用"设计视图查询",实际上都是转换成 SQL 的 SELECT 查询语句执行的。所以无论在数据库中创建何种查询,其实质就是使用"SQL 查询"进行操作。另外,并不是所有的查询都可以在系统提供的查询设计视图中进行,有的复杂查询只能通过SQL 查询语句来实现。

考虑到本课程的学时及教材篇幅,本节主要介绍 SQL 的 SELECT 查询语句和用法,以及简单介绍 SQL 的数据更新语句。

3.4.1　SQL 的概述

1. SQL 的特点

(1)一体化。SQL 语言集数据定义语言(data definition language,DDL)、数据操纵语言(data manipulation language,DML)、数据控制语言(data control language,DCL)的功能于一体,语言风格统一,可以独立完成数据库生命周期中的全部活动,包括定义关系模式、录入数据以建立数据库、查询、更新、维护、数据库重构、数据库安全性控制等一系列操作要求,这就为数据库应用系统开发提供了良好的环境。

(2)高度非过程化。用 SQL 语言进行数据操作,用户只需提出"做什么",而不必指明"怎么做",因此用户无须了解存取路径;存取路径的选择以及 SQL 语句的操作过程由系统自动完成。这不仅大大减轻了用户负担。而且有利于提高数据独立性。

(3)语言简洁,易学易用。SQL 语言功能极强,但由于设计巧妙,语言十分简洁,完成核心功能只用了 9 个动词:数据定义(CREATE,DROP,ALTER)、数据查询(SELECT)、数据操纵(INSERT,UPDATE,DELETE)、数据控制(GRANT,REVOKE),而且 SQL 语言语法简单,

接近英语口语,因此容易学习,也容易使用。

（4）能以多种方式使用。SQL 语言既是自含式语言,又是嵌入式语言。作为自含式语言,它能够独立地用于联机交互的使用方式,用户可以在终端键盘上直接键入 SQL 命令对数据库进行操作;作为嵌入式语言,SQL 语句能够嵌入高级语言程序中,供程序员设计程序时使用。

（5）面向集合的操作方式。SQL 语言采用集合操作方式,不仅查找结果可以是元组的集合,而且一次插入、删除、更新操作的对象也可以是元组的集合。

用户可以使用设计视图创建和查看查询,但并不能与查询进行直接交互。Access 能将设计视图中的查询翻译成 SQL 语句。虽然 SQL 语言是大型的、多样的语言,但用户只需简单了解 SQL 就能够使用它。当用户在设计视图中创建查询时,Access 在 SQL 视图中自动创建与查询对应的 SQL 语句。用户可以在 SQL 视图中查看或改变 SQL 语句,进而改变查询。

2. SQL 查询视图的切换

SQL 查询需要一些特定的 SQL 命令,包括联合查询、传递查询、数据定义查询和子查询 4 种类型。

SQL 查询不能使用设计视图,这些命令必须写在 SQL 视图中,具体操作方法是:在功能区"创建"选项卡下的"查询"组中,单击"查询设计"按钮,打开查询设计视图,并弹出"显示表"对话框,直接关闭"显示表"对话框,此时功能区"查询工具/设计"选项卡下的"结果"组中出现"SQL 视图"按钮（图 3-55）,单击该按钮切换到如图 3-56 所示的 SQL 视图。

图 3-55 "结果"组

如果是已经建好的查询,则可以从"结果"组中的视图下拉列表中,选择"SQL 视图"进行切换,如图 3-57 所示。

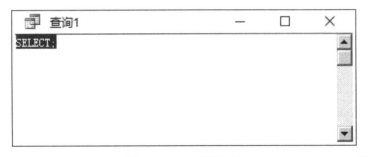

图 3-56 SQL 视图窗口

图 3-57 在设计视图和 SQL 视图间切换

3. 常用的 SQL 语句

SQL 语句可以用在 Access 中的很多场合,这里仅介绍实现数据查询语言和数据操纵语言中的部分命令,见表 3-3。

表 3-3　常用的 SQL 语句

SQL 语句类型	功能	语句关键词
数据查询语言	完成记录的查询	SELECT
数据操纵语言	添加操作	INSERT INTO
	修改操作	UPDATE
	删除操作	DELETE

3.4.2　SELECT 语句的格式

SELECT 语句的一般语法格式为：

SELECT [ALL|DISTINCT]<目标列表达式>[,<目标列表达式> ……]

FROM <表名或视图名>[,<表名或视图名> ……]

[WHERE <条件表达式>]

[GROUP BY <字段名列表> [HAVING <条件表达式>]]

[ORDER BY <字段名列表> [ASC|DESC]];

功能：根据 WHERE 子句的条件表达式，从 FROM 子句指定的基本表或视图中找出满足条件的元组，再按 SELECT 子句中的目标列表达式，选出元组中的属性值形成结果表。

在 SELECT 语法格式中，大写字母为 SQL 保留字，方括号所括部分为可选的内容，各项语句参量应该根据实际应用的需要取值，语句中各子句说明见表 3-4。

表 3-4　SELECT 语句中常用子句说明

子句	说明
SELECT [ALL|DISTINCT] <目标列表达式>[,<目标列表达式> ……]	该子句开始一条 SQL 查询语句，指定表中被选的字段名，选项 DISTINCT 谓词将删除所选字段重复的记录，默认为 ALL，即选择所有符合 WHERE 条件的记录
FROM <表名或视图名>[,<表名或视图名> ……]	指定了表名(可以不止一个表)，这些表名包含了 SELECT 子句所指定的字段
WHERE <条件表达式>	用来过滤(限制)显示记录的条件，只在需要限制查询记录的条件时才被使用
GROUP BY <字段名列表> [HAVING <条件表达式>]	将结果按<字段名列表>的值进行分组，该属性列值相等的元组为一个组，每个组产生结果表中的一条记录。通常会在每组中作用聚集函数(COUNT，AVG，SUM 等)。如果 GROUP 子句带 HAVING 短语，则只有满足指定条件的组才予以输出
ORDER BY <字段名列表> [ASC|DESC]	结果表将按<字段名列表>的值升序或降序排序，默认为升序(ASC)

3.4.3 SELECT 语句的应用示例

下面以“学生成绩管理”数据库为例，说明 SELECT 语句的一般用法。

1. 单表查询(仅涉及一个表的查询)

(1)查询指定列。

【例 3-16】 在“学生”表中查询全体学生的学号、姓名、性别和出生日期。

```
SELECT 学号,姓名,性别,出生日期
FROM 学生;
```

说明

执行该语句将从“学生”表所有记录中取出部分字段的值，形成新的记录作为输出(含有4 列信息的新表)。

在 SQL 视图窗口中输入查询语句(图 3-58)，按运行按钮 ! 执行 SQL 命令，显示查询结果。在查询结果视图中单击右键，在弹出菜单中选择“SQL 视图”就可以实现视图间的切换(图 3-59)。

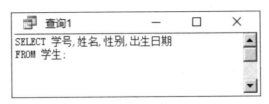

图 3-58　在 SQL 视图窗口中输入查询语句

学号	姓名	性别	出生日期
S01001	王小闽	男	2002/4/3
S01002	陈京生	男	2002/9/13
S02001	张渝	男	2001/10/9
S02002	赵莉莉	女	2002/11/21
S03001	王沪生	男	2003/4/26
S03002	江晓东	男	2000/2/18
S04001	万山红	女	2002/12/22
S04002	次仁旺杰	男	2001/1/24
S05001	白云	女	2003/6/13
S05002	周美华	女	2002/7/10

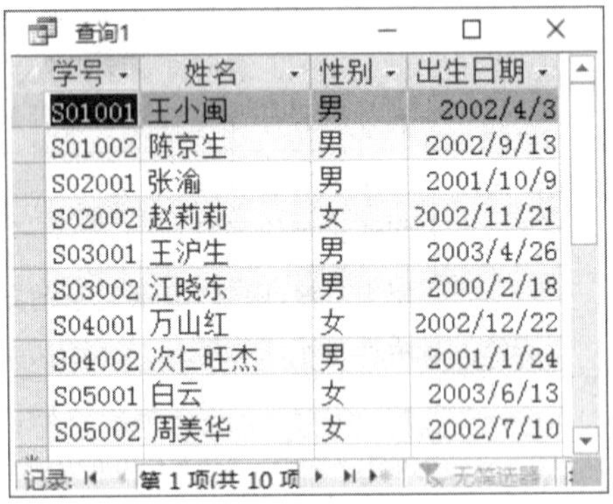

图 3-59　视图间的切换

(2)查询所有列

【例 3-17】 在“教师”表中查询所有的字段信息。

```
SELECT *
FROM 教师;
```

☞ 说明

要查询表的所有列,可以在 SELECT 语句中列出所有列名,也可以用"＊"指定。

(3)查询满足条件的记录(WHERE 子句)。通常,需要查询满足一定条件的记录,可以通过 WHERE 子句的条件表达式查询。

【例 3-18】查询"教师"表中职称为教授的有关信息。

SELECT 姓名,性别,职称

FROM 教师

WHERE 职称＝'教授';

也可用字符匹配的条件,改写如下:

SELECT 姓名,性别,职称

FROM 教师

WHERE Like '教授';

查询结果如图 3-60 所示。

【例 3-19】查询"教师"表中女教授的有关信息。

SELECT 姓名,性别,职称

FROM 教师

WHERE 职称＝ '教授' AND 性别＝'女';

查询结果如图 3-61 所示。

图 3-60　"例 3-18"查询结果　　　　图 3-61　"例 3-19"查询结果

【例 3-20】查询"成绩"表中成绩在 70～89 之间的学号、课程编号和成绩。

SELECT 学号,课程编号,成绩

FROM 成绩

WHERE 成绩 Between 70 And 89;

【例 3-21】查询年龄 20 岁以上的学生记录。

SELECT 姓名,出生日期

FROM 学生

WHERE(((Date()－[出生日期])/365＞20));

查询结果如图 3-62 所示。

图 3-62　"例 3-21"查询结果

说明

Date()函数为取当前日期函数。

(4)ORDER BY 子句。

【例 3-22】 查询选修了课程编号为“C0601”的学生的学号和成绩,查询结果按成绩降序排列。

SELECT 学号,成绩
FROM 成绩
WHERE 课程编号='C0601'
ORDER BY 成绩 DESC;

查询结果如图 3-63 所示。

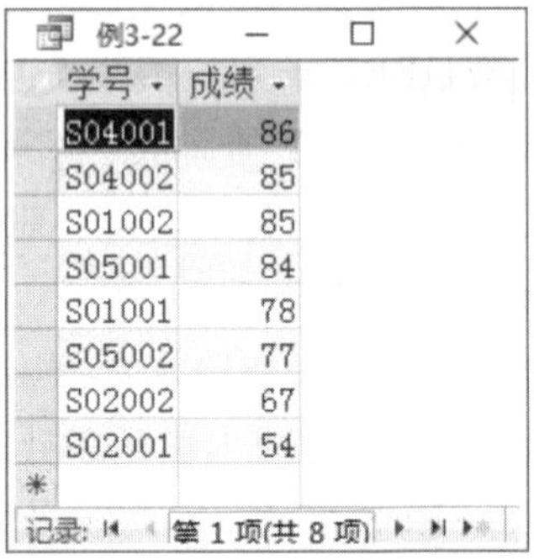

学号	成绩
S04001	86
S04002	85
S01002	85
S05001	84
S01001	78
S05002	77
S02002	67
S02001	54

图 3-63 “例 3-22”查询结果

2. 连接查询

数据库中往往包含多个表,为了减少冗余,应尽量减少数据的重复存储,可以通过表和表之间的联系(公共属性)查询到所需要的信息。例如,在“例 3-20”的查询中,由于是单表查询,没有显示学生姓名和课程名称等信息;如果要通过课程编号从课程表中查询到相关信息,这就需要多表的连接查询。

【例 3-23】 查询选修课程编号为“C0601”的课程且成绩在 60～80 分之间(含 60 与 80 分)的所有学生的学号、姓名、课程名及成绩。

本查询涉及 3 个表:“学生”表、“课程”表及“成绩”表。

SELECT 学生.学号,学生.姓名,课程.课程名称,成绩.成绩
FROM 学生,成绩,课程 WHERE 学生.学号=成绩.学号
AND 成绩.课程编号=课程.课程编号
AND 课程.课程编号='C0601'
AND(成绩.成绩＞=60)AND(成绩.成绩＜=80);

查询结果如图 3-64 所示。

提示

在连接查询的 SELECT 语句中,字段名前一般都加上表名前缀,格式为:

＜表名＞.＜字段名＞

这样的语句可读性较好,也不容易产生错误。

3. 嵌套查询

在 SQL 语言中,当一个查询是另一个查询的条件时,即在一个 SELECT 语句的 WHERE 子句中出现另一个 SELECT 语句,这种查询称为嵌套查询。通常把内层的查询语句称为子查询,调用子查询的查询语句称为父查询。SQL 语言允许多层嵌套查询,即一个子查询中还可以嵌套其他子查询。

SELECT 子查询可以由带 IN 的子查询嵌套结构句引出。

【例 3-24】查询课程编号为"C0404"且成绩在 90 分以上的学生学号和姓名。

SELECT 学生.学号,学生.姓名 FROM 学生 WHERE 学号 IN

(SELECT 学号 FROM 成绩 WHERE 成绩＞90 AND 课程编号＝'C0404')

查询结果如图 3-65 所示。

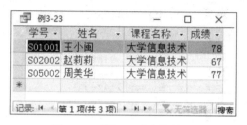

图 3-64 "例 3-23"查询结果

图 3-65 "例 3-24"查询结果

【例 3-25】查询选修了"Access 数据库"课程的所有学生学号。

SELECT 学号

FROM 成绩

WHERE 课程编号 IN

(SELECT 课程编号

FROM 课程

WHERE 课程名称＝'Access 数据库')

3.4.4　SQL 的数据更新命令

SQL 数据更新操作有 3 种:添加记录、修改记录和删除记录,分别可以用 INSERT,UP-DATE 和 DELETE 语句来实现。

1. 添加记录

格式:INSERT INTO ＜表名＞（＜列名 1＞,＜列名 2＞,……）

VALUES(＜常量 1＞,＜常量 2＞,……);

功能:将新记录数据添加到指定＜表名＞中,其中新记录的＜列名 1＞的值为＜常量 1＞,＜列名 2＞的值为＜常量 2＞,依次类推。INTO 子句中没有出现的列,新记录在这些列(字段)上将取空值。但必须注意:如果表定义时说明了 NOT NULL 的列,则不能取空值。

如果 INTO 子句中没有指定＜列名＞,则新插入的记录必须在每个字段列上均有值。

说明

字符串常量要用单引号括起来。

【例 3-26】将一个新学生的信息(学号:S01003,姓名:陈国庆,性别:男,生源:江苏,出生日期:2003-10-1,专业编号:P05)添加到学生表备份中。

INSERT INTO 学生表备份(学号,姓名,性别,生源,出生日期,专业编号)

VALUES('S01003','陈国庆','男','江苏',#2003-10-01#,'P05');

查询结果如图 3-66 所示。

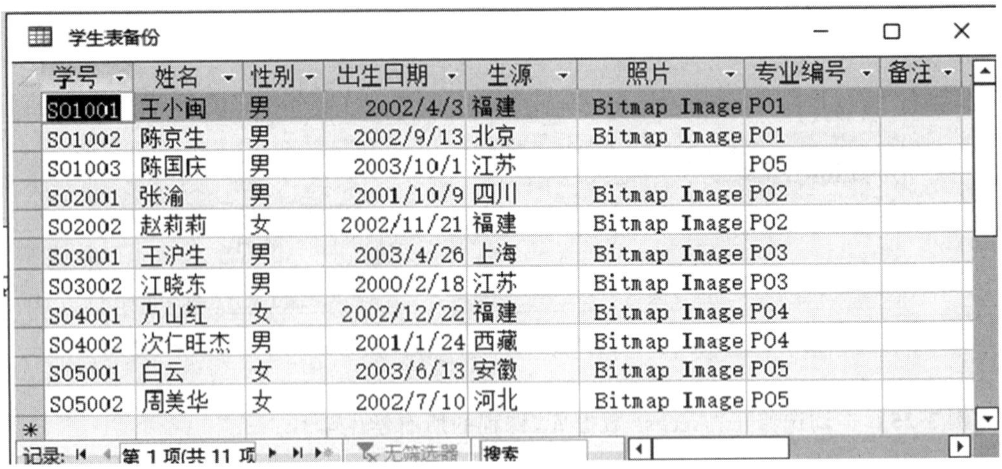
学生表备份

学号	姓名	性别	出生日期	生源	照片	专业编号	备注
S01001	王小闽	男	2002/4/3	福建	Bitmap Image	P01	
S01002	陈京生	男	2002/9/13	北京	Bitmap Image	P01	
S01003	陈国庆	男	2003/10/1	江苏		P05	
S02001	张渝	男	2001/10/9	四川	Bitmap Image	P02	
S02002	赵莉莉	女	2002/11/21	福建	Bitmap Image	P02	
S03001	王沪生	男	2003/4/26	上海	Bitmap Image	P03	
S03002	江晓东	男	2000/2/18	江苏	Bitmap Image	P03	
S04001	万山红	女	2002/12/22	福建	Bitmap Image	P04	
S04002	次仁旺杰	男	2001/1/24	西藏	Bitmap Image	P04	
S05001	白云	女	2003/6/13	安徽	Bitmap Image	P05	
S05002	周美华	女	2002/7/10	河北	Bitmap Image	P05	

记录: 第 1 项(共 11 项 无筛选器 搜索

图 3-66 “例 3-26”查询结果

2. 修改记录

格式:UPDATE ＜表名＞

SET ＜列名＞=＜表达式＞ [,＜列名＞=＜表达式＞ ……]

[WHERE ＜条件表达式＞];

功能:修改指定＜表名＞中满足＜条件表达式＞的记录数据,其中的 SET 子句中的＜表达式＞的值用于更新相应＜列名＞的字段值。如果省略 WHERE 子句,则表示修改表中所有记录数据。

【例 3-27】修改“学生表备份”中学号为“S01003”的生源为“福建”。

UPDATE 学生表备份 SET 生源='福建' WHERE 学生表备份.学号='S01003';

查询结果如图 3-67 所示。

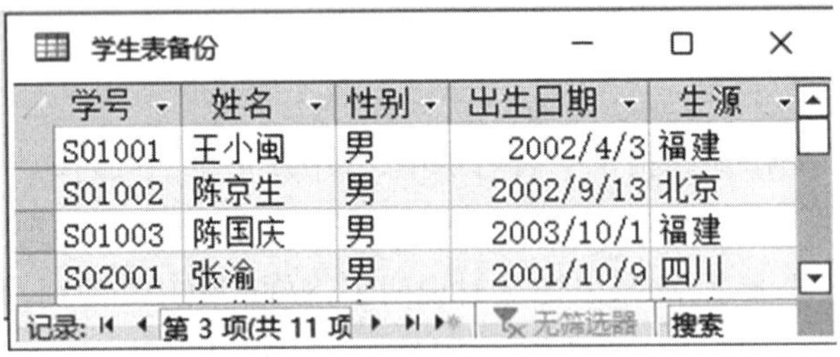
学生表备份

学号	姓名	性别	出生日期	生源
S01001	王小闽	男	2002/4/3	福建
S01002	陈京生	男	2002/9/13	北京
S01003	陈国庆	男	2003/10/1	福建
S02001	张渝	男	2001/10/9	四川

记录: 第 3 项(共 11 项 无筛选器 搜索

图 3-67 “例 3-27”查询结果

3. 删除记录

格式:DELETE

FROM ＜表名＞

[WHERE ＜条件表达式＞];

功能:删除指定＜表名＞中满足＜条件表达式＞的所有记录数据。如果省略 WHERE 子句,则删除表中所有记录,使指定表成为空表,但表的定义仍然存在。

【例 3-28】删除学生表中学号为"S01003"的学生记录。

DELETE FROM 学生 WHERE 学生.学号＝'S01003';

3.4.5　SQL 数据统计语句

1. 聚集函数

在本章 3.3.3 中介绍了在设计视图中使用汇总计算的示例,实际上是使用了 Access 提供的函数功能(表 3-1)。同样,可以在 SELECT 查询语句中使用 SQL 提供的聚集函数。平时经常用到的聚集函数见表 3-5。

表 3-5　常见聚集函数的格式和功能

常见聚集函数格式	功能
COUNT(＜表达式＞)	统计记录个数或指定＜列名＞中值的个数
SUM(＜表达式＞)	计算指定＜列名＞值的总和(此列必须是数值型)
AVG(＜表达式＞)	计算指定＜列名＞值的平均值(此列必须是数值型)
MAX(＜表达式＞)	求指定＜列名＞值中的最大值
MIN(＜表达式＞)	求指定＜列名＞值中的最小值

表 3-5 中各函数中表达式可以是"＊",表示任意列的所有记录,也可以指定列名。如果指定为 ALL(默认值),则指定＜列名＞中的每个记录取值都参加计算。

【例 3-29】查询"学生"表的学生总人数。

SELECT COUNT(＊)FROM 学生;

若指定 DISTINCT,则表示过滤掉指定＜列名＞中多余的重复记录,只保留一条。

【例 3-30】查询"学生"表中生源来自哪些地方。

SELECT DISTINCT 生源 FROM 学生;

查询结果如图 3-68 所示。

图 3-68　"例 3-30"查询结果

【例 3-31】计算学号为"S01002"学生的课程平均成绩。

SELECT AVG(成绩)FROM 成绩 WHERE 学号＝'S01002';

结果如图 3-69 所示。

图 3-69　"例 3-31"查询结果

【例 3-32】查询姓名为"王小闽"的学生选修的所有课程的总学分数。

SELECT SUM(学分)FROM 成绩,课程

WHERE(成绩.学号＝'S01001')AND(成绩.课程编号＝课程.课程编号)；

【例 3-33】查询选修了课程号为"C0605"的学生的最高成绩和最低成绩。

SELECT MAX(成绩),MIN(成绩)FROM 成绩 WHERE 课程编号＝'C0605'；

2. GROUP BY 子句

GROUP BY 子句通常和聚集函数一起使用,用来对查询结果分组,目的是细化聚集函数的作用对象。如果未对查询结果分组,则聚集函数将作用于整个查询结果,如前面的例子。分组后聚集函数将作用于每一个组,即每个组有一个指定的函数值。

【例 3-34】查询各课程（按课程号）及相应的选课人数。

SELECT 课程编号,COUNT(学号)FROM 成绩 GROUP BY 课程编号；

查询结果如图 3-70 所示。

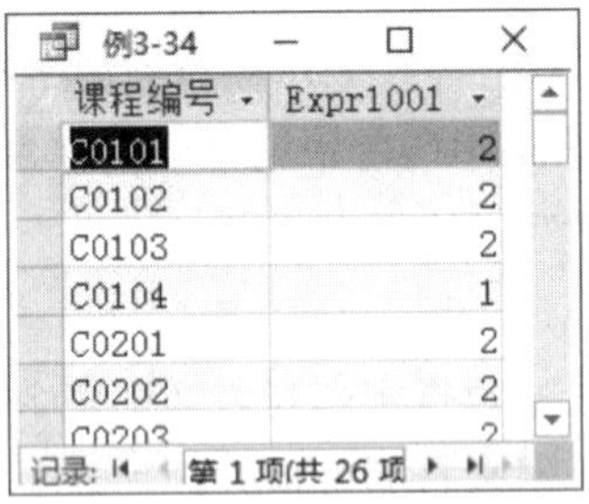

图 3-70　"例 3-34"查询结果

如果分组后还要求按一定的条件对这些组进行筛选,最终只需要满足指定条件的组,则可用 HAVING 短语指定筛选条件。

【例 3-35】查询选修 2 门以上课程的学生学号。

SELECT 课程编号,COUNT（学号）FROM 成绩 GROUP BY 课程编号 HAVING COUNT（＊）＞2；

查询结果如图 3-71 所示。

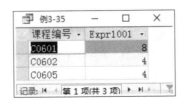

图 3-71　"例 3-35"查询结果

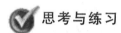 本章小结

通过本章的学习,应理解 Access 查询对象的作用及其实质,了解 SQL 语言的基本知识,掌握 Access 查询对象的创建与设计方法、Access 查询对象的应用技术,重点是要掌握使用设计视图创建各种查询的方法。查询对象的实质是一条 SQL 语句,应主要掌握 SELECT 命令的使用方法。

应用 Access 的查询对象是实现关系数据库操作的主要方法。借助于 Access 为查询对象提供的查询设计视图,不仅可以很方便地进行 Access 查询对象的创建、修改和运行,而且还可以使用这个工具生成合适的 SQL 语句,直接将其粘贴到需要该语句的程序代码或模块中。这将会非常有效地减轻编程工作量,也可以完全避免在程序中编写 SQL 语句时容易产生的错误。

思考与练习

一、思考题

3.1 什么是查询? 查询的作用是什么?

3.2 查询与表有什么区别? Access 支持哪些基本查询类型?

3.3 查询有哪几种视图方式? 各有何特点?

3.4 如何在查询中使用计算与条件表达式?

3.5 SQL 有什么特点? 如何使用 SELECT 命令进行查询?

二、选择题

(1)Access 支持的查询类型有(　　)。

　　A. 选择查询,交叉表查询,参数查询,操作查询,SQL 查询

　　B. 基本查询,选择查询,参数查询,操作查询,SQL 查询

　　C. 多表查询,单表查询,交叉表查询,参数查询,操作查询

　　D. 选择查询,统计查询,参数查询,SQL 查询,操作查询

(2)在 Access 中,查询的数据源可以是(　　)。

　　A. 表　　　　　　　B. 查询　　　　　　C. 表和查询　　　　D. 表、查询和报表

(3)下列对 Access 查询叙述错误的是(　　)。

　　A. 查询的数据源来自表或已有的查询

　　B. 查询的结果可以作为其他数据库对象的数据源

　　C. Access 的查询可以分析数据,追加、更改、删除数据

　　D. 查询不能生成新的数据表

(4)利用对话框提示用户输入查询条件,这样的查询属于(　　)。

　　A. 选择查询　　　　B. 参数查询　　　　C. 操作查询　　　　D. SQL 查询

(5)在 Access 的查询类型中,能从一个或多个表中检索数据,在一定的限制条件下,还可

以通过此查询方式来更改相关表中的记录的是(　　　)。

　　　　A. 选择查询　　　　B. 参数查询　　　　C. 操作查询　　　　D. SQL 查询

　　(6)在"成绩"表中,将所有考试成绩在 90 分以上的记录找出后放在一个新表中,比较合适的查询是(　　　)。

　　　　A. 删除查询　　　　B. 生成表查询　　　　C. 追加查询　　　　D. 更新查询

　　(7)"教材"表中存有教材名称、教材数量、单价、出版社等数据,若想统计各个出版社各种类教材的数量,则比较好的查询方式是(　　　)。

　　　　A. 更新查询　　　　B. 交叉表查询　　　　C. 参数查询　　　　D. 追加查询

　　(8)以"成绩"表为数据源,若要用设计视图创建一个查询,查找课程编号为"C0601",成绩在 80 分(包括 80)以上的所有记录,正确设置查询条件的方法应为(　　　)。

　　　　A. 在成绩字段的条件行键入:课程编号="C0601" AND 成绩≥80

　　　　B. 在课程字段的条件行键入:课程编号="C0601";在成绩字段的条件行键入:成绩≥80

　　　　C. 在课程字段的条件行键入:"C0601";在成绩字段的条件行键入:≥80

　　　　D. 在成绩字段的条件行键入:[课程编号]="C0601" AND 成绩≥"80"

　　(9)以"学生"表为数据源,查询设计视图布局如图 1 所示,可以判断该查询要查找的是(　　　)的所有记录。

图 1　习题(9)的查询设计视图布局

　　　　A. 生源为"福建"或性别为"女"　　　　B. 生源为"福建"并且性别为"女"

　　　　C. 生源为"福建"的所有记录　　　　D. 性别为"女"的所有记录

　　(10)以"学生"表为数据源,查询设计视图布局如图 2 所示,可以判断该查询要查找的是(　　　)的所有记录。

　　　　A. 性别为"男"并且出生日期为 1990 年以后出生

　　　　B. 性别为"男"并且出生日期为 1990 年以前出生

　　　　C. 性别为"男"或者出生日期为 1990 年以后出生

　　　　D. 性别为"男"或者出生日期为 1990 年以后出生

图 2　习题(10)的查询设计视图布局

(11)以"学生"表为数据源,查询设计视图布局如图 3 所示,可以判断要创建的查询是(   )。

图 3 习题(11)的查询设计视图布局

  A. 删除查询   B. 生成表查询   C. 选择查询   D. 更新查询

(12)以"成绩"表为数据源,若要用设计视图创建一个查询,查找课程编号为"C0601",成绩在 80 分与 90 分之间(不包括 80 分与 90 分)的记录,正确的设置查询条件的方法应为(   )。

  A. 在成绩字段的条件行键入:课程编号＝"C0601" AND 成绩＞＝80 AND 成绩＜＝90

  B. 在课程字段的条件行键入:课程＝"C0601";在成绩字段的条件行键入:＞80 AND ＜90

  C. 在课程字段的条件行键入:"C0601";在成绩字段的条件行键入:Between 80 AND 90

  D. 在成绩字段的条件行键入:课程编号＝"C0601" AND 80＞＝成绩＜＝90

(13)将表 A 的记录添加到表 B 中,要求保持表 B 中原有的记录,可以使用的查询是(   )。

  A. 选择查询   B. 生成表查询   C. 追加查询   D. 更新查询

(14)在 Access 查询准则的特殊运算符中,"Like"表示的含义是(   )。

  A. 指定一个字段值的列表   B. 指定一个字段值的范围

  C. 指定查找文本字段的字符模式 D. 指定一个字段为非空

(15)假设某一个数据库表中有一个姓名字段,查找不姓王的记录的条件表达式是(   )。

  A. Not "王 ＊" B. Not "王" C. Not Like "王" D. "王 ＊"

(16)在"学生"表中,为了限制"性别"字段只能输入"男"或"女",该字段"验证规则"设置中正确的条件表达式为(   )。

  A.［性别］＝"男" and［性别］＝"女" B.［性别］＝"男" or［性别］＝"女"

  C. 性别＝"男" and 性别＝"女"   D. 性别＝"男" or 性别＝"女"

(17)查询设计视图布局如图 4 所示,可以判断出要创建的查询是(   )。

  A. 删除查询   B. 追加查询   C. 生成表查询   D. 更新查询

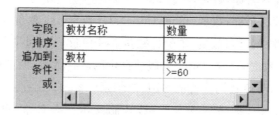

图 4 习题(17)的查询设计视图布局

(18)以"学生"表为数据源,查询设计视图布局如图 5 所示,查询结果显示的是(   )。

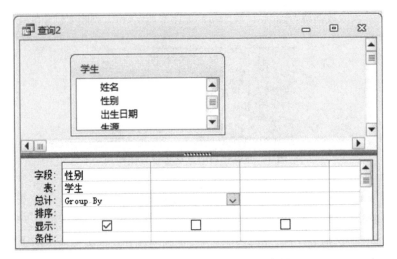

图 5　习题(18)的查询设计视图布局

A. 按性别分组显示所有学生的性别记录

B. 按性别分组只显示所有男性记录

C. 按性别分组只显示所有女性记录

D. 按性别分组只显示“男”与“女”2 条记录

(19)以“教材”表为数据源,图 6 所示为使用查询设计器完成的查询数据表视图,与该查询等价的 SQL 语句是(　　)。

查询1 : 选择查询

教材名称	数量	单价	小计
管理学概论	40	24.25	970.00
国际金融实务	36	23.30	838.80
理论力学基础	42	32.68	1372.56
会计学(第3版)	62	21.50	1333.00
西方艺术史	40	30.00	1200.00
ACCESS关系数据库	70	28.90	2023.00
	0	0.00	

记录: 1 共有记录数: 6

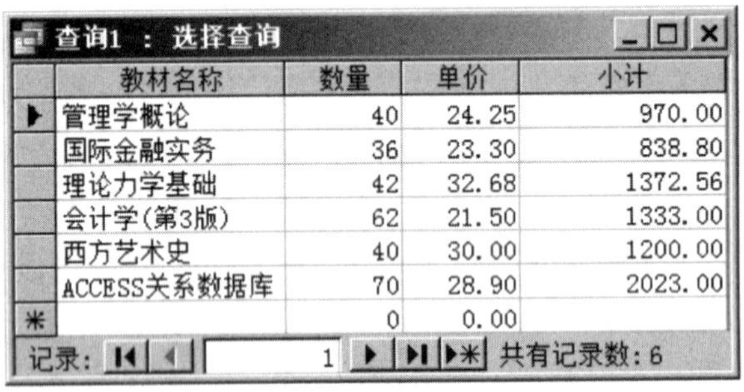

图 6　习题(19)的查询设计视图布局

A. SELECT 教材名称,数量,单价,数量 * 单价 AS 小计 FROM 教材;

B. SELECT 教材名称,数量,单价,SUM[数量] * [单价] AS 小计 FROM 教材;

C. SELECT 教材名称,数量,单价,COUNT [数量] * [单价] AS 小计 FROM 教材;

D. SELECT 教材名称,数量,单价,[数量] * [单价] AS 小计 FROM 教材;

(20)以“教材”表为数据源,统计每个出版社提供的教材数量,图 7 所示为使用查询设计器完成的查询数据表视图,与该查询等价的 SQL 语句是(　　)。

[注意:如果 1 个出版社提供有多本教材,只能显示一条记录,并在总计字段显示数量之和。]

图 7 习题(20)的查询设计视图布局

  A. SELECT 出版社,SUM(数量)AS 教材数量总计 FROM 教材 GROUP BY 出版社;

  B. SELECT 出版社,SUM(数量)AS 教材数量总计 FROM 教材;

  C. SELECT 出版社,COUNT(数量)AS 教材数量总计 FROM 教材 ORDER BY 出版社;

  D. SELECT 出版社,MIN(数量)AS 教材数量总计 FROM 教材;

  (21)以"课程"表为数据源,使用 SQL 语句在表中查找"课程编号"为"C0101"和"C0201"的记录,则 WHERE 子句的条件表达式为(　　)。

  A. SELECT 课程编号 FROM 课程 WHERE 课程编号＝"C0101"AND "C0201"

  B. SELECT 课程编号 FROM 课程 WHERE 课程编号 NOT IN("C0101","C0201")

  C. SELECT 课程编号 FROM 课程 WHERE 课程编号 IN("C0101","C0201")

  D. SELECT 课程编号 FROM 课程 WHERE 课程编号 IN("C0101" and "C0201")

  (22)以"成绩"表为数据源,使用 SQL 语句按"课程编号"统计每门课程的最高分,正确的 SQL 语句是(　　)。

  A. SELECT 课程编号,MAX(成绩)AS 最高分 FROM 成绩

  B. SELECT 课程编号,MAX(成绩)AS 最高分 FROM 成绩 ORDER BY 课程编号

  C. SELECT 课程编号,成绩 FROM 成绩 WHERE 成绩＞ANY

  D. SELECT 课程编号,MAX(成绩)AS 最高分 FROM 成绩 GROUP BY 课程编号

【选择题参考答案】

(1)A　(2)C　(3)D　(4)B　(5)C　(6)B　(7)B　(8)C　(9)B　(10)A
(11)D　(12)B　(13)C　(14)C　(15)A　(16)B　(17)B　(18)D　(19)D　(20)A
(21)C　(22)D

三、操作题

实验 1　选择查询

【实验目的】

掌握选择查询的一般方法,能够使用查询设计视图完成多种查询方式。

【实验内容】

试根据"学生成绩管理"数据库中的各表,按以下要求完成设计:

(1)以"课程"表和"教材"表为数据源,使用设计视图创建一个选择查询,查找并显示"课程名称"、"教材名称"、"作者"和"出版社"4 个字段内容,查询结果如图 8 所示。

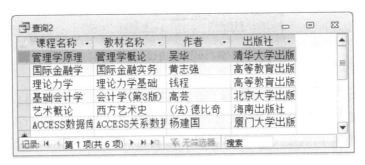

图 8　查询结果

(2)以"课程"表、"教材"表、"教师"表、"专业"表为数据源,使用设计视图创建一个选择查询,查找并显示"课程名称"、"教材名称"、"任课教师"、"教材选用专业"和"教材数量"5 个字段内容。

(3)以"学生"表、"成绩"表和"课程"表 3 个表为数据源,使用设计视图创建一个汇总查询,查找并显示学号、姓名、专业、课程名称、课程成绩等信息。

(4)以"教材"表为数据源,使用设计视图创建一个汇总查询,计算每种教材的金额(数量×单价)。数据视图显示汇总结果如图 9 所示。

<table>
<tr><th colspan="3">教材交叉表查询-求书总价:选择查询</th></tr>
<tr><th>出版社</th><th>教材名称</th><th>小计</th></tr>
<tr><td>北京大学出版社</td><td>会计学(第3版)</td><td>1333.00</td></tr>
<tr><td>高等教育出版社</td><td>国际金融实务</td><td>838.80</td></tr>
<tr><td>高等教育出版社</td><td>理论力学基础</td><td>1372.56</td></tr>
<tr><td>海南出版社</td><td>西方艺术史</td><td>1200.00</td></tr>
<tr><td>清华大学出版社</td><td>管理学概论</td><td>970.00</td></tr>
<tr><td>厦门大学出版社</td><td>ACCESS关系数据库</td><td>2023.00</td></tr>
</table>

记录: ⏮ ◀ 　1　 ▶ ⏭ ▶* 共有记录数: 6

图 9　汇总结果

[注]为了定义数据的输出显示格式,如只显示 2 位小数,则在设计视图中选定需要定义格式的"字段"行,单击工具栏上的"属性"按钮 ，或选择菜单"视图"→"属性"命令,在弹出的"字段属性"对话框中的"格式"行内,就可以根据需要选定显示格式。如选择"固定"格式,则可以使输出数据保留 2 位小数。

(5)以"成绩"表和"课程"表为数据源,使用设计视图创建一个汇总查询,按课程名称统计各个课程学生成绩最高分、最低分、选课人数等数据,选择"固定"格式并保留 2 位小数显示。

(6)以"学生"表和"成绩"表为数据源,使用设计视图创建一个汇总查询,查找学生的成绩信息,显示"学号"、"姓名"和"平均成绩"3 列内容,其中"平均成绩"一列数据由该学生选修的所有课程的平均值计算得到,选择"固定"格式并保留 2 位小数显示。

实验 2　操作查询与参数查询

【实验目的】

掌握操作查询与参数查询的一般方法,能够使用查询设计视图完成多种查询方式。

【实验内容】

(1)以"学生"表、"课程"表、"成绩"表和"专业"表为数据源,使用设计视图创建一个生成表查询,生成表中只包含"Access 数据库"课程的选修记录,显示学号、姓名、专业名称、课程名称、课程成绩等信息。

(2)以"学生"表为数据源,使用设计视图创建一个追加查询,将 1990 年以前出生的记录追加到"学生备份表"中。

(3)以"成绩"表为数据源,使用设计视图创建一个更新查询,将课程编号为"C0601"的成绩统一加 5 分。

(4)以"学生"表、"课程"表和"成绩"表为数据源,使用设计视图创建一个参数查询,当运行该查询时,应显示参数提示信息:"请输入学号";按输入的学生学号查找并显示该学生的"姓名"、"课程名"和"成绩"3 个字段内容。

(5)以"学生备份表"为数据源,使用设计视图创建一个删除查询,删除生源为福建且为男性的记录。

[提示]设计此查询条件表达式时,不允许使用特殊运算符 Like。

实验 3　交叉表查询

【实验目的】

掌握交叉表查询的一般方法,能够使用查询设计视图完成交叉表查询。

【实验内容】

打开"学生成绩管理"数据库文件,试按要求完成如下操作与设计:

(1)在设计视图中,以"课程"表和"教材"表为数据源创建一个交叉查询,统计出每门课程所选用教材的数量。选择"课程名称"字段作为行标题的字段,选择"教材名称"作为列标题的字段,教材"数量"作为计数统计项。设计视图的各字段布局以及查询显示如图 10 和 11 所示。

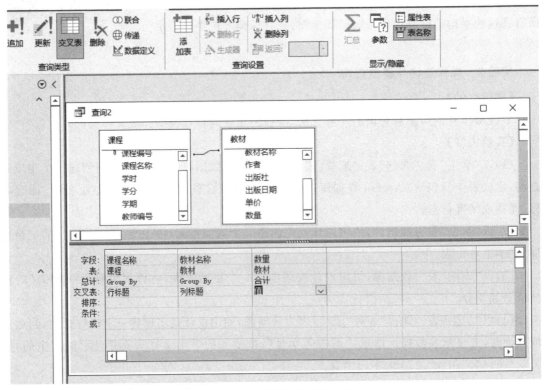

图 10　设计视图的各字段布局

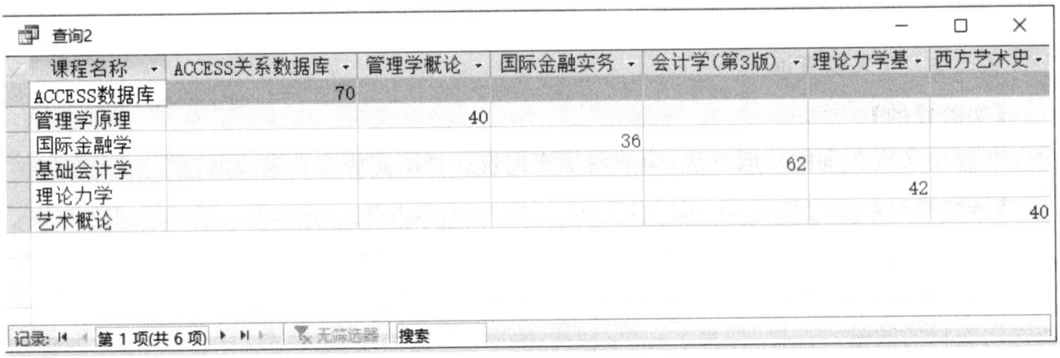

课程名称	ACCESS关系数据库	管理学概论	国际金融实务	会计学(第3版)	理论力学基	西方艺术史
ACCESS数据库	70					
管理学原理		40				
国际金融学			36			
基础会计学				62		
理论力学					42	
艺术概论						40

记录: |◀ ◀ 第 1 项(共 6 项) ▶ ▶| ▶*　　无筛选器　搜索

图 11　查询结果显示

(2)在设计视图中,以"教材"表为数据源创建一个交叉查询,以各出版社的所售教材的总额(数量 * 单价)作为统计项。选择"出版社"字段作为行标题的字段,选择"教材名称"作为列标题的字段,数量 * 单价作为统计项。

[提示]设计视图的各字段布局如图 12 所示,统计结果以"固定"格式显示。

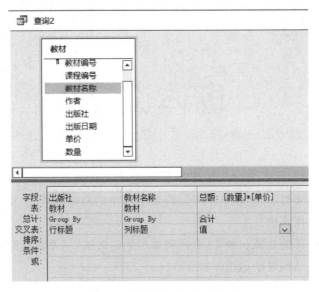

图 12　设计视图的各字段布局

实验 4　SQL 查询

【实验目的】

掌握 SQL 语言的一般用法,主要使用 SELECT 语句实现相关查询操作。

【实验内容】

试根据"学生成绩管理"数据库中的各表,使用 SQL 语句完成以下操作:

(1)以"学生"表为数据源,显示学号、姓名、性别、专业等信息。

(2)以"学生"表、"成绩"表和"课程"表为数据源,显示学号、姓名、班级、课程名称、课程成绩等信息,显示结果按成绩降序排列。

(3)以"成绩"表和"课程"表为数据源,按课程名称统计各门课程学生成绩的最高分、最低分、平均分、选课人数等数据。

(4)以"教师"表和"专业"表为数据源,使用嵌套查询结构,查询职称为"教授"且为"金融"专业的记录信息。

(5)以"教材"表为数据源,查询所使用教材的出版社名单,要求有相同出版社名称的只显示一条记录。

[提示]本查询要求相同出版社名称的只显示一条记录,可使用 DISTINCT 这个关键字用来过滤掉多余的重复记录。

(6)以"教材"表为数据源,计算所使用教材的总数量(求所有教材数量之和)。

(7)以"教材"表为数据源,计算所使用全部教材的总价格。

[提示]总价格计算为每种教材的数量×单价,然后求和。

(8)以"教材"表为数据源,将一个教材信息记录(教材编号:B0606,课程编号:C0604,其他各字段值可自定义)添加到"教材"表中。

(9)以"教材"表为数据源,更新教材编号为"B0101"的记录,将单价字段值修改为 25,数量字段值修改为 50。

第4章

窗体设计

窗体是 Access 数据库系统的重要对象之一,它既是管理数据库的窗口,也是用户对数据库进行各种操作的主要界面,利用窗体可以将数据库中的对象组织起来,形成一个功能完整、风格统一的数据库应用系统。

本章主要介绍窗体的功能和种类,常用窗体的创建方法,以及窗体和常用控件的属性和事件的使用。本章知识结构导航如图 4-1 所示。

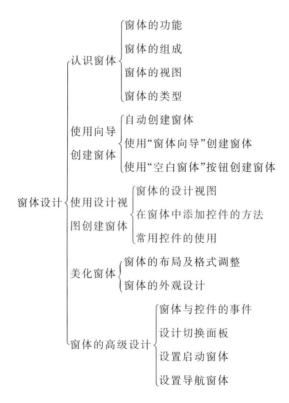

图 4-1 本章知识结构导航

4.1　认识窗体

窗体(form)又叫表单,它自身并不存储数据,通常需要指定窗体的数据来源:直接连接数据源(如表、查询和 SQL 语句)或通过键盘直接输入,也可以没有数据源。利用窗体能使用户轻松直观地完成数据的各种处理,制定表中数据的多种显示输入输出方式以及完成数据库的各种维护功能;通过窗体中的各种控件可以浏览和编辑数据库中的数据,也可以打开报表或其他窗体、执行宏或 VBA 编写的代码程序来控制应用程序的运行流程等。

4.1.1　窗体的功能

在 Access 数据库中,窗体有以下几种功能。

1. 显示和编辑数据

窗体最基本的应用是用来显示和编辑数据库中的数据。用户可以用不同的风格显示数据库中多个数据表或查询的数据,而且可以利用窗体对数据库中的相关数据进行添加、删除、修改、查询等操作,甚至可以利用窗体所结合的 VBA 程序代码进行更复杂的操作。用窗体来显示并浏览数据比用表和查询显示数据更加灵活直观。

2. 控制应用程序的流程

通过向窗体添加控件(如命令按钮),并与宏或者 VBA 代码相结合,每当指定的事件发生(如单击命令按钮)时,即可执行宏或者 VBA 代码所设定的相应操作,完成相应的功能,从而达到控制程序流程的目的。主控制面板是这一功能的典型应用。

3. 接受数据的输入

用户可以根据需要将窗体设计为数据库中数据输入的接口,根据输入的信息执行相应的操作。例如,通过窗体接受用户的数据输入,用于向表中添加数据。

4. 信息显示和打印数据

通过窗体可以显示一些提示、说明、错误、警告或解释等信息,帮助用户进行操作,实现系统与用户的交互功能。利用窗体也可以打印指定的数据,实现报表的部分功能。

4.1.2　窗体的组成

窗体通常由窗体页眉、窗体页脚、页面页眉、页面页脚和主体 5 部分组成(图 4-2),每一部分称为窗体的“节”。所有的窗体必须有主体,其他节可以根据需要选择是否使用。窗体的信息可分布在这些节中,每个节都有特定的用途,并且按窗体中预设的顺序显示。

图 4-2　窗体的组成

1. 窗体页眉

窗体页眉是窗体的首部,用于显示窗体的标题、窗体徽标、使用说明等不随记录改变的信息。在"窗体"视图中,窗体页眉显示在窗体的顶部;打印窗体时,窗体页眉打印输出到文档的开始处;窗体页眉不会出现在"数据表"视图中。

2. 页面页眉

页面页眉在窗体每一页的顶部,用来显示页码、日期、列标题等信息。页面页眉只出现在打印的窗体上。

3. 主体

主体是窗体的主要组成部分,用来显示窗体数据源中的记录或显示信息。

4. 页面页脚

页面页脚在窗体每一页的底部,用来显示页码、日期和页面摘要、本页汇总等数据。页面页脚只出现在打印的窗体上。

5. 窗体页脚

窗体页脚是窗体的尾部,作用与窗体页眉相同。

4.1.3　窗体的视图

在 Access 2016 数据库中,窗体有 4 种视图,它们可以通过工具栏按钮进行切换,如图 4-3所示。

1. 设计视图

设计视图是用来创建窗体、修改和美化窗体的。设计视图的结构包括五大部分,如图 4-2 所示。在"设计视图"中可以设置窗体的高度、宽度等属性,添加或删除控件,对齐控件,调整字体、大小和颜色,设置数据来源,完成各种个性化窗体的设计工作。图 4-4 所示为"学生基本信息"窗体的设计视图。

图 4-3　窗体的 4 种视图

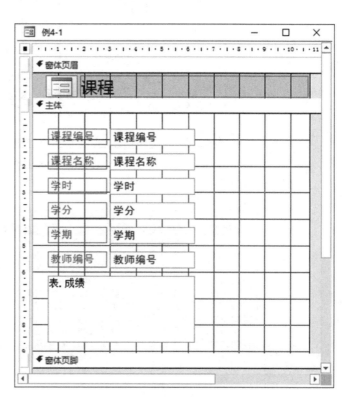

图 4-4　窗体的"设计视图"

2. 窗体视图

窗体视图是窗体设计的最终结果,是窗体运行时的视图。图 4-4 所示的"设计视图"切换到"窗体视图",如图 4-5 所示。

在"窗体视图"中,通常每次只可查看一条记录。使用"导航按钮"可以在记录间进行快速浏览。导航按钮位于"窗体视图"窗口的左下角,如图 4-5 所示画圈处。预览时用户可利用这些按钮在各页之间切换。

3. 数据表视图

窗体的数据表视图与表和查询中的数据表视图没有什么区别,这种视图以表格形式显示表、窗体、查询中的数据,主要是方便用户同时查看多条记录,也可编辑字段、添加和删除数据、查找数据等,如图 4-6 所示。另外,并不是所有窗体都有数据表视图,只有数据源来自表和查询的窗体才会有。

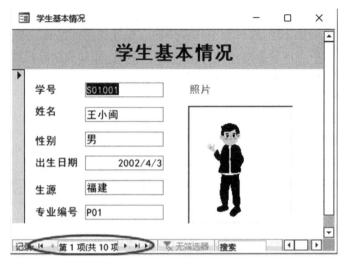

图 4-5　窗体的“窗体视图”

学生基本情况

学号	姓名	性	出生日期	生源	专业编	照片
S01001	王小闽	男	2002/4/3	福建	P01	Bitmap
S01002	陈京生	男	2002/9/13	北京	P01	Bitmap
S02001	张渝	男	2001/10/9	四川	P02	Bitmap
S02002	赵莉莉	女	!002/11/21	福建	P02	Bitmap
S03001	王沪生	男	2003/4/26	上海	P03	Bitmap
S03002	江晓东	男	2000/2/18	江苏	P03	Bitmap
S04001	万山红	女	!002/12/22	福建	P04	Bitmap
S04002	次仁旺杰	男	2001/1/24	西藏	P04	Bitmap
S05001	白云	女	2003/6/13	安徽	P05	Bitmap
S05002	周美华	女	2002/7/10	河北	P05	Bitmap

记录: 第 1 项(共 10 项　无筛选器　搜索

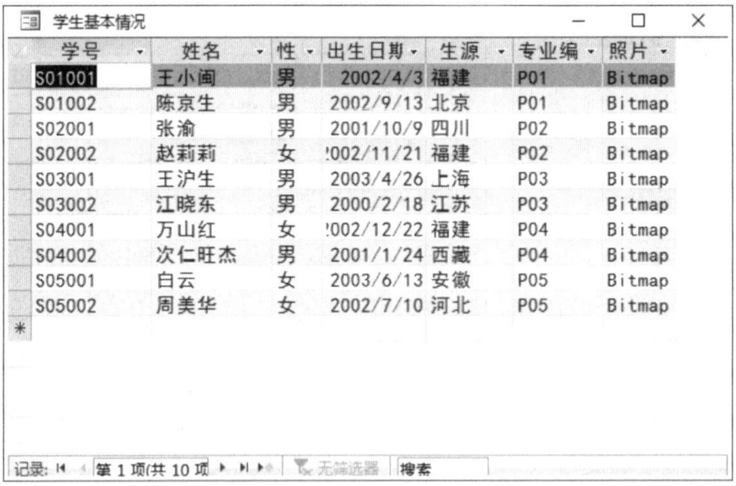

图 4-6　窗体的“数据表视图”

4. 布局视图

“布局视图”主要用于调整和修改窗体设计。窗体的布局视图界面和“窗体视图”几乎一样,区别仅在布局试图中各空间的位置可以移动,但不能添加控件。切换到“布局视图”后,当用鼠标单击窗体上的控件时可以看到该控件周围被边框围住,表示这些控件可以调整位置及大小,如图 4-7。

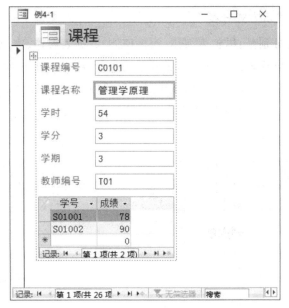

图 4-7   窗体的"布局视图"

4.1.4   窗体的类型

Access 窗体有多种分类方法,通常是按功能、按数据的显示方式和显示关系进行分类的。

1. 窗体按功能的分类

可将 Access 窗体划分为如下 4 种类型:数据操作窗体、控制窗体、信息显示窗体和交互信息窗体。

(1)数据操作窗体。主要用来对表或查询进行显示、浏览、输入、修改等操作,如图 4-5 所示。

(2)控制窗体。主要用来操作和控制程序的运行,它通过选项卡、按钮、选项按钮、列表框和组合框等控件对象来响应用户的请求,如图 4-8 所示。

(3)信息显示窗体。主要用来显示信息,它以数值或者图表的形式显示信息,如图 4-9 所示。

(4)交互信息窗体。用户自定义的或系统自动产生的窗体。由用户自定义的各种信息交互式窗体可以接受用户输入、显示系统运行结果等,如图 4-10 所示。系统自动生成的窗体通常显示各种警告、提示信息或要求用户回答等,如数据输入违反验证规则时弹出的警告。

图 4-8   控制窗体

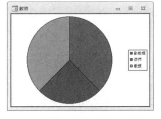

图 4-9   信息显示窗体

图 4-10   交互信息窗体

2. 窗体按数据的显示方式分类

窗体有 6 种类型,分别是:纵栏表窗体、表格窗体、数据表窗体、主/子窗体。

(1)纵栏表窗体。纵栏表窗体一般用于数据输入与编辑,一个页面显示一条记录;字段以列的形式排列,每列的左边显示字段名,右边显示字段内容;通过窗体底部的记录导航按钮,查看下一条或上一条记录。图 4-11 所示就是一个纵栏表窗体。

图 4-11　纵栏表窗体

(2)表格窗体。表格式窗体可以将多条记录同时显示在一个窗体中,避免了由于一条记录内容太少造成窗体空间浪费的情况,在窗体页眉处包含窗体标签及字段名称标签,如图4-12所示。

(3)数据表窗体。从外观上来看,数据表窗体与数据表和查询结果的界面相同,可以在窗口中显示多条记录,如图 4-6 所示。

(4)主/子窗体。主/子窗体主要用来显示表之间具有一对多关系的数据。通常情况下,主窗体中的数据与子窗体中的数据是相关联的。如图 4-13 所示,学生信息表作为主窗体,成绩信息表作为子窗体,用来显示每个学生所学课程的成绩。

主窗体只能显示为纵栏式布局,子窗体可以为数据表窗体,也可以为表格式窗体。当在主窗体中输入数据或添加记录时,Access 会自动保存每一条记录到子窗体对应的表中。在子窗体中,可以创建二级子窗体,即子窗体内又可以含有子窗体。

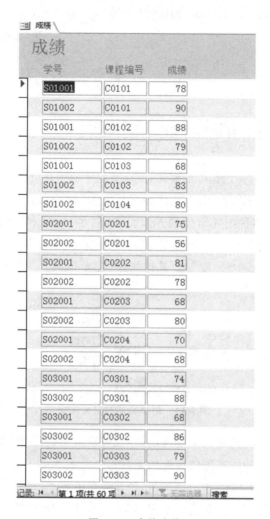

图 4-12　表格窗体

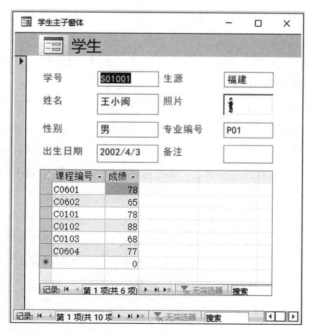

图 4-13　主/子窗体

4.2 创建窗体

创建窗体有两种途径:一种是使用 Access 提供的向导快速创建,另一种是通过手动方式在窗体的设计视图中创建。

一般可以用向导创建数据操作类的窗体,但这类窗体的版式设计是固定的,创建后经常需要切换到设计视图进行调整和修改。控制窗体和交互信息窗体只能在"设计视图"下手动创建。

Access 2016 提供了多种创建窗体的方法。在"创建"选项卡"窗体"组中,Access 提供了"窗体"、"窗体设计"和"空白窗体"3 个主要按钮,还有"窗体向导"、"导航"和"其他窗体"3 个辅助按钮,如图 4-14 所示。其中"导航"和"其他窗体"还可以展开下拉列表,该列表提供了创建特定窗体的功能。

图 4-14 创建窗体的主要按钮

(1)"窗体"按钮的功能:只需要单击该按钮,便可以对当前打开(或选定)的数据源(表或者查询)自动创建窗体,是一种快速创建窗体的工具。

(2)"窗体设计"按钮的功能:单击该按钮,创建一个空表单,即空白窗体。

(3)"空白窗体"按钮的功能:单击该按钮,创建一个不带格式或控件的"布局视图"下的空白窗体。

(4)"窗体向导"按钮的功能:辅助用户创建窗体的工具,通过向导建立基于一个或多个数据源、具有不同布局的窗体。

(5)"导航"按钮的功能:用于创建具有导航按钮的窗体,可选择 6 种不同布局格式的窗体,多用于创建 Web 形式的数据库窗体。

(6)"其他窗体"按钮的功能:可以创建特定窗体,包含"多个项目"窗体、"数据表"窗体、"分割窗体"窗体、"模式对话框"窗体、"数据透视图"窗体和"数据透视表"窗体。"多个项目"利用当前打开(或选定)的数据源创建表格式窗体,可以显示多个记录。"数据表"利用当前打开(或选定)的数据源创建数据表形式的窗体。"分割窗体"可以同时提供数据的两种视图,即窗体视图和数据表视图,两种视图连接到同一个数据源,并且总是相互保持同步;如果在窗体的某个视图中选择了一个字段,则也在窗体的另一个视图中选择了相同的字段。"模式对话框"创建带有命令按钮的对话框窗体,该窗体一直保持在系统的最上面;如果没有关闭该窗体,则不能进行其他操作,多数系统登录界面的窗体属于这种窗体。"数据透视图"是以图形的形式显示统计数据的窗体;"数据透视表"是以表格的形式显示统计数据的窗体。

窗体的设计通常分为以下几步:

（1）先用"自动创建窗体"或"窗体向导"创建窗体，得到窗体的初步设计。

（2）再切换到窗体的"设计视图"对该窗体再进一步设计，直到满意为止。

4.2.1　自动创建窗体

基本步骤：先打开（或选定）数据源（表或者查询），然后选用某种自动创建窗体的工具创建窗体。

1. 使用"窗体"按钮

所创建的窗体为纵栏式窗体，数据源为打开（或选定）的表或者查询。

【例 4-1】使用"窗体"按钮创建"课程"信息的"纵栏式"窗体。

操作步骤如下：

（1）打开"学生成绩管理"数据库，在"表"对象中选择"课程"表。

（2）在"创建"选项卡的"窗体"组中，单击"窗体"按钮，系统创建打开课程窗体的布局视图。对布局进行调整，即可得到课程表对应的纵栏式窗体，如图 4-15 所示。

（3）单击快捷访问工具栏上的"保存"按钮，打开"另存为"对话框，将窗体命名为"例 4-1"，如图 4-16 所示。单击"确定"按钮，完成该窗体的创建。

图 4-15　创建的"纵栏式"窗体

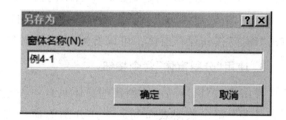

图 4-16　保存窗体

2. 使用"多个项目"命令按钮

创建的窗体可以显示多个记录，记录以数据表的形式显示，数据源为打开（或选定）的表或者查询。

【例 4-2】使用"多个项目"命令按钮创建"学生"信息窗体。

操作步骤如下：

(1)打开"学生成绩管理"数据库,在"表"对象中选择"学生"表。

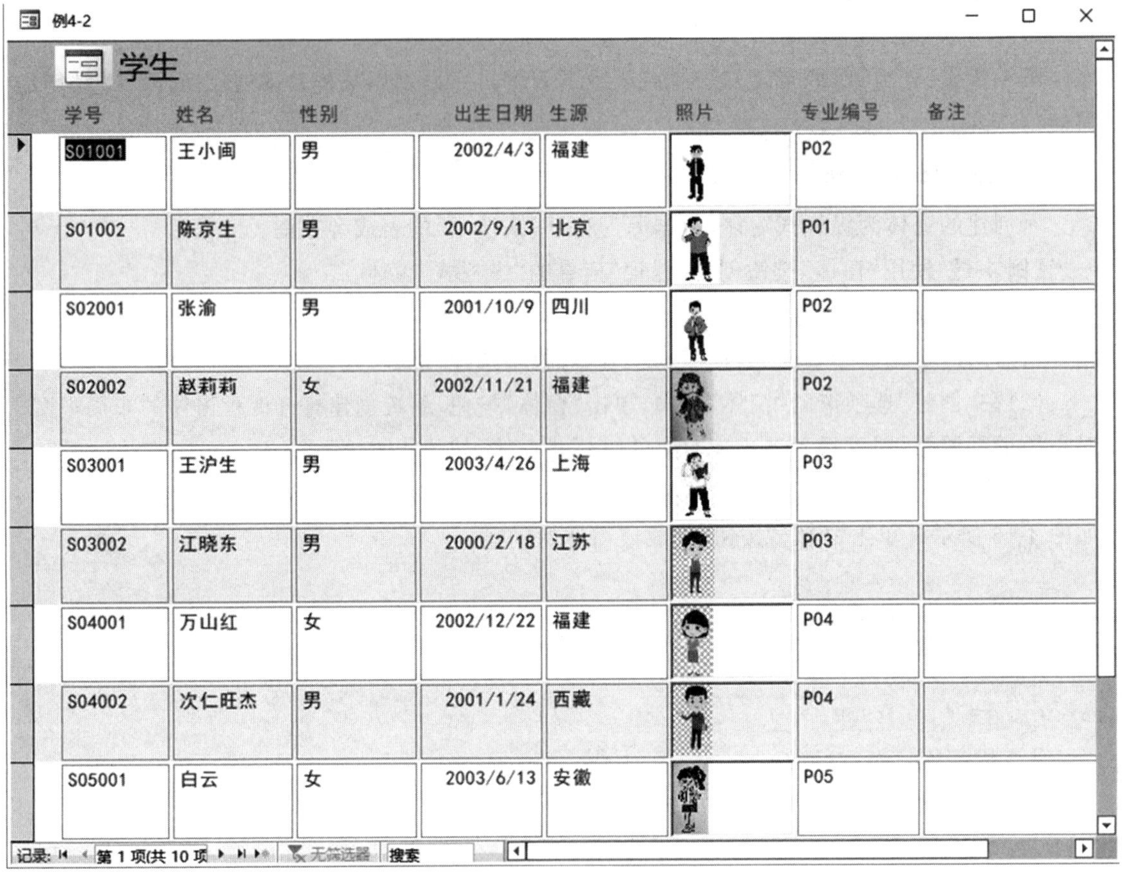

图 4-17 创建的"多个项目"窗体

(2)在"创建"选项卡的"窗体"组中,单击"其他窗体"按钮,在弹出的下拉列表中选择"多个项目"选项,系统自动生成如图 4-17 所示的窗体。

(3)单击快捷访问工具栏上的"保存"按钮,打开"另存为"对话框,将窗体命名为"例 4-2",单击"确定"按钮保存窗体。可以看到,"OLE 对象"数据类型的字段可以在表格中正常显示。

3. 使用"分割窗体"命令按钮

使用"分割窗体"后,所创建的窗体具有两种布局形式,窗体上方是单一记录纵栏式布局,下方是多个记录数据表布局。这样分割的窗体方便浏览多个记录,也可以观察一条记录的明细。

【例 4-3】使用"分割窗体"命令按钮创建"课程"信息窗体。

操作步骤如下：

(1)打开"学生成绩管理"数据库,在"表"对象中选择"课程"表。

(2)在"创建"选项卡的"窗体"组中,单击"其他窗体"按钮,在弹出的下拉列表中选择"分割

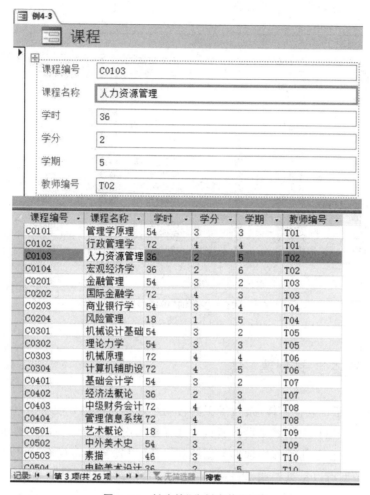

图 4-18　创建的"分割窗体"窗体

窗体"选项,系统自动生成如图 4-18 所示的窗体。

(3)单击快捷访问工具栏上的"保存"按钮,打开"另存为"对话框,将窗体命名为"例 4-3",单击"确定"按钮保存窗体。可以看到,单击窗体下方表中的记录,上方同步显示该条记录。

4. 使用"数据表"命令按钮

用"数据表"命令按钮创建的窗体是多个记录的数据表布局形式,每行显示一个记录,每列的顶端显示对应的字段名称。

【例 4-4】 使用"数据表"命令按钮创建"教师"信息窗体。

操作步骤如下:

(1)打开"学生成绩管理"数据库,在"表"对象中选择"教师"表。

(2)在"创建"选项卡的"窗体"组中,单击"其他窗体"按钮,在弹出的下拉列表中选择"数据表"选项,系统自动生成如图 4-19 所示的窗体。

(3)单击快捷访问工具栏上的"保存"按钮,打开"另存为"对话框,将窗体命名为"例 4-4",单击"确定"按钮保存窗体。注意:用这种方法创建窗体时,若数据源包含"OLE 对象"数据类型的字段,其内容在表格中是不显示的。

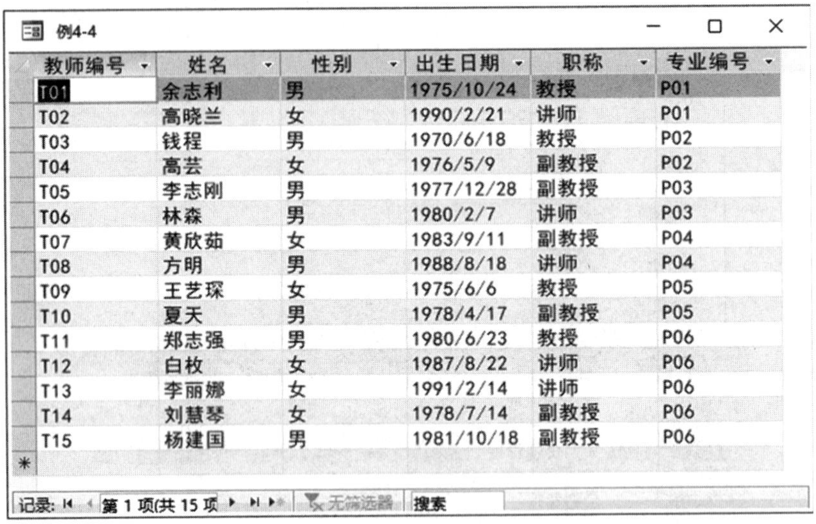

教师编号	姓名	性别	出生日期	职称	专业编号
T01	余志利	男	1975/10/24	教授	P01
T02	高晓兰	女	1990/2/21	讲师	P01
T03	钱程	男	1970/6/18	教授	P02
T04	高芸	女	1976/5/9	副教授	P02
T05	李志刚	男	1977/12/28	副教授	P03
T06	林森	男	1980/2/7	讲师	P03
T07	黄欣茹	女	1983/9/11	副教授	P04
T08	方明	男	1988/8/18	讲师	P04
T09	王艺琛	女	1975/6/6	教授	P05
T10	夏天	男	1978/4/17	副教授	P05
T11	郑志强	男	1980/6/23	教授	P06
T12	白枚	女	1987/8/22	讲师	P06
T13	李丽娜	女	1991/2/14	讲师	P06
T14	刘慧琴	女	1978/7/14	副教授	P06
T15	杨建国	男	1981/10/18	副教授	P06

图 4-19 创建的“数据表”窗体

4.2.2 使用“窗体向导”创建窗体

使用“窗体”按钮、“其他窗体”按钮等工具自动创建窗体虽然方便快捷,但是在内容和形式上都受到了很大的限制,无法满足设计者自主选择显示内容和显示方式的要求。而使用“窗体向导”创建窗体可以在创建过程中选择数据源和字段,设置窗体布局等,可以创建数据浏览和编辑窗体,窗体类型可以是纵栏式、表格式、数据表,其创建的过程基本相同。

下面以创建一个主/子窗体为例,介绍使用“窗体向导”工具创建窗体的方法和步骤。

主/子窗体是指一个窗体中可以包含另一个窗体,基本窗体称为主窗体,窗体中的窗体称为子窗体。子窗体还可以包含子窗体,任何窗体都可以包含多个子窗体,即主、子窗体间呈树形结构。主/子窗体通常用于一对多关系中的主/子两个数据源。子窗体显示与主窗体显示的主数据源当前记录对应的子数据源中的记录。在主窗体查看到的数据是一对多关系中的“一”端,而“多”端数据则在子窗体中显示。在主窗体中改变当前记录会引起子窗体中记录的相应改变。

创建主/子窗体有 2 种方法:

(1)使用“窗体向导”同时创建主窗体和子窗体。

(2)先创建主窗体,然后利用“设计视图”添加子窗体。

【例 4-5】在“学生成绩管理”数据库中创建一个显示学生学习情况的主/子窗体,主窗体显示的数据:学号和姓名,子窗体显示的数据:课程名称、学分和成绩。

分析:根据窗体显示的数据确定数据来源,“学号”和“姓名”来自“学生”表,“课程名称”和“学分”来自“课程”表,“成绩”来自“成绩”表。在方法一中,可以在“窗体向导”中按顺序添加所需要的字段,然后按向导顺序完成即可。在方法二中,因为要先创建主窗体,而后添加子窗体,但子窗体的数据源来自"课程"和"成绩"两个表,为了方便操作,可先根据"课程"和"成绩"建立一个查询"课程成绩",查询结果包含的字段有:学号、课程名称、学分和成绩。这样,主窗体的数据源为"学生信息"表,子窗体的数据源为"课程成绩"查询。

方法一的操作步骤如下:

(1)打开"学生成绩管理"数据库。

(2)在"创建"选项卡的"窗体"组中,单击"窗体向导"按钮,在弹出的窗体向导对话框中,进行要显示的数据字段的选定:在"表/查询"下拉列表中选择所需的数据源"表:学生",并选择所需的字段:"学号"和"姓名"。再分别从数据源"表:课程"和"表:成绩"中选择:"课程名称"、"学分"和"成绩"。选择结果如图 4-20 所示,并单击"下一步"按钮,打开如图 4-21 所示对话框。

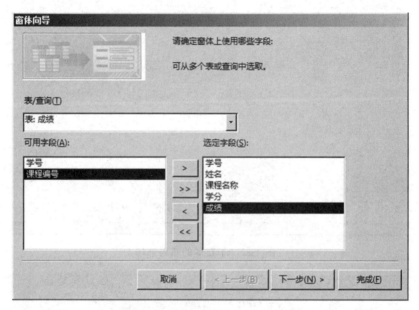

图 4-20　确定窗体上显示的字段

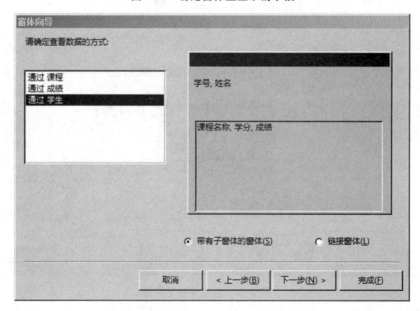

图 4-21　确定查看数据的方式

(3)在确定查看数据方式的"窗体向导"对话框中,选择"带有子窗体的窗体"单选按钮,选择窗体的数据布局方式为"通过学生",单击"下一步"按钮,进入"窗体向导"确定子窗体使用的布局,选择"数据表",如图 4-22 所示。单击"下一步"按钮,进入"窗体向导"指定窗体标题,指定主窗体和子窗体的标题为"学生学习情况"和"成绩子窗体",如图 4-23 所示。

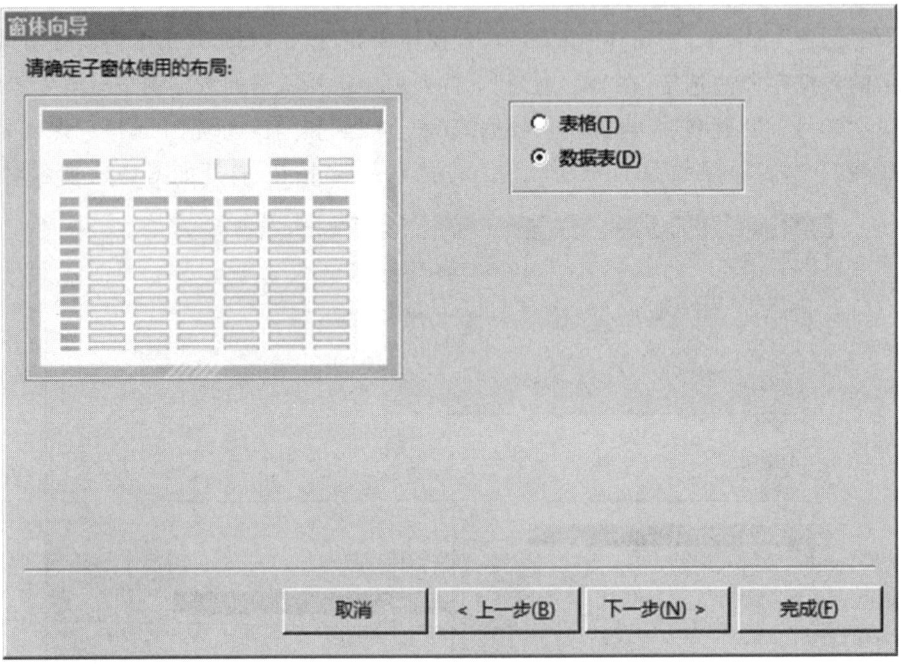

图 4-22　子窗体的布局选择

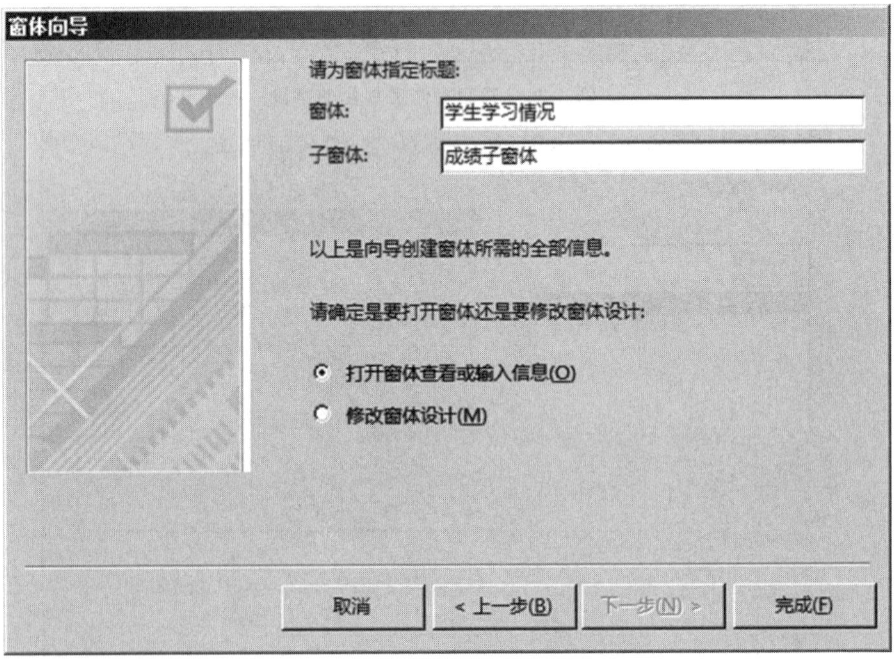

图 4-23　为窗体指定标题

（4）单击"完成"按钮，完成窗体的创建，打开窗体视图，如图 4-24 所示。

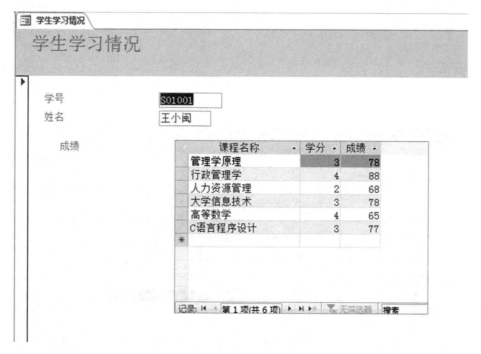

图 4-24　学生学习情况的主/子窗体

方法二的操作步骤如下：

（1）打开"学生成绩管理"数据库。

（2）按照第 3 章介绍的方法建立"课程成绩"查询，查询结果包含：学号、课程名称、学分和成绩这 4 个字段。

（3）根据"窗体向导"先创建一个"纵栏式"主窗体，数据源来自"学生"表，显示"学号"和"姓名"两个字段。创建结果如图 4-25 所示。

（4）把图 4-25 所示的"窗体视图"切换到"设计视图"，在图 4-26 所示的窗体控件工具箱中，单击"子窗体/子报表"（图中画圈处）按钮，然后在窗体的"姓名"下方拖放出一个矩形框后松开鼠标，即弹出如图 4-27 所示"子窗体向导"对话框。选中"使用现有的表和查询"单选按钮，并单击"下一步"按钮，打开如图 4-28 所示对话框。

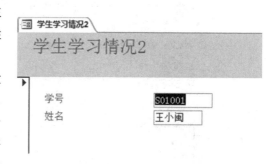

图 4-25　"学生学习情况 2"主窗体

图 4-26　窗体控件工具箱

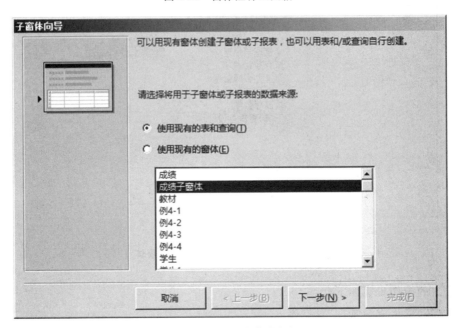

图 4-27　选择子窗体数据源

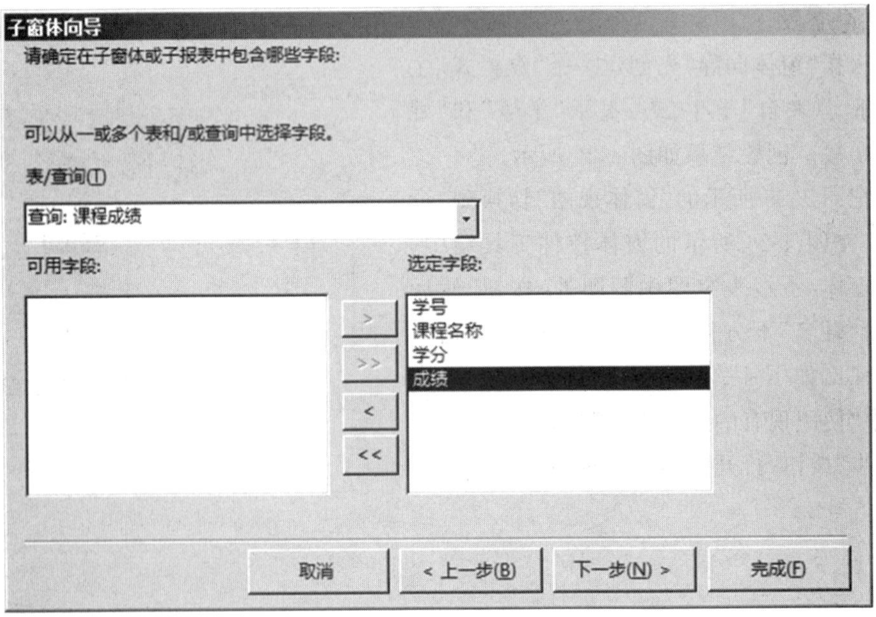

图 4-28　选择子窗体显示的字段

（5）在"表/查询"的下拉列表框中，选中"查询：课程成绩"，并选定所有字段，设置后如图 4-28 所示，单击"下一步"按钮，打开如图 4-29 所示对话框。

（6）在图 4-29 中设置主/子窗体记录关联的字段，如按"学号"关联。单击"下一步"按钮，打开如图 4-30 所示对话框，并指定子窗体的名称为"课程成绩信息"。

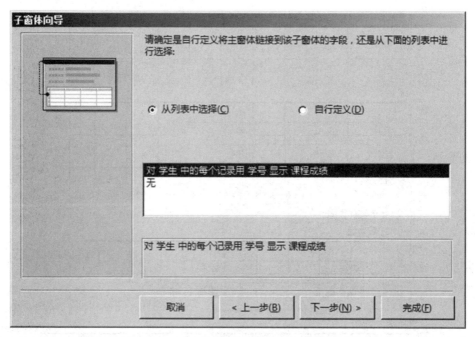

图 4-29　设置主/子窗体关联字段

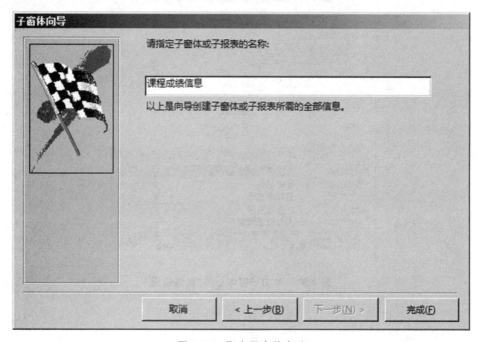

图 4-30　指定子窗体名称

（7）单击"完成"按钮，返回到如图 4-31 所示窗体"设计视图"，再切换到"窗体视图"就可浏览学生成绩，如图 4-32 所示。

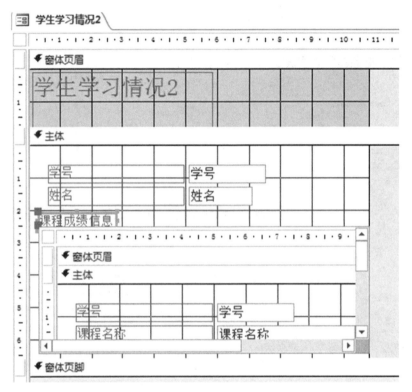

图 4-31　添加子窗体后的"设计视图"

图 4-32　添加子窗体后的"窗体视图"

4.2.3　使用"空白窗体"按钮创建窗体

"空白窗体"按钮是 Access 2016 增加的新功能,使用"空白窗体"按钮创建窗体是在"布局视图"中创建数据表窗体。在使用"空白窗体"按钮创建窗体的同时,Access 打开用于窗体的数据源表,用户可以根据需要将表中的字段拖到窗体上,从而完成创建窗体的工作。

【例 4-6】使用"空白窗体"按钮,创建显示"学号"、"姓名"、"生源"和"照片"的窗体。

操作步骤如下:

(1)在"创建"选项卡的"窗体"组中,单击"空白窗体"按钮,若右侧没有"字段列表"窗格,则在窗体设计工具"设计"选项卡的"工具"组中,单击"添加现有字段"按钮,打开"字段列表"窗格。在"字段列表"窗格中,单击"显示使用表"按钮,将会在窗格中显示数据库中的所有表。

(2)单击"学生"表左侧的"+"(图 4-33),展开"学生"表所包含的字段。

(3)依次双击"学生"表的"学号"、"姓名"、"生源"和"照片"字段,这些字段则被添加到空白窗体中,且立即显示"学生"表的第一条记录。此时,"字段列表"对话框的布局从一个窗格变成 3 个小窗格:"可用于此视图的字段"、"相关表中的可用字段"和"其他表中的可用字段",如图 4-34 所示。

(4)关闭"字段列表"对话框,调控控件布局和大小,保存该窗体为"例 4-6",生成的窗体如图 4-35 所示。

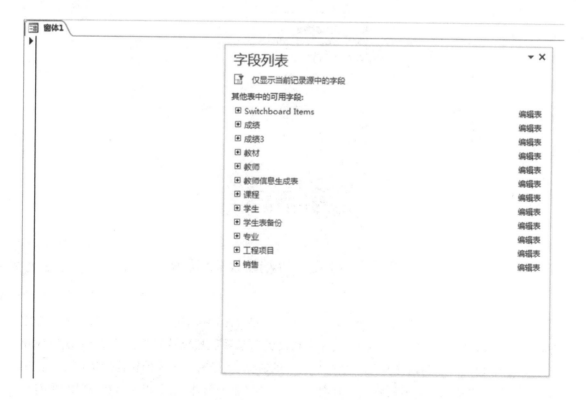

图 4-33　"字段列表"对话框

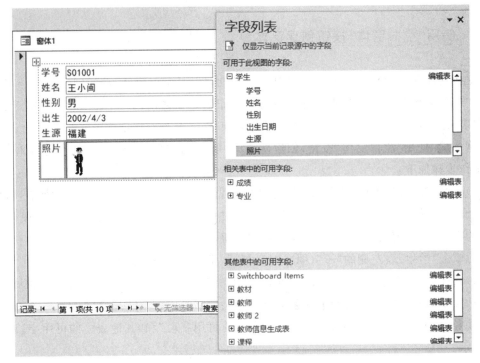

图 4-34　添加字段后的画面

图 4-35　空白窗体创建的效果

4.3　使用设计视图设计窗体

在 Access 数据库中，使用自动创建和向导创建的窗体，它的所有控件都是系统根据选定的数据源自动加载到窗体中的，其格式、大小和位置都是系统按默认形式给定的，在实际应用中并不能很好地满足需要；这只是一个初步设计的窗体，而且有些类型的窗体无法创建。使用"设计视图"可以从无到有地创建一个界面友好、功能完善的窗体，也可以在"设计视图"中对用自动创建和向导创建的窗体进行再设计，使之更加美观，功能更加完善。

使用窗体"设计视图"设计窗体的步骤通常分为 3 步：首先创建一个空白窗体，或在窗体"设计视图"中打开已创建的窗体；其次向窗体添加相应控件；最后对窗体和控件进行格式化、属性设置以及编写程序代码。

4.3.1　窗体的设计视图

窗体的设计视图主要由窗体设计区域、窗体设计工具、弹出式菜单等辅助工具组成。各种工具在窗体设计中起不同的作用，用于辅助完成窗体的设计。

1. 窗体设计工具

打开窗体设计视图后，在功能区中会出现"窗体设计工具"，由"设计"、"排列"和"格式"3 个选项卡组成。"设计"选项卡主要用于向窗体中添加各种控件，设置窗体主题、页眉/页脚以及切换窗体视图。它提供了设计窗体时要用到的主要工具："视图""主题""控件""页眉/页脚""工具"5 个选项组，如图 4-36 所示，其基本功能见表 4-1。"排列"选项卡主要用于设置窗体的布局。"格式"选项卡主要用于设置窗体中控件的格式。

图 4-36　"窗体设计工具"下的"设计"选项卡

表 4-1　5 个选项组的基本功能

组名称	功能
视图	带有下拉列表的"视图"按钮，单击它可在窗体视图和布局视图之间切换，单击它下方的下拉箭头，可以选择进入其他视图
主题	可设置整个系统的视觉外观，包括"主题"、"颜色"和"字体"3 个按钮，单击每一个按钮，均可以打开相应的下拉列表，在列表中选择选项进行相应的格式设置
控件	设计窗体的主要工具，由多个控件组成，限于空间的大小，在控件组中不能一屏显示出所有控件，单击控件组右侧下方的其他箭头按钮可以打开控件对话框
页眉/页脚	用于设置窗体页眉、窗体页脚、页面页眉和页面页脚
工具	提供设置窗体及控件属性等的相关工具，包括"添加现有字段"、"属性表"和"Tab 键次序"等按钮，单击"属性表"按钮可以打开或关闭属性表对话框

控件是窗体中的对象，它在窗体中起着显示数据、执行操作以及修饰窗体的作用。"控件"组集成了窗体设计中用到的控件，常用控件按钮的基本功能见表 4-2。

表 4-2　常用控件名称与功能

按钮	控件名称	控件功能
	选择对象	当该按钮被按下时,可以在窗体中选择控件、移动控件或改变控件大小。在默认状态下,该工具是启用的;选择其他工具时,该工具被暂停使用
abl	文本框	用来显示、输入或编辑数据源数据,显示计算结果或接受用户输入
Aa	标签	用来显示说明性文本的控件
xxxx	按钮	用来执行有关操作,如执行一段 VBA 代码,完成某一项功能
	选项卡控件	用于创建一个多页选项卡窗体或多页选项卡对话框
	超链接	用来在窗体中添加超链接
	Web 浏览器控件	用于在窗体中添加浏览器控件
	导航控件	用于在窗体中添加导航条
XYZ	选项组	与选项按钮、复选框或切换按钮搭配使用,用于显示一组可选值,但只选择其中一个选项值
	插入分页符	用于在窗体中开始一个新屏幕,或在打印窗体中开始一个新页
	组合框	该控件组合了列表框和文本框的特性,既可以在文本框中输入,也可以在列表框中选择输入项,然后将值添加到基础字段中
	图表	用于在窗体中添加图表
	直线	用于在窗体中画线,可突出或分割窗体、报表或数据访问页中的重要内容
	切换按钮	作为独立控件绑定到"是/否"字段,或作为未绑定控件用来接受用户在自定义对话框中输入数据,或与选项组配合使用
	列表框	用于显示可滚动的数值选项列表,供用户选择输入数据。在窗体视图中,可以从列表中选择值输入新记录中或更新现有记录中的值
	矩形	显示矩形框效果,多用于把相关控件或重要数据放在矩形框中突出效果
	复选框	作为独立控件绑定到"是/否"字段,或作为未绑定控件用来接受用户在自定义对话框中输入数据,或与选项组配合使用
	未绑定对象框	用来在窗体或报表中显示未绑定 OLE 对象,该对象不是来自表的数据,如 Excel 表格。当在记录间移动时,该对象将保持不变
	附件	用于在窗体中添加附件

按钮	控件名称	控件功能
⊙	选项按钮	作为独立控件绑定到"是/否"字段,或作为未绑定控件用来接受用户在自定义对话框中输入数据,或与选项组配合使用
▤	子窗体/子报表	用于在窗体或报表中加载另一个子窗体或子报表,显示来自多个表的数据
🖼	绑定对象框	用来在窗体或报表中显示绑定 OLE 对象,该对象与表中的数据关联,该控件针对的是保存在窗体或报表数据源字段中的对象。当在记录间移动时,不同的对象将显示在窗体或报表上
🖼	图像	用于在窗体或报表中显示静态图片。静态图片不是 OLE 对象,一旦将图片添加到窗体或报表中,就不能在 Access 内对该图片进行编辑
✦	使用控件向导	用于打开或关闭"控件向导"。当该按钮被按下后,再向窗体中添加带有向导工具的控件时,系统会打开"控件向导"对话框,为设置控件的相关属性提供方便。带有控件向导的工具包括组合框、按钮、列表框、选项组、图表、子窗体/子报表等
✕	ActiveX 控件	单击该按钮,将弹出一个由系统提供可重用的 ActiveX 控件列表,用户从中选择添加到当前窗体内,创建具有特殊功能的控件

每个窗体和控件都是一个对象,对象具有 3 要素:属性、方法和事件。在 Access 中,按照控件与数据源的关系可将控件分为"非绑定型"、"绑定型"和"计算型"3 种类型。

(1)非绑定型控件(又称"非结合"型):控件与数据源字段无关联。当使用非绑定型控件输入数据时,可以保留输入的值,但不会更新数据源字段中的字段值。

(2)绑定型控件(又称"结合"型):控件与数据源的字段结合在一起。使用绑定型控件输入数据时,Access 会自动更新当前记录中与绑定控件相关联的表的字段的值,大多数允许输入数据的控件都是绑定型控件。可以和控件绑定的字段类型包括"文本"、"数值"、"日期"、"是/否"、"图片"和"备注型"。

(3)计算型控件:与含有数据源字段的表达式相关联的控件。表达式可以使用窗体或报表中数据源的字段值,也可以使用窗体或报表中其他控件中的数据。计算型控件也是非绑定型控件,所以它不会更新表的字段值。

2. 为窗体设置数据源

多数情况下,窗体都是基于某一个表或查询建立起来的。窗体内的控件通常显示的是表或查询中的字段值,当使用窗体对表的数据进行操作时,需要指定窗体的数据源。数据源可以是表、查询或 SQL 语句。添加数据源有两种方法:

(1)使用"字段列表"窗格添加数据源。进入窗体"设计视图"后,在窗体设计工具"设计"选项卡的"工具"组中,单击"添加现有字段"按钮,打开"字段列表"窗格,单击"显示使用表"按钮,将会在窗格中显示数据库中的所有表,如图 4-37 所示。单击"+"号可以展开所选定表的字段。

(2)使用"属性表"窗格添加数据源。进入窗体"设计视图"后,在窗体设计工具"设计"选项卡的"工具"组中,单击"属性表"按钮,或者右击窗体,在弹出的快捷菜单中选择"属性"命令,打开"属性表"窗格,如图 4-38 所示。切换到"数据"选项卡,选择"记录源"属性,使用下拉列表框选择需要的表或查询,或直接输入 SQL 语句。如果需要创建新的数据源,则可以单击"记录源"属性右侧的 ⋯ 按钮,打开查询生成器,用与查询设计相同的方法,用户可以根据需要创建新的数据源。

图 4-37　"字段列表"窗格　　　　　　　图 4-38　"属性表"窗格

以上两种方法使用上有些区别:使用"字段列表"添加的数据源只能是表,而使用"属性表"则可以是表、查询或 SQL 语句。

3. 窗体和控件的属性

属性用于确定表、字段、查询、窗体和报表的特征状态,窗体、窗体上的每个控件都有自己的属性,这些属性决定了这些对象的外观、所包含的数据和对事件(如鼠标单击)的响应。大部分属性可以在设计视图中通过属性表进行设置,也可以在系统运行中通过使用 VBA 命令语句动态设置。

属性表用来在设计视图中显示和设置窗体及窗体中各个控件的属性,如图 4-38 所示。在窗体设计工具"设计"选项卡的"工具"组中,单击"属性表"按钮或单击鼠标右键,在弹出的快捷菜单中选择执行"属性"命令,可以打开"属性表"对话框。

"属性表"对话框上方的下拉列表是当前窗体上所有对象的列表,可从中选择要设置属性的对象,也可以直接在窗体上选中对象,列表框将显示被选中对象的控件名称。对话框包含 5 个选项卡,分别是"格式"、"数据"、"事件"、"其他"和"全部",其中"格式"选项卡包含了窗体或控件的外观属性,"数据"选项卡包含了与数据源、数据操作相关的属性,"事件"选项卡包含了窗体或当前控件能够响应的事件,"其他"选项卡包含了名称、控件提示文本等其他属性,选项卡左侧是属性名称,右侧是属性值。

要在"属性表"对话框中设置某一属性,需先单击要设置属性对应的属性值框,然后在框中输入一个设置值或表达式。如果框中显示有下拉箭头 ▾ ,则也可以单击该箭头,从列表中选择一个数值。如果属性值框右侧显示生成器按钮 ⋯ ,则单击该按钮显示一个生成器或显示选择生成器的对话框,通过该生成器可以设置其属性。

窗体和控件的常用属性见表 4-3。

表 4-3　窗体和控件的常用属性

属性名称		属性标识	功能
窗体	标题	Caption	指定在"窗体"视图中标题栏上显示的文本
	导航按钮	NavigationButtons	指定窗体上是否显示导航按钮和记录编号框
	自动居中	AutoCenter	当窗体打开时,是否在应用程序窗口中将窗体自动居中
	图片	Picture	指定窗体的背景图片的位图或其他类型的图形
	记录源	RecordSource	指定窗体的数据源,可以是表名称、查询名称或者 SQL 语句
	允许编辑	AllowEdit	决定在窗体运行时是否允许对数据进行编辑修改
	允许添加	AllowAdditions	决定在窗体运行时是否允许添加记录
	允许删除	AllowDeletions	决定在窗体运行时是否允许删除记录
标签	标题	Caption	指定控件中显示的文字信息
	名称	Name	指定控件对象引用时的标识名字,VBA 代码中设置属性值时使用
	高度	Height	指定控件的高度
	宽度	Width	指定控件的宽度
	背景颜色	BackColor	指定控件显示的背景颜色
	字体颜色	ForeColor	指定控件显示的字体颜色
	显示字体	FontName	指定控件显示文字的字体,如"楷体"
	字体大小	FontSize	指定控件显示的字体大小
	是否可见	Visible	指定控件是否显示
	倾斜字体	FontItalic	指定文本是否变为斜体
文本框	控件来源	ControlSource	设置控件如何获取或保存要显示的数据。如果控件来源为字段,则显示数据表中该字段的值,窗体运行时,对数据所进行的任何修改,都将被写入该字段中;如果设置该属性值为空,则多用于输入数据;如果该属性设置为一个计算表达式,则显示计算的结果
	输入掩码	InputMask	用于设置数据的输入格式,仅对文本型和日期型数据有效
	默认值	DefaultValue	用于设定一个计算型控件或非绑定型控件的初始值
	是否锁定	Locked	用于指定显示数据是否允许编辑,默认值为 False,表示可以编辑;若为 True,则文本控件相当于标签的作用

属性名称		属性标识	功能
组合框	行来源类型	RowSourceType	用于确定列表选择内容的来源，可设置为"表/查询"、"值列表"或"字段列表"，与"行来源"属性配合使用
	行来源	RowSource	与"行来源类型"属性配合使用

列表框与组合框在属性设置和使用上基本相同，区别在于列表框控件只能输入选择数据而不能直接输入数据。颜色是由红、绿和蓝 3 种基色组合而成，在 VBA 编程中使用 RGB 函数，其形式为 $RGB(x,y,z)$，x、y、z 的取值范围为 $0\sim255$。其他控件的主要属性基本上与上述控件一致，有个别不同的将在后续的章节设计使用时说明，在此不再详细介绍。

4.3.2　在窗体中添加控件的方法

在窗体中添加控件的步骤如下：

（1）新建窗体或打开已有的窗体，切换到"设计视图"。

（2）在窗体设计工具"设计"选项卡的"控件"组中，单击所需的控件。

（3）将光标移到窗体空白处单击创建一个默认尺寸的控件，或者直接拖曳鼠标，在画出的矩形区域内创建一个控件。

（4）也可以打开"字段列表"窗口，将数据源字段列表中的字段直接拖曳到窗体中。使用这种方法，可以创建绑定型文本框和与之关联的标签。

（5）设置控件的属性。

4.3.3　常用控件的使用

为了在窗体和报表中正确地使用控件来实现预定的功能，必须正确了解各种控件的功能和特性。下面介绍窗体中常用控件的功能和特性，以及将这些控件添加到窗体中的步骤。

1. 标签

标签（Label）是用来在窗体或报表上显示说明性文本的控件，如标题、题注或简短的说明。标题是标签常用的属性，该属性的值就是标签所显示的内容。

标签不能显示字段或表达式的数值，属于非绑定型控件。标签有两种：独立标签和关联标签。独立标签是与其他控件没有联系的标签，用来添加纯说明性文字；关联标签是链接到其他控件（通常是文本框、组合框、列表框等）上的标签，这种两个相关联的控件称为复合控件。在默认情况下，将文本框、组合框等控件添加到窗体或报表中时，Access 都会在控件左侧加上关联标签。

☞ 提示

> 一行文字如果超过标签的宽度，则会自动换行，也可以通过调整标签的宽度来调整文字的布局。如果要强行换行，则可以按 Ctrl＋Enter 键。

2. 文本框

文本框(Text)用来显示、输入或编辑数据源中的数据,或显示计算结果,或接受用户输入的数据。文本框与标签的最大区别在于前者可以更新。文本框的属性除表4-3所列外,还有一个重要的属性 Value。文本框的常用方法是 SetFocus(使文本框获得光标),常用事件是GotFocus、Click、LostFocus、Change 等,利用这些事件可以编写相应的事件过程代码以实现特定功能。

文本框可以是绑定型也可以是非绑定型。绑定型文本框用来与某个字段绑定;非绑定型文本框用来显示计算的结果或接受用户输入的数据,其中的数据不保存。

 提示

> 在默认情况下,将文本框、组合框等控件添加到窗体或报表中时,Access 都会在控件左侧加上关联标签。如果不要关联标签,则操作方法是:先在"控件"组中单击所需的控件,再在属性表中将"自动标签"属性项改为"否",最后添加控件。

3. 按钮

按钮(Command)是用来接收用户操作命令、控制程序流程的主要控件之一,其功能是被单击后执行各种操作,如"确定"、"关闭"、打开/关闭窗体、添加记录等。它的常用属性基本同表4-3"标签"常用属性一致,另外还有 Default 和 Cancel 属性。使用"按钮向导"可以创建多种不同类型的命令按钮。

下面通过一个例子来学习标签、文本框和命令按钮的使用方法。

【例4-7】在"学生成绩管理"数据库中创建一个显示学生年龄的窗体,设计结果如图4-39所示。

操作步骤如下:

(1)在"创建"选项卡"窗体"组中,单击"窗体设计"按钮。

(2)右键单击窗体空白处,打开"窗体页眉/页脚",为窗体添加页眉和页脚。

(3)在窗体的页眉处添加显示"学生基本信息"的标签。单击"控件"组中的"Aa"按钮,鼠标指针变为"⁺A"后在窗体页眉处拖放出一个矩形,同时输入"学生基本信息"作为标签的标题。在"标签"属性窗口的"格式"选项卡中,把"字体名称"设为"隶书","字号"设为"28","前景色"设为"突出显示"。最后把鼠标指针移到标签左上角的小方块,鼠标指针变为十字方向光标指向时,按住鼠标左键将标签移到适当位置,调整标签大小。将"窗体"的"记录源"属性设置为"学生","导航按钮"属性设为"否","最大最小化按钮"属性设为"无","分割线"设为"是"。

(4)打开"字段列表"对话框,依次双击"学生"表的"学号"、"姓名"和"照片"字段,这些字段都被添加到空白窗体中。调整这些控件的位置,关闭"字段列表"对话框。

(5)在"控件"组中,单击"文本框"按钮,在"姓名"的下方拖放出一个矩形,系统将创建一个文本框和对应的标签。点击这个标签,将其标题属性设置为"年龄",将文本框的"控件来源"设置为"＝Year(Date())-Year([出生日期])"。

(6)在"控件"组中,单击"文本框"按钮,在"属性表"中,将"自动标签"属性值改为"否"。然后在窗体页脚处拖放出一个矩形，添加一个文本框，将该文本框的"控制来源"设为"＝Date（）"，"格式"改为"长日期"，"特殊效果"改为"蚀刻"。

（7）在"控件"组中，单击"其他"按钮 ，将"使用控件向导" 状态打开。在"控件"组中，单击"按钮"按钮 ，在窗体"主体"的右侧适当位置拖放出一个矩形，同时系统将打开"命令按钮向导"对话框，在"类别"中选择"记录导航"，在"操作"中选择"转至前一项记录"。单击"下一步"按钮，进入"请确定在按钮上显示文本还是显示图片"向导，单击"文本"单选按钮，并将右侧文本框中的内容改为"上一条(&P)"；单击"下一步"按钮，进入"请指定按钮的名称"向导，最后单击"完成"按钮。

用同样方法，添加一个按钮："类别"为"记录导航"，"操作"为"转至下一项记录"，"显示文本"为"下一条(&N)"。

再用同样方法，添加一个按钮："类别"为"窗体操作"，"操作"为"关闭窗体"，"显示文本"为"退出(&E)"。

（8）调整控件布局和大小，此时的设计视图如图 4-40 所示。保存该窗体为"例 4-7"，生成的窗体如图 4-39 所示。

图 4-39　运行后"显示学生年龄"的窗体

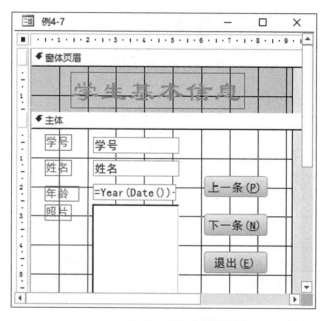

图 4-40　添加控件后的设计视图

👉提示

　　窗体页眉处显示"学生基本信息"的标签为独立标签,显示"学号"、"姓名"和"照片"3 个标签为关联标签。显示"学号"和"姓名"的两个文本框均是绑定型控件,显示"照片"内容的对象是绑定对象框控件。显示"年龄"的文本框是计算型控件,其中"＝Year(Date())-Year([出生日期])"为计算"年龄"的表达式(表达式前必须加"＝"号),即:年龄＝当前年份－出生年份,Year()为获取指定日期年份函数,Date()为获取当前系统日期的函数。

👉提示

　　命令按钮标题设为"上一条(&P)"后,在命令按钮上将显示"上一条(P)"。其中 P 表示访问键,若要访问该按钮,则只要同时按下 Alt 键和 P 键就可以了。

4. 组合框和列表框

　　组合框(Combo)又称为"下拉列表框",列表框(List)又称为"数值框",它们的作用主要是在数据输入时让用户从一个列表中直接选择需要的数据,而不必输入,让操作变得轻松,既保证输入的数据正确性,又提高了输入速度。它们的建立方法非常类似于"表"对象中建立查阅字段。组合框和列表框中的选项数据来源可以是数据表、查询,也可以是用户提供的一组数据。

　　组合框和列表框有"绑定型"和"非绑定型"两种情况。若要保存选择的值,则一般创建绑定型;若要使用选择的值来决定其他控件内容,则可以创建非绑定型。列表框由列表框和一个附加标签组成,可以包含一列或几列数据,用户只能从列表中选择值,不能输入数据;而组合框既可以输入数据,也可以在数据列表中进行选择,平时只显示一行数据,需要其他数据时,可以单击右侧的下拉箭头按钮；列表框和组合框的操作基本相同。

它们除了具有表 4-3 所列的一般属性外，还具有一系列与其他控件不同的属性，见表 4-4。常用的方法有 AddItem 方法（添加一项数据）和 RemoveItem 方法（删除一项数据），常用的事件有 Click、DblClick 等。

表 4-4 组合框/列表框的常用属性

属性名称	属性标识	功能
数据项	ListCount	数据项个数
选定项标号	ListIndex	选定项的下标号，无选定则为 −1
是否选定	Selected(n)	判断下标为 n 的数据项是否选定，选定为 −1，未选定为 0
值	Value	选定项的值
行来源	RowSource	可供选择的数据列表的数据源
行来源类型	RowSourceType	可供选择的数据列表的数据源类型

【例 4-8】 在"例 4-7"的基础上，为窗体添加一个显示"专业编号"的组合框和一个显示"生源"的文本框。

操作步骤如下：

(1)选择"例 4-7"窗体，复制并粘贴为"例 4-8"窗体。

(2)用"设计视图"打开"例 4-8"窗体，调整"主体"的布局使其能有添加控件的空间，如图 4-41 所示。

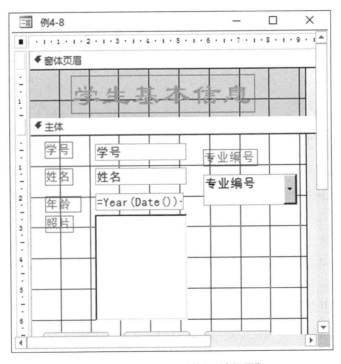

图 4-41 调整布局后的"设计视图"

（3）在"控件"组中，单击"组合框"按钮 ，在窗体主体中的右侧拖放出一个矩形，松开鼠标后弹出如图 4-42 所示"组合框向导"第 1 步，选中"使用组合框获取其他表或查询中的值"单选按钮。

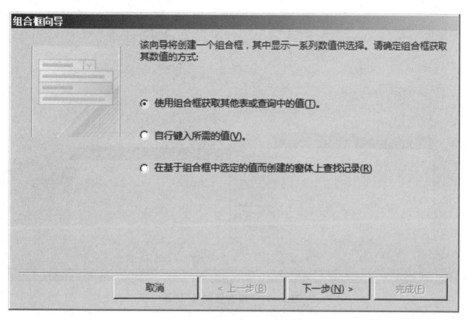

图 4-42　"组合框向导"的第 1 步

（4）单击"下一步"，打开"组合框向导"的第 2 步，要求选择为组合框提供数值的表或查询。这里选择"表：专业"，如图 4-43 所示。

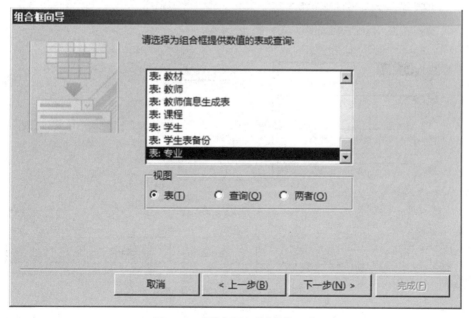

图 4-43　"组合框向导"的第 2 步

(5)单击"下一步"按钮,打开"组合框向导"的第 3 步,确定哪些字段中含有准备包含到组合框中的数值。将"专业编号"和"专业名称"字段添加到"选定字段"列表框中,如图 4-44 所示。

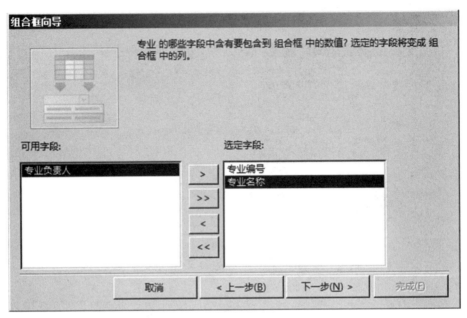

图 4-44 "组合框向导"的第 3 步

(6)单击"下一步"按钮,打开"组合框向导"的第 4 步,确定列表使用的次序。这里将第一个排序关键字设置为"专业编号",并指定以"升序"方式排序,如图 4-45 所示。

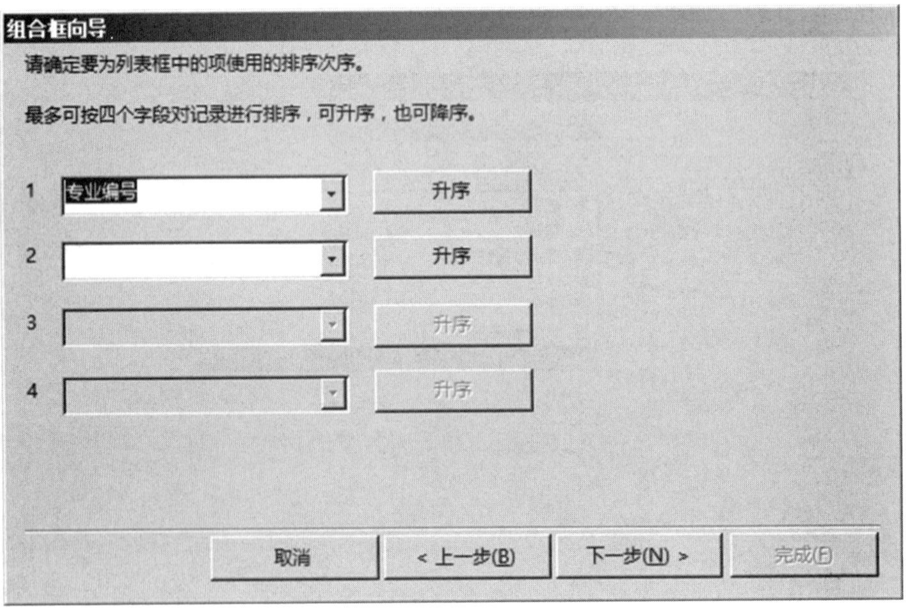

图 4-45 "组合框向导"的第 4 步

(7)单击"下一步"按钮,打开"组合框向导"的第 5 步,指定组合框中列的宽度,并可以设置隐藏键列。这里取消默认的"隐藏键列"选项,如图 4-46 所示。

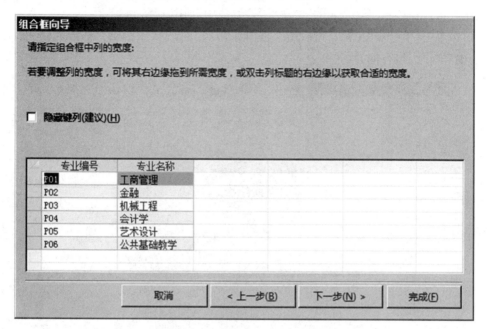

图 4-46 "组合框向导"的第 5 步

(8)单击"下一步"按钮,打开"组合框向导"的第 6 步,在这一步中确定组合框中哪一列含有准备在数据库中存储或使用的数值。这里选择"专业编号",如图 4-47 所示。

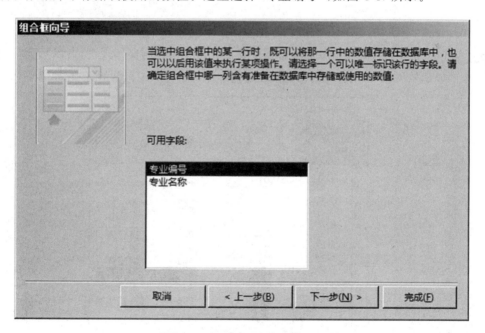

图 4-47 "组合框向导"的第 6 步

(9)单击"下一步"按钮,打开"组合框向导"的第 7 步。这里选择"将该数值保存在这个字段中",并选定"专业编号"字段作为保存值的字段。这样当用户在这个组合框中进行选择后,所做更改将被保存到"学生"表的"专业编号"字段中,如图 4-48 所示。

(10)单击"下一步"按钮,打开"组合框向导"的第 8 步,要求为组合框指定标签。这里输入"专业编号"作为组合框的标签。

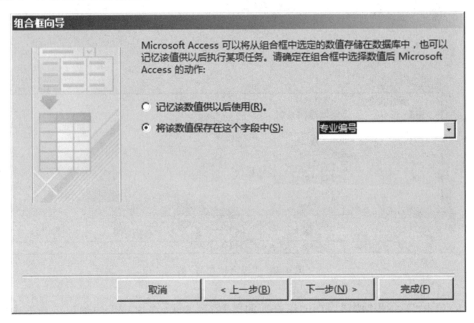

图 4-48 "组合框向导"的第 7 步

(11)单击"完成"按钮,系统会在窗体的主体节中创建一个包含关联标签的组合框,并将其绑定到"专业编号"字段。调整标签和组合框位置与大小。切换到窗体视图,可以看到"专业编号"组合框的显示效果,单击组合框的下拉按钮将显示出该组合框中包含的选项,如图 4-49 所示。

图 4-49 添加组合框后的窗体

列表框控件的添加方法与组合框相似。本例中,使用"组合框向导"为窗体添加了一个组合框控件,也可以先添加控件后再通过"属性"窗口设置完成,请读者自行练习。

5. 选项组

选项组(Frame)是一个容器型控件。在窗体和报表中,选项组由一个选项组框架和一组"选项按钮(Option)⊙"、"复选框(Check)☑"或"切换按钮(Toggle)▤"组成。选项组用来显示一组有限选项的集合,在选项组中每次只能选择一个选项。例如,在输入性别时可以使用两个单选按钮,一个表示"男"性,另一个表示"女"性。

如果选项组绑定到某个字段,则只是选项组框架本身绑定到此字段,而不是选项组框架内的复选框、选项按钮或切换按钮。选项组的"选项值"属性项只能设置为数字而不能是文本。可以创建数据类型为"数字"型(且为"整型"或"长整型")或"是/否"型的选项组。

添加选项组的方法:可以用"使用控件向导",也可以先添加"选项组"控件,然后在"选项组"控件上添加"选项按钮""复选框""切换按钮"等控件,最后通过"属性"窗口设置相关属性完成。

6. 图像

图像(Image)控件主要用于美化窗体,如可以放置开发单位的图徽等。图像控件的创建比较简单,单击"控件"组中的"图像"按钮▦,在窗体的合适位置上单击,系统提示"插入图片"对话框,选择要插入的图片文件即可。还可以通过"属性"窗口进一步设置相关属性,如设置"缩放模式"属性为"缩放"(拉伸/剪裁)。

在 Access 中,还可以用"OLE 对象"控件来显示图片。OLE 对象控件分为"未绑定对象框▦"和"绑定对象框▦"两种。用"未绑定对象框"插入图片,一般用来美化窗体;它是静态的,且不论窗体是在设计视图还是窗体视图,都可以看到图片本身。

"绑定对象框"显示的图片来自数据表,在表的"设计视图"中,该字段的数据类型应定义为"OLE 对象"。数据表中保存的图片只能在窗体的"窗体视图"下才能显示出来,在"设计视图"下只能看到一个空的矩形框。"绑定对象框"的内容是动态的,随着记录的改变,它的内容也随之改变。

7. 选项卡

当窗体中的内容较多,无法在一页中全部显示时,可以使用"选项卡"控件来进行分页显示,只需要单击选项卡对应的标签,就可以在多页面间进行页面的切换。它主要用于将多个不同格式的数据操作窗体封装在一个选项卡中。

【例 4-9】创建"学生信息浏览"窗体,在窗体中使用选项卡控件,一个页面显示"学生基本信息",另一页面显示"学生照片"。

操作步骤如下:

(1)打开一个新窗体的设计视图,把窗体的"记录源"属性值设为"学生"。

(2)在"控件"组中,单击"选项卡控件"按钮,在窗体主体的合适位置上单击,并调整其为合适大小。系统默认"选项卡"为 2 页,可根据需要使用鼠标右键插入新页。

(3)打开"属性表"窗格,分别设置"页 1"和"页 2"的"标题"属性为"学生基本信息"和"学生照片"。

（4）单击"学生基本信息"页面，在"字段列表"中同时选中"学号"、"姓名"、"性别"、"出生日期"和"生源"字段，拖放到"学生基本信息"页面中。

（5）单击"学生照片"页面，在"字段列表"中选中"照片"字段并拖放到"学生照片"页面中。

（6）把窗体保存为"例 4-9"，切换到"窗体视图"，显示结果如图 4-50 所示。

（a）页 1 显示结果 （b）页 2 显示结果

图 4-50　用"选项卡"显示学生信息

4.4　美化窗体

窗体的基本功能设计完成之后，需要对窗体和窗体上的控件进行进一步调整和格式设置，使窗体界面看起来更加完美、布局结构更加合理、使用更加方便。可以通过设置窗体或控件的"格式"属性对其进行美化，还可以通过应用主题和条件格式等功能进行外观设计。

4.4.1　窗体的布局及格式调整

在设计窗体时，经常要对其中的对象（控件）进行调整，如位置、大小、外观、颜色、特殊效果、排列等，使界面更加有序、美观、友好。

1. 选择对象

和其他 Office 工具一样，必须先选定设置对象，再进行操作。选定对象的方法如下：

（1）选定一个对象，只要单击该对象即可。

（2）选定多个对象（不相邻），按住 Shift 键（或 Ctrl）的同时，单击各个对象。

（3）选定相邻的多个对象，只要从空白处按住鼠标左键拖动，拉出一个虚线的矩形框，矩形框中的所有对象全部选中。

（4）选定所有对象（包括主体、页眉/页脚等），只要按 Ctrl＋A 键即可。

对象被选中后，其四周有可以调整大小的控制柄，而且左上角还有用于移动对象的控制柄（较大的灰色方块）。

2. 移动对象

选定对象后,当鼠标移到该对象的边沿时,鼠标变为"十字"箭头形,这时按住左键拖动鼠标就可移动对象。若该对象是关联对象,则关联的两个对象一起移动;若要移动其中一个对象,则把鼠标移到该对象左上角灰色方块,鼠标变为"十字"箭头形时即可移动该对象。

3. 调整对象大小

调整对象大小的方法有以下 4 种:

(1)选定对象后,将鼠标移到对象四周的控制柄(即小方块),控制柄变成双向箭头时,按住鼠标左键拖动即可调整对象的大小,还可以用 Shift 键和方向键做精细调整。

(2)选定对象后,将鼠标移到对象上点击右键,使用右键快捷菜单中的"大小"子菜单调整对象大小,如图 4-51 所示。

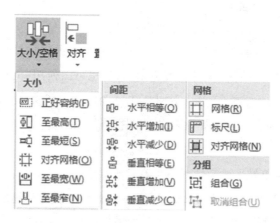

图 4-51　快捷菜单中的"大小"子菜单

(3)在"窗体设计工具"中,选择"排列"选项卡,点击"调整大小和排序"组的"大小/空格"按钮,从子菜单中选择需要的操作。

(4)使用"属性表"窗格,在"格式"选项卡中设置"宽度"和"高度"的具体数值。

4. 对象对齐

窗体中多个控件的排列布局不仅影响美观,而且影响工作效率。虽然可以使用鼠标拖动来调整对象的排列顺序和布局,但这种方法工作效率低,很难达到理想的效果。使用系统提供的控件对齐方式命令,可以很方便地设置对象的对齐。

操作步骤:首先选定要对齐的多个对象,再使用类似调整对象大小的(2)和(3)方法打开"对齐"子菜单,选择其中的一种对齐方式,可以使选中的对象向所需的方向对齐,如图 4-52 所示。

5. 对象间距

选定多个对象后,在"窗体设计工具"中,选择"排列"选项卡,点击"调整大小和排序"组的"大小/空格"按钮,从"间距"子菜单中选

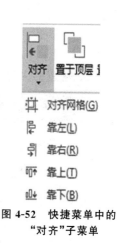

图 4-52　快捷菜单中的
"对齐"子菜单

择需要的间距操作,可以方便地调整多个对象之间的间距,包括垂直方向和水平方向的间距。可以将无规则的多个对象之间的间距调整为等距离,也可以逐渐增大或减少原来的距离。

4.4.2　窗体的外观设计

窗体除了为用户提供信息外,还应该色彩搭配合理,界面美观大方,使用户赏心悦目,工作效率提高。

1. 设置窗体背景

窗体的背景是窗体属性之一,可以用来设置窗体运行时窗体背景所呈现的方式,背景图案可以是 Windows 环境下各种常用图形格式的文件。

设置窗体背景的步骤如下:

(1)打开所需设置的窗体,切换到设计视图。

(2)打开"属性表"窗格,切换到"格式"选项卡,若想将窗体背景设置为图片,则设置"图片"属性:可以直接输入图形文件的文件名及完整路径,也可以使用"浏览"按钮，查找文件并添加图片文件到该属性,然后设置"图片类型"、"图片缩放方式"和"图片对齐方式"等属性;若想将窗体背景设置为背景色,则在"属性表"窗格中,选择"主体"对象,将其"背景色"属性设置为所需要的颜色即可。

2. 设置控件特殊效果

在"窗体设计工具"的"格式"选项卡中,可以设置控件的特殊效果,如设置字体、字号、字体颜色、按钮形状、边框颜色、边距等,如图 4-53 所示。

图 4-53　窗体设计工具的"格式"选项卡

3. 主题的应用

主题是修饰和美化窗体的一种快捷方式,它有一套统一的设计元素和配色方案,可以使数据库中的所有窗体具有统一的色调。在"窗体设计工具"的"设计"选项卡中,"主题"组包含 3个按钮:"主题"、"颜色"和"字体"。Access 2016 共提供了 44 套主题。

4. 条件格式的使用

控件的格式除了可以使用"属性表"窗格设置外,还可以根据控件的值,按照某个条件设置相应的显示格式。用设计视图打开要修改的窗体,选中需要使用条件格式且绑定某个字段的控件,在"窗体设计工具"的"格式"选项卡中,点击"条件格式"按钮,在弹出的"条件格式规则管理器"对话框中进行设置即可。

5. 添加提示信息

为了使界面更加友好、清晰,可以为窗体的一些控件添加提示信息。对于所有控件,可以将提示信息设置到控件的"控件提示文本"属性,窗体运行时,当光标移到该控件短暂停留时,系统会在控件边弹出该提示信息;对于绑定型控件,可以将提示信息设置到控件的"状态栏文字"属性,窗体运行时,当该控件获得焦点时,系统状态栏会弹出该提示信息。

4.5　窗体的高级设计

为了使创建的窗体具有实用性和整体性,以及类似 Windows 的应用系统特性,需要在窗体及控件对象中编写程序代码来实现一些特定功能,而且还需要设计主窗体、设置启动页面等。

4.5.1　窗体与控件的事件

事件是一种系统特定的操作,是能够被对象识别的动作,如按钮可以识别鼠标单击事件、双击事件等。为了使得对象在某一事件发生时能够做出所需要的反应,必须针对这一事件编写相应的代码来完成相应的功能。

实际上,窗体和控件的事件都有很多。这里通过两个简单例子来介绍一下事件的使用,主要是为第 8 章更复杂的编程做铺垫。

1. Click 事件

几乎所有的控件都有 Click 事件,即鼠标"单击"事件。对于"命令按钮"控件,最常用的事件即是此事件,在单击鼠标左键时执行此事件中的程序代码。

【例 4-10】创建如图 4-54 所示窗体,并为"显示"按钮编写适当代码,单击后显示结果如图 4-55 所示。

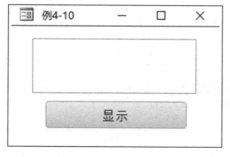

图 4-54　单击"显示"按钮前

图 4-55　单击"显示"按钮后

操作步骤如下:

(1)在"创建"选项卡"窗体"组中,单击"窗体设计"按钮,创建一个空白窗体。

(2)将窗体的"记录选择器"和"导航按钮"属性设为"否","滚动条"属性设为"两者皆无"。

(3)在窗体空白处,添加一个不带标签的文本框 Text0,将"字体名称"设为"微软雅黑","字号"设为"16","文本对齐"设为"居中"。

(4)在窗体中,添加一个按钮 Command0,将其"标题"属性设为"显示",在"属性表"窗格中,选择"事件"选项卡,单击"单击"事件属性右侧"生成器"按钮 ,打开"选择生成器"对话框,在对话框中选中"代码生成器",打开如图 4-56 所示程序代码编写窗口,并输入图中所示程序代码。

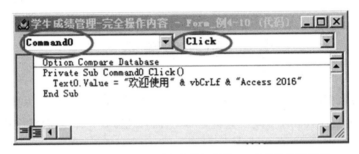

图 4-56 编写"Command0"命令按钮的"Click"事件代码窗口

(5)关闭程序编辑窗口,保存窗体为"例 4-10",切换到"窗体视图"模式,单击"显示"按钮,结果如图 4-55 所示。

☞ 提示

程序代码的含义是将"欢迎使用"& vbCrLf & "Access 2016" 表达式的值赋给文本框的 Value 属性。其中:"&"为字符串连接运算符,"vbCrLf"为 VB 的系统常量,表示回车换行符。

2. Timer 事件

在 VB 中提供的 Timer 时间控件可以实现计时功能,但在 Access 2016 中没有直接提供 Timer 时间控件,而是通过窗体的"计时器间隔"(TimerInterval)属性和"计时器触发"(OnTimer)事件来完成计时功能,"计时器间隔"(TimerInterval)属性值以毫秒为单位。

处理过程为:"计时器触发"(OnTimer)事件每隔"计时器间隔"(TimerInterval)属性所设的时间就激发执行一次。

【例 4-11】创建一个用文本框来动态显示系统时间的窗体,如图 4-57 所示。

操作步骤如下:

(1)在"创建"选项卡"窗体"组中,单击"窗体设计"按钮,创建一个空白窗体。

(2)将窗体的"记录选择器"和"导航按钮"属性设为"否","滚动条"属性设为"两者皆无","计时器间隔"属性值设为"1000"。

(3)在窗体空白处添加一个不带标签的文本框 Text1,将"字号"设为"16","文本对齐"设为"居中"。

(4)在"属性表"窗格中,选择"窗体"对象的"事件"选项卡,单击"单击"事件属性右侧"生成器"按钮 ,打开"选择生成器"对话框,在对话框中选中"代码生成器",打开如图 4-58 所示程序代码编写窗口,并输入图中所示程序代码。

(5)关闭程序编辑窗口,保存窗体为"例 4-11",切换到"窗体视图"模式,显示结果如图 4-57 所示。

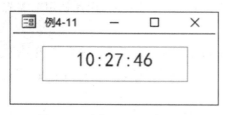

图 4-57　动态显示"系统时间"

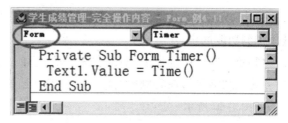

图 4-58　窗体的"Timer"事件程序代码

 提示

当窗体切换到"窗体视图"模式时,文本框显示的时间与系统时间是同步的。其中,Time()为系统时间函数。

4.5.2　设计切换面板

一个数据库应用系统通常是由很多具有不同功能的窗体组成的。为了便于用户操作,必须建立一个主窗体,把各个窗体有机地集中起来形成一个应用系统。在 Access 数据库中,切换面板就能实现此功能。

切换面板是一个特殊的窗体,它相当于一个自定义对话框,是由许多功能按钮组成的菜单(每个选项执行一个专门操作),通过选择菜单实现对所集成的数据库对象的调用,每级控制菜单对应一个界面,称为切换面板页;每个切换面板页包含相应的切换项(菜单项)。创建切换面板时,先要启动切换面板管理器,然后创建所有的切换面板页和每页上的切换项,设置默认的切换面板页为主切换面板(即主窗体),最后设置每一个切换项对应的操作内容。

【例 4-12】创建"教学管理系统"的切换面板。

各级切换面板和窗体关系如图 4-59 所示。

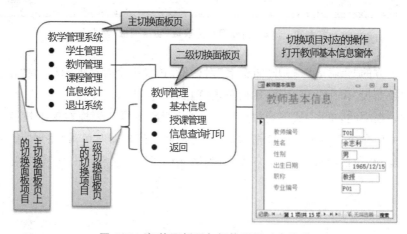

图 4-59　切换面板页与切换项目对应关系

操作步骤如下所述。

1. 添加切换面板管理器工具

由于 Access 2016 默认下未将"切换面板管理器"工具放在功能区中,因此使用前需先将其添加到功能区中。

(1)单击"文件"选项卡,单击左侧中的"选项"命令,打开"Access 选项"对话框,单击左侧的"自定义功能区",在右侧的"自定义功能区"选择:主选项卡和数据库工具,单击下方的"新建组",如图 4-60 所示。

图 4-60 添加"新建组",为改成"切换面板"做准备

(2)单击下方的"重命名",打开"重命名"对话框,选择一个合适的图标,在"显示名称"文本框中输入"切换面板"作为分组名称,然后单击"确定"。

(3)在对话框中间,单击"从下列位置选项命令"下的下拉列表框右侧下拉箭头按钮,选择"不在功能区中的命令";在下方列表框这选择"切换面板管理器",单击"添加"按钮,将"切换面板管理器"添加到"切换面板(自定义)"组中,如图 4-61 所示,然后单击"确定",关闭"Access 选项"对话框。

图 4-61　将"切换面板管理器"添加到数据库工具中

2. 启动切换面板管理器

（1）单击"数据库工具"选项卡，单击"切换面板"组中的"切换面板管理器"按钮，第一次使用切换面板管理器会弹出"切换面板管理器"提示框，提示"切换面板管理器在该数据库中找不到有效的切换面板，是否创建一个？"。

（2）单击"是"按钮，弹出"切换面板管理器"对话框，如图 4-62 所示。此时，"切换面板页"列表框中已有一个由 Access 创建的"主切换面板（默认）"页。

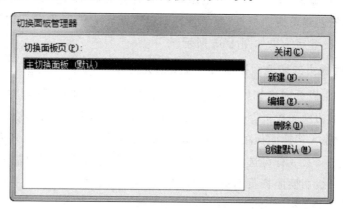

图 4-62　"切换面板管理器"对话框

3. 创建所有需要使用到的切换面板页

根据图 4-59 的设计要求,"教学管理系统"包含 5 个切换面板页:主切换面板页(教学管理系统)和二级切换面板页(学生管理、教师管理、课程管理、信息统计)。

这里先创建二级切换面板页:单击切换面板管理器中的"新建"按钮,在"切换面板页名"下输入"学生管理",创建"学生管理"切换面板页,如图 4-63 所示。用相同的方法创建"教师管理""课程管理""信息统计"切换面板页,创建结果如图 4-64 所示。

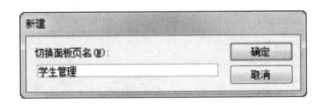

图 4-63 创建"学生管理"切换面板页

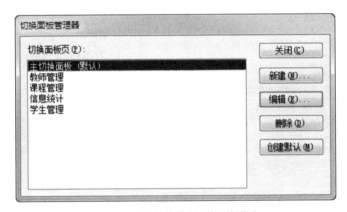

图 4-64 添加其他"切换面板"后

4. 设置默认的切换面板页(主切换面板页)

系统启动切换窗体时,首先打开的是默认切换面板页。有两种方法设置默认的切换面板页:①直接将 Access 创建的"主切换面板(默认)"改名成为默认的切换面板页。单击"切换面板管理器"对话框的"编辑"按钮,在弹出的编辑切换面板页中,将"主切换面板"改为本例的"教学管理系统"。②先创建切换面板页"教学管理系统",并将它设置为默认切换面板页,然后删除"主切换面板"。设置后结果如图 4-65 所示。

5. 创建切换面板页的切换面板项目并设置相关内容

为每一个切换面板页创建切换面板项目,方法如下:选择要设置的切换面板页,单击"编辑"按钮,打开"编辑切换面板页"对话框,单击"新建"按钮,打开"编辑切换面板项目"对话框,在"文本"文本框中输入切换面板项目名称,如"学生管理",在"命令"下拉列表选项中选择该项目要执行的操作命令(共 8 种可选命令,见表 4-5),然后根据命令的需要输入或选择相应的命令参数,如选择下一级切换面板页名称或宏命令等,然后单击"确定"按钮完成一个切换面板项目的创建,如图 4-66 所示。

图 4-65　设置默认切换面板页后

表 4-5　切换面板中的可选命令

"命令"选项	说明
转至"切换面板"	打开另一个切换面板
在"添加"模式下打开窗体	在数据输入模式下打开一个窗体
在"编辑"模式下打开窗体	在添加、删除和编辑模式下打开一个窗体
打开报表	打开一个报表
设计应用程序	打开切换面板管理器编辑切换面板
退出应用程序	退出应用程序
运行宏	执行一个指定的宏
运行代码	执行一个模块中的函数

图 4-66　创建切换面板页上的切换面板项目

　　用相同的方法对所有各级别切换面板页上的切换面板项目进行创建。本例中"教师管理"二级切换面板页上"基本信息"切换面板项目的设置如图 4-67 所示。

图 4-67　打开窗体的切换面板项目

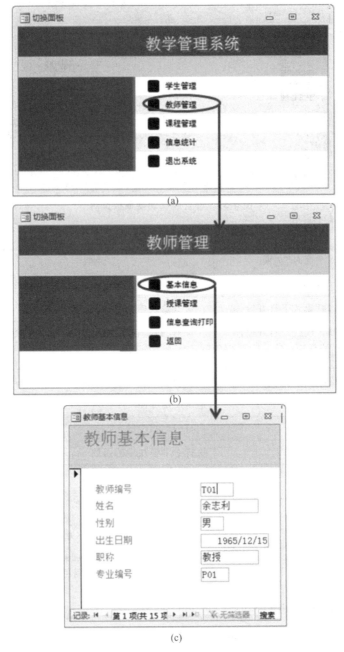

图 4-68　切换面板创建效果

在主切换面板中还需要创建一个"退出系统"切换面板项目来实现退出应用系统的功能：在"编辑切换面板页"对话框，单击"新建"按钮，打开"编辑切换面板项目"对话框，在"文本"文本框中输入"退出系统"，在"命令"下拉菜单选项中选择"退出应用程序"，单击"确定"按钮。在二级以下切换面板中也需要创建一个"返回"切换面板项目来实现结束当前切换面板页返回上一级切换面板页的功能：在"编辑切换面板页"对话框，单击"新建"按钮，打开"编辑切换面板项目"对话框,在"文本"文本框中输入"返回",在"命令"下拉菜单选项中选择"转至"切换面板'",在"切换面板"下拉菜单选项中选择上一级切换面板名称,如"教学管理系统",单击"确定"按钮。

创建完成后,关闭切换面板管理器.这时,Access 在"窗体"对象中增加了一个名为"切换面板"的窗体,并且在"表"对象中也增加了一个名为"Switchboard Items"的表,用于存储"切换面板"中命令的名称、操作、参数及次序。双击启动"切换面板"窗体,即可看到如图 4-68(a)所示界面,单击其中的"教师管理"即可看到如图 4-68(b)所示界面,单击"基本信息"即可看到如图 4-68(c)所示界面。为方便使用,可将"切换面板"窗体名称和窗体标题改为"教学管理系统"。

4.5.3　设置启动窗体

切换面板的设计完成后,可以将它设置为在启动数据库时能自动打开切换面板,这样,用户就可以通过切换面板提供的菜单功能,方便地使用数据库系统。

【例 4-13】将"例 4-12"创建的"切换面板"设置为启动窗体。

(1)单击"文件"选项卡,单击左侧中的"选项"命令,打开"Access 选项"对话框,单击左侧的"当前数据库",在"应用程序选项"中,在应用程序标题文本框中输入"教学管理系统",这样打开数据库时,在 Access 窗口的标题栏将显示"教学管理系统";单击应用程序图标文本框右侧的"浏览"按钮,找到所需图标文件并打开,Access 图标将会被这个图标代替。

(2)设置自动打开的窗体。在"应用程序选项"中,从"显示窗体"右边的下拉列表中,选择"切换面板"(或"教学管理系统")窗体,将该窗体作为启动后显示的第一个窗体,这样打开数据库后,Access 会自动打开该窗体。

(3)在"导航"中,取消选中的"显示导航窗格",单击"确定"。

提示

当数据库设置了启动窗体,在打开数据库时想终止自动运行的启动窗体,可以在打开这个数据库的过程中,按住 Shift 键,即进入数据库应用系统的设计模式。

4.5.4　设置导航窗体

切换面板管理器可以直接将数据库中的对象集成在一起,形成一个操作简便的应用系统,但创建前要求用户设计每一个切换面板页和每页上的切换面板项目,以及每个切换面板页之间的关系,创建过程相对复杂,缺乏直观性。导航窗体的使用则相对简单、直观:在导航窗体中,可以选择导航按钮的布局,也可以在所选布局上直接创建导航按钮,并通过这些按钮将已建数据库对象集成在一起形成数据库应用系统。

【例 4-14】使用"导航"按钮,创建"例 4-12"中各窗体关系如图 4-59 的窗体。

操作步骤如下:

(1)在"创建"选项卡的"窗体"组中,单击"导航"按钮,从弹出的下拉列表中选择一个所需的窗体样式,如选择"水平标签和垂直标签,右侧"选项,进入导航窗体的布局视图。此时可以将一级功能按钮放在水平标签上,将二级功能按钮放在垂直标签上。

(2)在水平标签上,单击"新增",输入"学生管理",添加一个一级功能按钮。使用相同的方法创建其他的一级功能按钮("教师管理"、"课程管理"、"信息统计"和"退出系统")。

(3)在水平标签上,选择一个功能按钮,如"教师管理",然后在垂直标签上单击"新增",输入"基本信息",这样就在"教师管理"功能按钮下添加了一个二级功能按钮。使用相同的方法创建"教师管理"功能按钮下其他的二级功能按钮("授课管理"和"信息查询打印")。

(4)为"教师管理"的"基本信息"按钮添加功能。右键单击"基本信息"功能按钮,选择快捷菜单中的"属性",打开"属性表"窗格,选择"事件"选项卡,在"单击"事件中选择事先建立好的"打开教师基本信息窗体"宏(关于宏的创建和使用将会在后续的章节介绍)。使用相同的方法设置其他功能按钮。

(5)将系统原来设置的导航窗体标题"导航窗体"修改为"教学管理系统"标题:①修改导航窗体上方的标题。单击导航窗体上方显示"导航窗体"文字的标签控件,在"属性表"窗格中,选择"格式"选项卡,在"标题"属性中输入"教学管理系统"。②修改导航窗体标题栏上的标题。单击"属性表"窗格上方对象下拉列表右侧的下拉箭头按钮,从弹出的下拉列表中选择"窗体"对象,选择"格式"选项卡,在"标题"属性中输入"教学管理系统"。

(6)切换到"窗体视图",单击"教师管理",即可看到导航窗体运行的效果,如图 4-69 所示。

图 4-69　导航窗体运行效果

 本章小结

窗体是用户和数据库之间的接口,数据库的使用与维护大多数是通过窗体来完成的。使用向导能够创建各种类型的数据操作类窗体,如纵栏式、表格式、数据表、主/子窗体、图表、数据透视表等。

在窗体设计视图中,不仅可以修改任何已有的窗体,还可以通过控件、属性的使用设计个性化的用户界面。常用的控件包括标签、文本框、组合框、列表框、复选框、选项卡、选项组、按钮、子窗体/子报表等。

为了使创建的窗体具有整体性和实用性,以及类似 Windows 的应用系统特性,需要增加主窗体(切换面板或导航窗体)用于功能模块选择,并且设置启动窗体。

思考与练习

一、思考题

4.1 简述窗体的主要功能。

4.2 创建窗体有哪些方法? 各有哪些特点?

4.3 窗体有几种类型? 各有什么作用?

4.4 窗体中的"导航按钮"、"记录选择器"和"分隔线"分别是指哪里? 如何让它们不显示?

4.5 什么是"绑定型"对象? 什么是"非绑定型"对象? 各举一例说明。

4.6 什么情况下需要使用"标签"? 什么情况下需要使用"文件框"? 各举一例说明。

4.7 组合框和列表框在窗体中使用有何异同?

4.8 如何给窗体设定数据源?

4.9 窗体设计中常用控件需要设置哪些属性?

4.10 切换面板和导航窗体有何异同? 它们的主要作用是什么?

二、选择题

(1)窗体类型中不包括(　　　)。

    A. 纵栏式　　　　　B. 数据表　　　　　C. 表格式　　　　　D. 文档式

(2)哪一种创建窗体的方法在创建完成后会保存两个对象? (　　　)。

    A. 切换面板　　　　B. 空白窗体　　　　C. 窗体向导　　　　D. 多个项目

(3)属性窗格中哪个选项卡中的属性可以设置多数控件的外观或窗体的显示格式? (　　　)。

    A. 格式　　　　　　B. 数据　　　　　　C. 事件　　　　　　D. 其他

(4)在窗体中,标签的"标题"是标签控件的(　　　)。

    A. 自身宽度　　　　B. 名称　　　　　　C. 大小　　　　　　D. 显示内容

(5)确定一个控件在窗体或报表上的位置的属性是(　　　)。

    A. Width 或 Height　　　　　　　　　B. Width 和 Height

    C. Top 或 Left　　　　　　　　　　　D. Top 和 Left

(6)Access 数据库中,哪个控件主要用来交互式输入或编辑文本型或数字型字段数据? (　　　)。

    A. 标签控件　　　　B. 组合框控件　　　C. 复选框控件　　　D. 文本框控件

(7)为窗体指定数据来源后,在窗体设计视图中,可以双击(　　　)窗格中数据源的字段建立对应的绑定型控件。

    A. 属性表　　　　　B. 工具箱　　　　　C. 自动格式　　　　D. 字段列表

(8)主要用于显示、输入、更新数据库中的字段的控件的类型是(　　　)。

    A. 绑定型　　　　　B. 非绑定型　　　　C. 计算型　　　　　D. 非计算型

(9)假设已在 Access 中建立了包含"书名"、"单价"和"数量"3 个字段的表"图书订单表",

以该表为数据源创建的窗体中,有一个计算订购总金额的文本框,其控件来源为(　　)。

  A.［单价］＊［数量］

  B. ＝［单价］＊［数量］

  C.［图书订单表］!［单价］＊［图书订单表］!［数量］

  D. ＝［图书订单表］!［单价］＊［图书订单表］!［数量］

 (10)要改变窗体上文本框控件的数据源,应设置的属性是(　　)。

  A. 记录源　　　　　B. 控件来源　　　　C. 筛选查询　　　　D. 默认值

 (11)可以通过某个属性来控制对象是否可用(不可用时显示为灰色状态),该属性是(　　)。

  A. Default　　　　B. Cancel　　　　C. Enabled　　　　D. Visible

 (12)若要求在文本框中输入文本时,显示为"＊"号,则应设置的属性是(　　)。

  A. "默认值"属性　　B. "标题"属性　　C. "密码"属性　　D. "输入掩码"属性

 (13)在"窗体视图"中显示窗体时,要使窗体中没有记录选择器,应将窗体的"记录选择器"属性值设置为(　　)。

  A. 是　　　　　　　B. 否　　　　　　　C. 有　　　　　　　D. 无

 (14)为窗口中的命令按钮设置单击鼠标时发生的动作,应选择设置其属性对话框的(　　)。

  A. 格式选项卡　　B. 事件选项卡　　C. 方法选项卡　　D. 数据选项卡

 (15)在 Access 中已创建好含有可以存放"照片"字段的表,在使用向导为该表创建窗体时,"照片"字段所使用的默认控件是(　　)

  A. 图像框　　　　B. 绑定对象框　　C. 非绑定对象　　D. 列表框

 (16)"特殊效果"属性值用于设定控件的显示效果,下列不属于"特殊效果"属性值的是(　　)。

  A. 平面　　　　　　B. 凸起　　　　　　C. 蚀刻　　　　　　D. 透明

 (17)窗体事件是指操作窗体时所引起的事件,下列不属于窗体事件的是(　　)。

  A. 打开　　　　　　B. 关闭　　　　　　C. 加载　　　　　　D. 取消

 (18)以下有关选项组叙述错误的是(　　)。

  A. 如果选项组绑定到某个字段,实际上是绑定组框架本身而不是组框架内的复选框、选项按钮或切换按钮绑定到该字段上

  B. 选项组可以设置为表达式

  C. 使用选项组,只要单击选项组中所需的值,就可以为字段选定数据值

  D. 选项组中不能接受用户的输入

 (19)Access 数据库中,用于输入或编辑字段数据的交互控件是(　　)。

  A. 文本框控件　　B. 标签控件　　　C. 复选框控件　　　D. 组合框控件

 (20)Access 数据库中,若要求在窗体上设置输入的数据是取自某一个表或查询中记录的数据,或者取自某固定内容的数据,则可以使用的控件是(　　)。

  A. 选项组控件　　　　　　　　　　　B. 列表框或组合框控件

  C. 文本框控件　　　　　　　　　　　D. 复选框、切换按钮、选项按钮控件

![选择题参考答案图标] 【选择题参考答案】

(1)D　(2)A　(3)A　(4)D　(5)D　(6)D　(7)D　(8)A　(9)B　(10)B
(11)C　(12)C　(13)B　(14)B　(15)B　(16)D　(17)D　(18)D　(19)A　(20)B

三、操作题

实验 1　使用"自动创建窗体"工具创建窗体

【实验目的】

掌握使用"自动创建窗体"创建窗体的方法和步骤。

【实验内容】

(1)在"学生成绩管理"数据库中,以"教材"表为数据源建立一个"纵栏式"窗体,显示全部字段。完成后的窗体效果如图 1 所示。

(2)在"学生成绩管理"数据库中,以"专业"表为数据源建立一个"表格式"窗体,显示全部字段。完成后的窗体效果如图 2 所示。

图 1　"教材"纵栏式窗体

图 2　"专业"表格式窗体

(3)在“学生成绩管理”数据库中,以“学生”表为数据源建立一个“数据表”窗体,显示全部字段。完成后的窗体效果如图3所示。

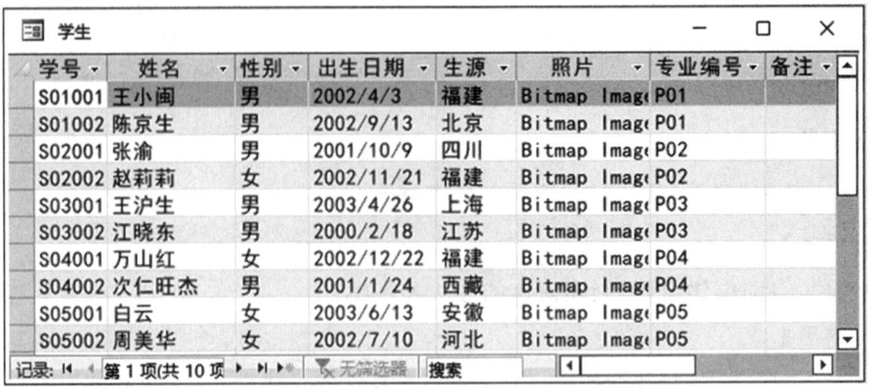

学号	姓名	性别	出生日期	生源	照片	专业编号	备注
S01001	王小闽	男	2002/4/3	福建	Bitmap Image	P01	
S01002	陈京生	男	2002/9/13	北京	Bitmap Image	P01	
S02001	张渝	男	2001/10/9	四川	Bitmap Image	P02	
S02002	赵莉莉	女	2002/11/21	福建	Bitmap Image	P02	
S03001	王沪生	男	2003/4/26	上海	Bitmap Image	P03	
S03002	江晓东	男	2000/2/18	江苏	Bitmap Image	P03	
S04001	万山红	女	2002/12/22	福建	Bitmap Image	P04	
S04002	次仁旺杰	男	2001/1/24	西藏	Bitmap Image	P04	
S05001	白云	女	2003/6/13	安徽	Bitmap Image	P05	
S05002	周美华	女	2002/7/10	河北	Bitmap Image	P05	

图3 “学生”数据表窗体

实验2 使用“窗体向导”和“设计视图”工具创建窗体

【实验目的】

(1)掌握使用“窗体向导”创建窗体的方法。

(2)掌握使用“设计视图”修改窗体的方法。

(3)掌握创建控件的方法。

【实验内容】

以“学生”表为数据源设计“学生名单”窗体,要求显示“学号”、“姓名”、“性别”、“出生日期”和“生源”这5个字段。窗体的“默认视图”属性为“连续窗体”,只有垂直滚动条;在打印预览视图中页眉显示“学生名单”,页脚显示日期、人数和页数信息。

【操作步骤】

(1)使用“窗体向导”创建一个名为“学生名单”的“纵栏表”窗体。将窗体主体中的每个字段对应的文本框控件的关联标签移动到窗体页眉;在窗体页眉中对这些标签调整大小和位置,在页面页眉添加“学生名单”标签。

(2)在页面页脚处添加3个文本框。第一个文本框的控件来源为“=Date()”;第二个文本框的控件来源为“=Count([学号])”;第三个文本框的控件来源为“= "第" & [page] & "页 共" & [pages] & "页" ”,用来显示页码,可以通过表达式生成器来快速设定,如图4所示。

(3)对各控件的布局和大小进行调整,使之对齐,并根据喜好设置窗体页眉的背景色,以及各控件的字体、字号、颜色等。完成后的窗体设计视图如图5所示。

(4)对窗体属性设置:“默认视图”为“连续窗体”,“滚动条”为“只垂直”,“记录选择器”为“否”,“允许编辑”、“允许删除”和“允许添加”均为“否”。窗体视图的效果如图6所示[打印设置:横向,纸张信封#9(9.84厘米×22.54厘米)]。

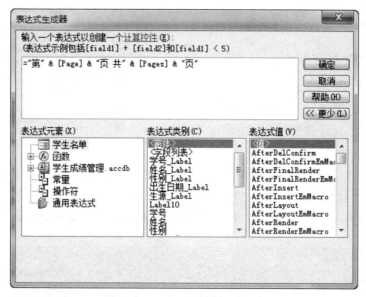

图 4　用"表达式生成器"设置页码

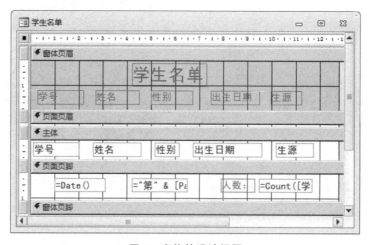

图 5　窗体的设计视图

(a) 窗体视图的显示效果　　　　　　　　　　　　(b) 打印预览的效果

图 6　"学生名单"窗体

实验 3　　创建主/子窗体

【实验目的】

(1)掌握使用"窗体向导"创建主/子窗体的方法和步骤。

(2)掌握使用"设计视图"创建主/子窗体的方法和步骤。

【实验内容】

(1)使用"窗体向导"创建主/子窗体。主窗体的数据源为"教师"表的"教师编号"、"姓名"和"职称"，子窗体的数据源为"课程"表的"课程编号"、"课程名称"和"学时"。因本实验内容是按向导逐步完成的，操作方法比较简单，这里就不详细描述，完成后的效果如图 7 所示。

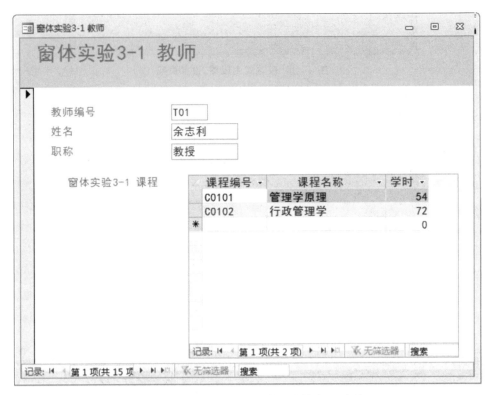

图 7　按"教师"表和"课程"表创建的主/子窗本

(2)使用"设计视图"创建主/子窗体。主窗体以"学生"表为数据源，显示字段为"学号"、"姓名"、"性别"、"出生日期"、"生源"和"照片"等字段，名称为"学生成绩浏览"；右方包含"学生成绩浏览子窗体"，其显示字段为"课程名称"、"学分"和"成绩"，并在右下角添加文本框进行成绩统计。

【操作步骤】

(1)因为子窗体的数据源来自"课程"和"成绩"两个表，所以先建立一个"课程成绩"查询，包含字段有：学号、课程名称、学分和成绩。

(2)新建一个名为"窗体实验 3-2 学生成绩浏览"的空窗体，在"设计视图"模式下，将窗体的记录源设为"学生"，从"字段列表"中将"学号"、"姓名"、"性别"、"出生日期"、"生源"和"照片"等字段拖动到窗体左边,并将所有文本框的"可用"属性设为"否","是否锁定"属性设为"是",在左上方添加一个标题为"学生基本信息"的标签。调整各控件的位置,设计结果如图 8 所示。

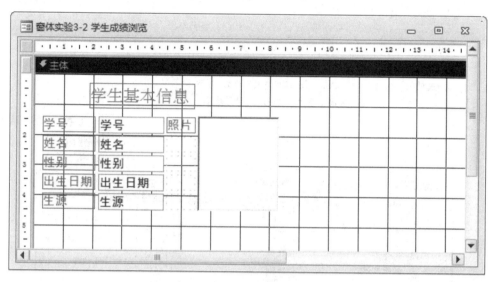

图 8 "学生成绩浏览"主窗体的设计视图

(3)在"设计视图"模式下,在照片的右边添加"子窗体/子报表"控件,在"子窗体向导"对话框中,选中"使用现有的表和查询",将"课程成绩"查询中的所有字段选定,建立一个名为"窗体实验 3-2 课程成绩子窗体"的子窗体。在子窗体的窗体页脚中添加两个文本框,将第一个文本框的名称设为"课程数","控件来源"设为"=Count([课程名称])";将第二个文本框的名称设为"总分","控件来源"设为"=Sum([成绩])",设计结果如图 9 所示。

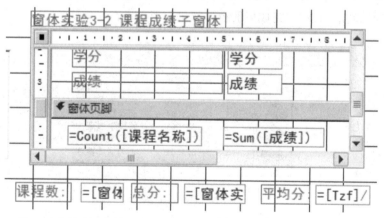

图 9 "窗体实验 3-2 课程成绩子窗体"与子窗体下文本框的设计视图

(4)在"窗体实验 3-2 学生成绩浏览"主窗体中,于"窗体实验 3-2 课程成绩子窗体"子窗体的下方,添加 3 个文本框。第一个文本框的名称设为"Tkcs",其关联标签标题为"课程数:","控件来源"为"=[窗体实验 3-2 课程成绩子窗体].[Form].[课程数]",可以通过表达式生成器来快速设定,如图 10 所示;第二个文本框的名称设为"Tzf",其关联标签的标题为"总分:","控件来源"为"=［窗体实验 3-2 课程成绩子窗体］.［Form］!［总分］";第三个文本框的关联标签标题为"平均分:",其"控件来源"为"=［Tzf］/［Tkcs］"。这 3 个文本框的"可用"属性均设为"否","是否锁定"属性均设为"是"。

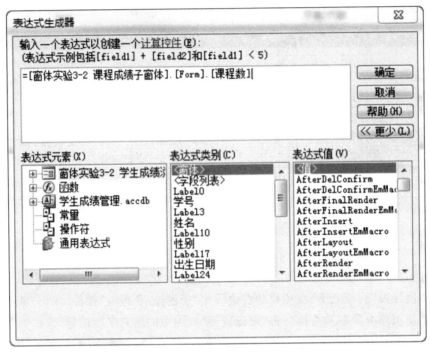

图 10　用"表达式生成器"设置"控件来源"属性

（5）最后将所有标签和文本框等控件的字体、填充颜色、边框颜色等按图进行设置,同时去掉"记录选择器"和"滚动条"。完成后的窗体效果如图 11 所示。

图 11　"学生成绩浏览"主/子窗体

实验 4　创建数据透视表窗体

【实验目的】

掌握使用"窗体向导"创建数据透视表窗体的方法和步骤。

【实验内容】

以"教师"表为数据源设计数据透视表窗体,用于分析教师不同职称与性别的人数关系,窗体的布局如图 12 所示,单击加号和减号进行信息的显示和隐藏。

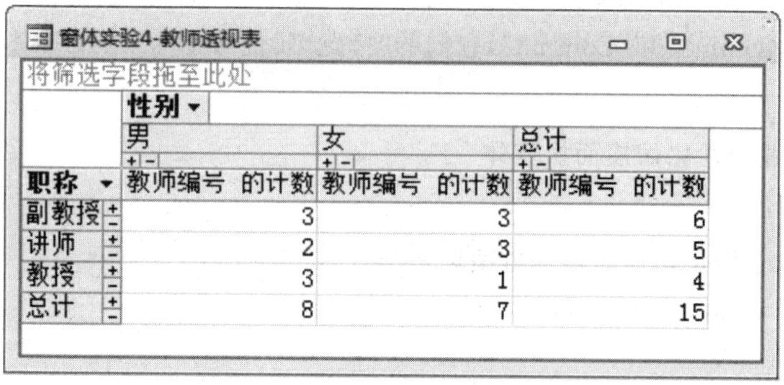

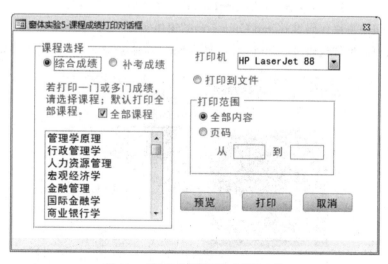

图 12　"教师"的数据透视表窗体

实验 5　常用控件的使用

【实验目的】

掌握各种常见控件的创建方法。

【实验内容】

创建"课程成绩打印对话框",效果如图 13 所示,其中"预览"、"打印"和"取消"按钮无响应事件。

图 13　"课程成绩"打印对话框窗体

本实验练习选项组、选项按钮、列表框、组合框、复选框、文本框、按钮及标签等控件的创建方法,其中列表框的数据源来自"课程"表的"课程名称"字段。窗体的属性设置如下:"标题"为"课程成绩打印对话框","滚动条"为"两者均无","记录选择器"为"否","导航按钮"为"否","分隔线"为"否","自动居中"为"是","边框样式"为"对话框边框","最大最小化按钮"为"无"。

☞注意控件的"标题"和"名称"属性的区别:"标题"是用来显示说明性信息的,"名称"是用来标识控件的;每个控件都有"名称"属性,但不一定有"标题"属性,且在同一个窗体中"名称"的属性值是唯一的,"标题"可以重复。例如,"文本框"控件就没有"标题"属性,"命令按钮"控件就有"标题"属性。如可以把"预览"、"打印"和"取消"3 个命令按钮的"名称"属性值分别设为"Comm1"、"Comm2"和"Comm3",它们的"标题"属性分别为"预览"、"打印"和"取消"。

实验 6 创建个性化切换面板窗体

【实验目的】

(1)掌握创建个性化切换面板的方法和步骤。

(2)掌握各种控件的创建方法。

【实验内容】

创建一个如图 14 所示的"个性化切换面板"窗体,要求不能使用"切换面板管理器"来完成。单击矩形框内的 4 个按钮打开窗体实验所建立的对应窗体,单击"退出 Access"按钮则关闭 Access 数据库应用程序,保存为"窗体实验 6－个性化切换面板窗体"。本实验练习图像、按钮、矩形、标签等控件的使用。

【操作步骤】

分别添加图像、5 个按钮、矩形和标签,设置相应的属性,调整好位置和大小,然后设置按钮的单击事件代码:

"学生"按钮的事件代码:DoCmd.OpenForm"窗体实验1－3 学生";

"教材"按钮的事件代码:DoCmd.OpenForm"窗体实验1－1 教材";

"专业"按钮的事件代码:DoCmd.OpenForm"窗体实验1－2 专业";

"教师"按钮的事件代码:DoCmd.Close acForm,"窗体实验6－个性化切换面板窗体"。

图 14 创建"个性化切换面板"窗体

第 5 章

报表

一个完整的数据库系统必须具备以打印格式展现数据信息的功能。在传统的数据库系统开发中,这一功能通常需要程序员编写复杂的程序来实现。在 Access 中,数据库的打印格式设计通过报表对象来实现。使用报表对象,用户只要通过可视化的直观操作就可以快速地完成实用、美观的报表设计。报表对象不仅能够提供方便快捷、功能强大的报表打印格式,而且能够对数据进行分组统计和汇总。

本章知识结构导航如图 5-1 所示。

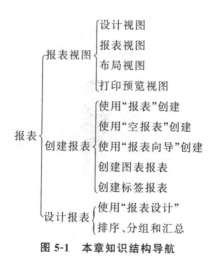

图 5-1 本章知识结构导航

5.1 认识报表

报表是 Access 数据库中的对象,是以打印格式展示数据信息的一种有效方式。报表的操作对象可以是表、查询或 SQL 语句,其他信息则存储在报表的设计中。用户通过调整报表上每个对象的大小和外观,可以按照所需的方式显示数据信息以方便查看。报表的主要作用是比较和汇总数据,可以将大量数据进行分组、排序和汇总,并最终生成数据的打印报表。

报表的设计与窗体的设计有许多相似之处,窗体控件的使用方法在报表设计中同样适用。窗体主要用于制作用户与系统交互的界面,报表主要用于数据库数据的打印输出。

5.1.1 报表的类型

报表主要分为 4 种类型：纵栏式报表、表格式报表、图表报表和标签报表。

1. 纵栏式报表

纵栏式报表以纵列方式显示同一记录中的多个字段，每行显示一个字段（图 5-2）。纵栏式报表中可以同时显示多条记录，还可以显示汇总数据和图形。

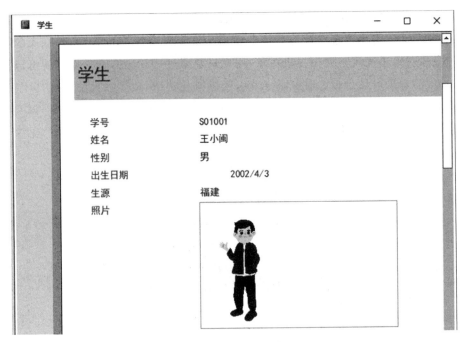

图 5-2 纵栏式报表

2. 表格式报表

表格式报表以表格形式打印输出数据，一般每行显示一条记录，每列显示一个字段（图 5-3）。表格式报表可以对数据进行分组汇总，是报表中较常用的类型。

3. 图表报表

图表报表是以图表方式显示的数据报表类型（图 5-4），它的优点是可以用图表直观地描述数据。Access 系统提供了图表控件来创建图表报表。

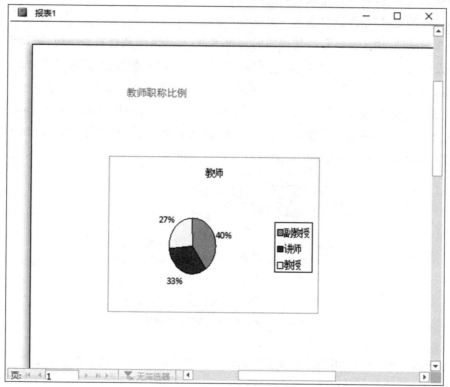

教师编号	姓名	性别	出生日期	职称	专业编号
T01	余志利	男	1975/10/24	教授	P01
T02	高晓兰	女	1990/2/21	讲师	P01
T03	钱程	男	1970/6/18	教授	P02
T04	高芸	女	1976/5/9	副教授	P02
T05	李志刚	男	1977/12/28	副教授	P03
T06	林森	男	1980/2/7	讲师	P03
T07	黄欣茹	女	1983/9/11	副教授	P04
T08	方明	男	1988/8/18	讲师	P04
T09	王艺琛	女	1975/6/6	教授	P05
T10	夏天	男	1978/4/17	副教授	P05
T11	郑志强	男	1980/6/23	教授	P06
T12	白枚	女	1987/8/22	讲师	P06
T13	李丽娜	女	1991/2/14	讲师	P06
T14	刘慧琴	女	1978/7/14	副教授	P06

图 5-3　表格式报表

教师职称比例

教师

27%　40%

33%

副教授
讲师
教授

图 5-4　图表报表

4. 标签报表

标签报表是一种特殊形式的报表,可以在一页中建立多个大小、样式一致的卡片(图5-5)。标签报表主要用于打印产品价格、书签、名片、信封、邀请函等简短信息,Access 将其归入报表对象中,并提供了创建向导。

学号:S01001　　　学号:S01002
姓名:王小闽　　　姓名:陈京生
专业:工商管理　　专业:工商管理

学号:S02001　　　学号:S02002
姓名:张渝　　　　姓名:赵莉莉
专业:金融　　　　专业:金融

学号:S03001　　　学号:S03002
姓名:王沪生　　　姓名:江晓东
专业:机械工程　　专业:机械工程

图 5-5　标签报表

5.1.2　报表的视图

Access 的报表操作提供了 4 种视图:报表视图、打印预览、布局视图和设计视图。

(1)报表视图:报表设计完成后展现出来的视图。

(2)打印预览:用于测试报表每一页的打印效果。

(3)布局视图:用于在显示数据的同时对报表进行设计,如调整报表结构、布局等。

(4)设计视图:用于创建报表,不仅可以设计报表的布局、排列、格式和打印页面,而且可以实现报表数据的排序、分组与汇总等。报表设计视图下,"报表设计工具"功能区包含"设计"、"排列"、"格式"和"页面设置"4 个选项卡,如图 5-6 所示。"设计"选项卡可以向报表添加控件、标题、页码、日期和时间、图像等对象,"排列"选项卡可以布局报表中的对象、调整对象大小等,"格式"选项卡可以对报表中的对象进行各种格式设置。

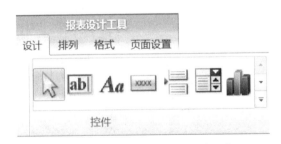

图 5-6　"报表设计工具"下的选项卡

在报表窗口中,单击"开始"选项卡"视图"组的"视图"按钮(图 5-7),可以任意更改报表视图。

图 5-7　报表的视图

5.1.3　报表的组成

报表一般由报表页眉、页面页眉、主体、页面页脚和报表页脚 5 部分组成，每一部分称为一个节。如果在报表中设计了分组，则在报表结构中增加组页眉和组页脚。报表中的信息可以分布在多个节中，每个节在页面上和报表中具有特定的次序，如图 5-8 所示。

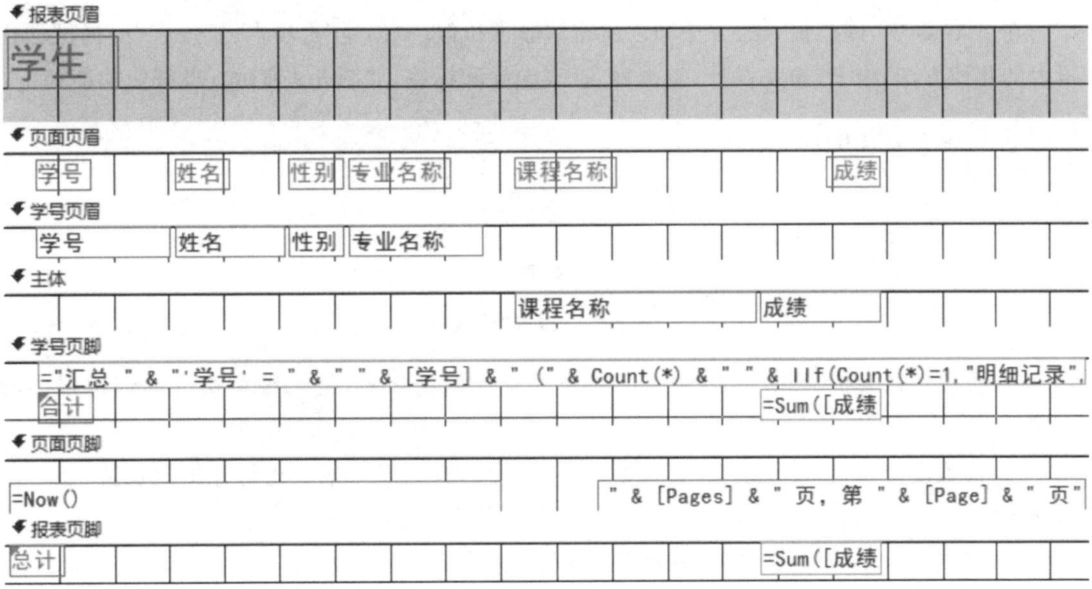

图 5-8　报表结构

所有报表都必须有主体节，其他节可以根据需要来选择添加或删除。

在报表设计视图中，报表的每个节只体现一次；在实际打印中，某些节可以重复多次打印。通过放置控件，用户可以确定每个节中信息的显示位置，同一信息放在不同的节中的效果是不同的。各节的作用如下：

（1）报表页眉。报表页眉位于报表的开始处，打印输出时只出现一次，一般用于显示报表的标题、使用说明、徽标等信息。

（2）页面页眉。在打印输出时，页面页眉在报表每页的顶端都显示一次，一般用于显示报表的列标题。

（3）主体。主体节是报表中显示数据的主要区域，打印输出时，对于报表数据来源的每条记录而言，该节重复显示。根据字段类型不同，字段数据使用不同类型的控件进行绑定显示。

（4）页面页脚。在打印输出时，页面页脚在报表每页的底部都显示一次，一般用于显示报表的页码、汇总说明、打印日期等。

（5）报表页脚。报表页脚位于报表的结束处，打印输出时只出现一次，一般用于显示整个报表的合计或其他的统计数字信息。

（6）组页眉/组页脚。为了方便阅读，还可以使用组页眉和组页脚为报表数据分组。打印输出时，组页眉在每组开始位置显示一次，组页脚在每组结束位置显示一次。图 5-8 中"学号页眉"和"学号页脚"就是组页眉和组页脚。组页眉和组页脚可以根据需要单独设置使用，也可以建立多层次的组页眉/组页脚。

5.2 快速创建报表

在 Access 中，创建报表的方法和创建窗体非常相似。"创建"选项卡的"报表"组提供创建报表的几种方法：报表、报表设计、空报表、报表向导和标签，如图 5-9 所示。各按钮功能如下：

图 5-9 "报表"选项组

（1）报表。以表格形式，为当前选定的表或查询创建报表，是一种最快捷的创建报表的方式。

（2）报表设计。以"设计视图"方式创建一个空报表，可以对报表进行详细的设置，还可以添加控件。

（3）空报表。以"布局视图"方式创建一个空报表。

（4）报表向导。以向导的方式逐步引导用户创建一个自定义的报表。

（5）标签。为当前选定的表或查询创建标签式报表。

一般情况下，先使用"报表"、"空报表"或"报表向导"自动生成报表，然后在"设计视图"中，对已创建的报表进行进一步的设计和修改。

5.2.1　使用"报表"创建报表

【例 5-1】为"教师"表创建表格式教师信息报表,显示的字段包括:教师编号、姓名、性别、出生日期、职称和专业编号,打印预览效果如图 5-3 所示。

操作步骤如下:

(1)单击导航窗格"表"对象,展开"表"列表,选中"教师"表。

(2)在"创建"选项卡"报表"组中,单击"报表"按钮,创建如图 5-10 所示的报表。

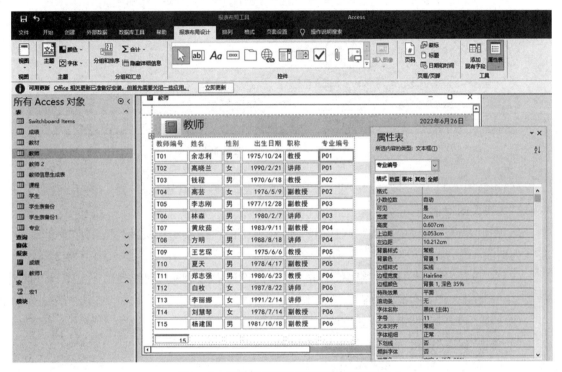

图 5-10　表格式报表及"字段列表"对话框

(3)在"设计"选项卡"工具"组中,单击"添加现有字段"按钮,打开"字段列表"窗格,如图 5-10 所示。

(4)在"字段列表"窗格中,将"专业编号"字段(图 5-10)拖到报表窗口中"专业编号"右侧,将弹出"指定关系"对话框,如图 5-11 所示。

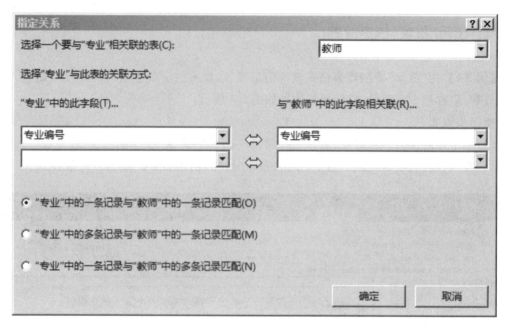

图 5-11　"指定关系"对话框

　　（5）按照图 5-11 所示，设置"专业"表和"教师"表按"专业编号"的一对一关系，然后单击"确定"按钮关闭对话框。

　　（6）在报表设计窗口中右击"专业编号"列，在弹出的快捷菜单中选择"删除列"菜单命令，将该列删除。

　　（7）在"设计"选项卡"视图"组中，单击"视图"/"设计视图"按钮，切换到设计视图，将"报表页眉"中"＝Data()"文本框调整到合适的宽度。

　　（8）删除"报表页脚"中的计数控件。

　　（9）单击"保存"按钮，将当前报表保存为"例 5-1"。

5.2.2　使用"空报表"创建报表

　　【例 5-2】为"学生"表创建学生信息纵栏式报表，显示的字段包括：学号、姓名、性别、出生日期、生源和照片，打印预览效果如图 5-2 所示。

　　操作步骤如下：

　　（1）在"创建"选项卡"报表"组中，单击"空报表"按钮，创建一个空报表。这时的空报表视图为布局视图。

　　（2）打开"字段列表"窗格（打开方法参照"例 5-1"步骤 3），依次将"学生"表的"学号""姓名""性别""出生日期""照片"字段拖进空白报表，如图 5-12 所示。

图 5-12　创建空白报表

（3）单击"保存"按钮，保存当前报表为"例 5-2"。

5.2.3　使用"报表向导"创建报表

在数据量较多、布局要求较高的情况下，使用"报表向导"可以非常便捷地创建常用的报表，从而节省了在设计视图中繁复枯燥的手工设定工作。当使用"报表向导"创建报表时，"报表向导"将逐步提示用户选择记录源、字段、版面、所需格式等，根据用户的设置来创建报表。

【例 5-3】使用报表向导创建学生成绩报表，输出的信息包括：学号、姓名、性别、专业名称、课程名称、成绩和每个学生总成绩，打印预览效果如图 5-13 所示。

操作步骤如下：

（1）建立如图 5-14 所示关系。

（2）在"创建"选项卡"报表"组中，单击"报表向导"按钮，打开"报表向导"对话框（图5-15）。

（3）在"表/查询"下拉列表框中，选择"学生"表，选定字段"学号"、"姓名"和"性别"。

（4）在"表/查询"下拉列表框中，选择"专业"表，选定字段"专业名称"。

（5）在"表/查询"下拉列表框中，选择"课程"表，选定字段"课程名称"。

（6）在"表/查询"下拉列表框中，选择"成绩"表，选定字段"成绩"，选定字段的结果如图 5-15 所示，然后单击"下一步"按钮。

学生成绩

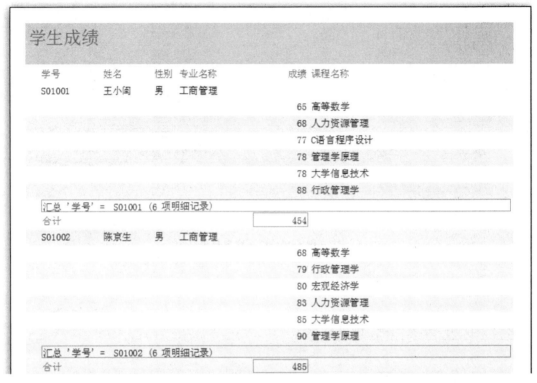

图 5-13 "学生成绩"报表

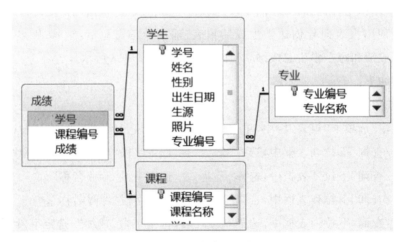

图 5-14 学生成绩相关表关系

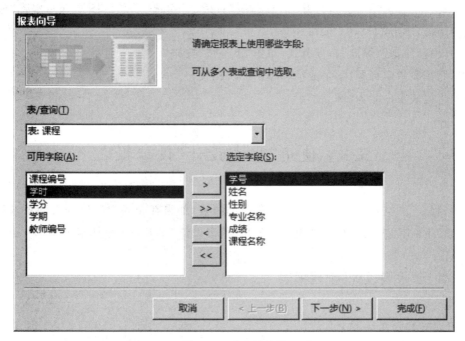

图 5-15　选定的字段

（7）选择"通过学生（通过学生这张表）"查看数据方式，单击"下一步"按钮，不添加分组级别，直接单击"下一步"按钮。

（8）按成绩降序排序，如图 5-16 所示。

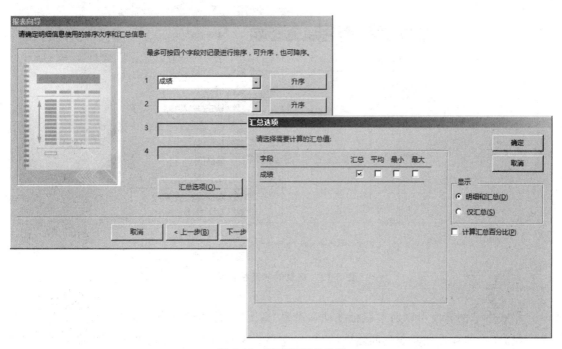

图 5-16　排序和汇总设置

（9）单击"汇总选项"按钮，打开"汇总选项"对话框，勾选"汇总"（图 5-16），单击"确定"按钮关闭对话框，单击"下一步"按钮。

（10）设置"阶梯""纵向"布局方式，单击"下一步"按钮。

（11）为报表指定标题"学生成绩"，单击"完成"按钮。

（12）将报表重命名为"例 5-3"。

5.3 使用"报表设计"设计报表

利用"报表"、"空报表"或"报表向导"创建的报表，如果在布局上不够令人满意，则可以在"设计视图"下对其进行修改，当然也可以使用"报表设计"从无到有创建报表。

5.3.1 使用"报表设计"创建报表

1. 报表节的设置

在"创建"选项卡"报表"组中，单击"报表设计"按钮，将在设计视图下创建一个空白报表，如图 5-17 所示。当前节为"页面页眉"，右击报表窗口，在弹出的快捷菜单中，点击"报表页眉/页脚"和"页面页眉/页脚"菜单项，可以添加或删除相应的节。页眉和页脚只能作为一组对象同时添加或删除，删除页眉和页脚将同时删除其中的控件。

图 5-17 报表的节及快捷菜单

报表中节的高度可以通过鼠标拖动和设置"高度"属性两种方法来改变。

（1）通过鼠标拖动改变节的高度：将鼠标定位在节的底边上，鼠标指针变为 ✤ 时，上下拖动，可以改变节的高度。

（2）通过节的"高度"属性来精确设置高度：单击图 5-17
中快捷菜单的"属性"，打开"属性表"窗格（图 5-18），"高度"属
性用来精确设置节的高度。如果将"可见"属性设置为"否"，
则打印预览视图中隐藏该节。

报表中节的宽度也可以通过鼠标拖动和设置"宽度"属性
两种方法来改变。需要注意的是，报表中所有节的宽度是一
样的，改变某个节的宽度将改变整个报表的宽度。

通过节属性窗口中的"背景色"属性可以设置节的颜色，
不同节可以设置不同的颜色。

在"报表设计工具"选项卡"分组和汇总"组中，单击"分组

图 5-18　"属性表"窗格

和排序"按钮，在报表设计窗口底部将出现"分组、排序和汇
总"窗格（图 5-19）。通过该窗格可以向报表添加组页眉和组页脚，用于设计报表的排序、分组
输出和分组统计。

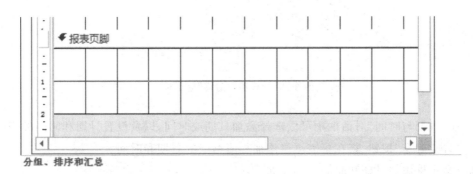

图 5-19　"分组、排序和汇总"窗格

2. 为报表指定记录源

在"属性表"窗格中，选择"报表"的"数据"标签，"记录源"属性可以为报表指定某个已经存
在的表或查询作为记录源，也可以单击右边的省略号按钮 ▦ 激活查询生成器创建一个查询，
作为报表的记录源。

3. 在报表中添加控件

报表的每个节都可以添加控件，如图 5-8 所示的报表设计视图中，各节内放置了各种控
件，如"报表页眉"中用来显示"学生"标题的就是一个标签控件。这些控件的作用、属性设置、
大小调整、移动等与窗体中的控件是一样的。

4. 添加日期和时间

在报表中添加日期和时间可以通过功能区按钮和添加文本框两种方法来实现，其中，功能

区按钮只能在报表页眉中添加日期和时间，文本框操作可以在任意节中添加日期和时间。

通过功能区按钮在报表中添加日期和时间的操作如下：

（1）在报表设计视图下，在"报表设计工具"选项卡中单击"设计"选项卡"页眉页脚"组的"日期与时间"按钮，打开"日期和时间"对话框，如图 5-20 所示。

图 5-20　"日期和时间"对话框

（2）在"日期与时间"对话框中可以选择添加日期或时间，以及设置日期和时间的格式。

（3）单击"确定"按钮，将在报表页眉添加相应格式的日期和时间。

通过文本框添加日期和时间的操作如下：

（1）在报表设计视图下，在需要添加日期或时间的节中添加一个文本框控件，删除与文本框控件同时添加的标签控件。

（2）双击文本框控件，打开其属性对话框，选择"数据"选项卡。

（3）如果要添加日期，则在"控件来源"属性中输入"＝Date（）"；如果要添加时间，则在"控件来源"属性中输入"＝Time（）"或"＝Now（）"，如图 5-21 所示。

图 5-21　文本框日期属性设置

5. 添加页码和分页符

报表的页码通常放在报表的页面页眉或页面页脚。在报表中添加页码的操作步骤如下：

（1）在报表设计视图下，单击"设计"选项卡"页眉页脚"组的"页码"按钮，打开"页码"对话框。

（2）在"页码"对话框中可以设置页码格式、位置和对齐方式。

（3）单击"确定"按钮完成页码的添加。

在报表打印输出时，默认情况下，一页打印完之后会自动换页打印。如果需要在某一页未打印满时将后面内容放到下一页打印，可以在该处添加分页符。

在报表中添加分页符的操作如下：

（1）在报表设计视图下，单击"设计"选项卡"控件"组的"分页符"控件 。

（2）单击报表中需要添加分页符的位置，则分页符会以短虚线显示在报表左边界。

☞提示

> 添加分页符时需要注意的是，分页符不要设置在控件中间，以免控件中的数据被拆分。

6. 添加线条和矩形

在报表设计中，通过添加线条和矩形可以起到修饰报表的作用。线条和矩形都是"设计"选项卡"控件"组中的控件，可以根据需要在节中添加线条控件或矩形控件，通过属性对话框可以设置线条的样式、粗细，矩形的边框样式等。

7. 设置报表主题

在报表设计中，通过"设计"选项卡"主题"组的"主题"、"颜色"和"字体"可以设置报表的外观格式。

下面以具体的实例来介绍使用报表设计视图创建和设计报表。

【例 5-4】使用"报表设计"创建各学期成绩报表，每页右下角显示总页数和当前页码，打印预览效果如图 5-22 所示。

各学期成绩			2016/12/1	
学号	姓名	课程名称	成绩	学期
S01001	王小闽	大学信息技术	78	1
S01001	王小闽	高等数学	65	1
S01001	王小闽	管理学原理	78	3
S01001	王小闽	行政管理学	88	4
S01001	王小闽	人力资源管理	68	5
S01001	王小闽	C语言程序设计	77	2

共 2 页，第 1 页

图 5-22　各学期成绩报表

图 5-23　报表记录源属性

操作步骤如下：

（1）在"创建"选项卡"报表"组中，单击"报表设计"按钮，创建一个空白报表。

（2）打开"属性表"窗格，选择"报表"的"数据"标签，单击"记录源"右边的省略号按钮（图 5-23），打开查询生成器。

（3）在查询生成器中建立如图 5-24 所示的查询。

字段:	学号	姓名	课程名称	成绩	学期
表:	学生	学生	课程	成绩	课程
排序:					
显示:	☑	☑	☑	☑	☑

图 5-24　记录源查询设置

（4）打开"字段列表"窗格，将 5 个字段拖到主体节中，在主体节中出现 5 个文本框，同时产生 5 个附加的标签控件，删除标签控件；设置 5 个文本框控件的"字号"属性为"12"，"字体名称"属性为"楷体"，"边框样式"属性为"透明"，调整各文本框控件的位置。

（5）在页面页眉节中添加与主体节文本框控件相应的标签控件，设置标签控件的"字体名称"属性为"微软雅黑"，"字号"属性为"12"，"边框样式"属性为"透明"，调整好各标签控件的位置，效果如图 5-25 所示。

（6）在页面页眉节的控件下方添加一个线条控件，设置线条的"边框宽度"属性为"2pt"，如图 5-25 所示。

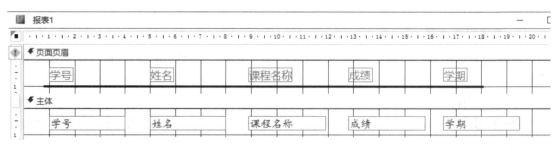

图 5-25　向报表添加字段

（7）在"设计"选项卡"页眉页脚"组中，单击"标题"按钮，在报表中添加"报表页眉"节和"报表页脚"节，同时在报表页眉中添加一个标签控件，在标签控件中输入"各学期成绩"，"字号"为"20"。

（8）在报表页眉节中添加一个文本框控件，设置文本框控件的"控件来源"属性为"＝Date（）"，"字体名称"为"楷体"，"字号"为"12"，"背景样式"为"透明"，"边框样式"为"透明"，调整该节中文本框控件和标签控件的位置，效果如图 5-26 所示。

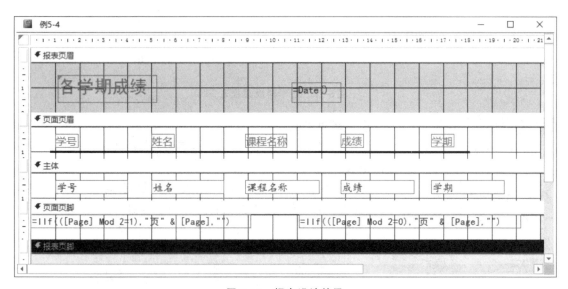

图 5-26　报表设计效果

(9)在"设计"选项卡"页眉页脚"组中,单击"页码"按钮,在弹出的对话框中按图 5-27 所示进行设置,单击"确定"按钮,在页面页脚添加页码。

图 5-27　页码设置

(10)调整各节的高度,以合适的尺寸容纳其中的控件,其中报表页脚高度调整为 0,效果如图 5-26 所示。

(11)单击"保存"按钮,保存当前报表为"例 5-4"。

提 示

> 页码对齐方式中,"内"表示奇数页页码在左侧,偶数页页码在右侧;"外"正好相反。

5.3.2　报表的排序、分组和汇总

1. 报表的排序和分组

报表的排序就是将报表中的记录按照指定的顺序来排列,报表的分组则是将报表中某个或某几个具有相同字段值的记录分成一组,在每组中可以添加计数、求和、求平均值等数学运算结果。

报表的排序和分组操作步骤如下:

(1)在"设计"选项卡"分组和汇总"组中,单击"分组和排序"按钮,在报表设计窗口底部将出现"分组、排序和汇总"窗格,单击"添加排序"按钮,出现选择字段列表,如图 5-28 所示。单击某个字段,则用该字段作为排序的依据;单击"表达式",则打开"表达式生成器"对话框,设置表达式作为排序依据。Access 允许添加多个字段或表达式作为排序依据,第一行的字段或表达式具有最高排序优先级,第二行则具有次高的排序优先级,依此类推。

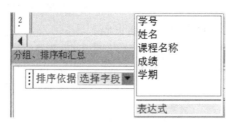

图 5-28 "选择字段"列表

(2)设置排序字段或表达式后,单击"更多"按钮,将展开更多的排序设置项,如图 5-29 所示。

图 5-29 "更多"设置项

(3)排序默认值为"升序",若要按降序排列,则可以在"升序"下拉列表中选择"降序"。

(4)单击"无页眉节"下拉列表,选择"有页眉节",则排序变为分组,并在报表中添加相应字段的组页眉。

单击"无页脚节"下拉列表,选择"有页脚节",则在报表中添加相应的组页脚。

(5)单击"不将组放在同一页上"下拉列表,出现如图 5-30 所示列表项,用于设置是否在同一页中打印组的所有内容。例如,"将整个组放在同一页上"项表示组页眉、主体和组页脚将打印在同一页上。

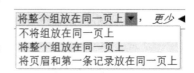

图 5-30 同页设置

(6)单击"无汇总"下拉列表,出现如图 5-31 所示的汇总设置窗格。"汇总方式"列表框用于设置要进行汇总的字段,单击"类型"下拉按钮,可以对汇总方式指定的字段进行合计(即求和)、求平均值、求最大或最小值等计算;"类型"下面 4 个复选框则用于设置汇总结果的显示方式和显示位置。

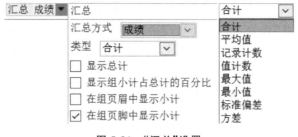

图 5-31 "汇总"设置

2. 报表的汇总

Access 报表中,除了使用"分组、排序和汇总"窗格来实现各种汇总计算外,还可以使用"计算控件"来保存计算结果。文本框是报表中最常用的计算控件,此时,计算控件的控件源是计算表达式,当表达式的值发生变化时,会重新计算结果并更新计算控件的显示内容。

在主体节中添加计算控件,用于对每条记录的若干字段值进行计数、求和、求平均值等计算,这种形式的统计计算一般是对报表记录行的横向记录数据进行统计。

在组页眉、组页脚、报表页眉或报表页脚中添加计算控件,一般用于对一组记录或所有记录的某些字段进行求和、求平均值或计数等,这种形式的统计计算一般是对报表字段列的纵向记录数据进行统计。

在纵向统计时,可以使用 Access 的内置统计函数来完成相应的计算操作,如 Count 函数用于计数,Sum 函数用于求和,Avg 函数用于求平均值。

下面以具体的实例来介绍报表的排序、分组和汇总。

【例 5-5】 将"例 5-4"的各学期成绩报表按"学号"分组显示,计算每个学生的总成绩和平均成绩,并按"学期"升序排序,报表打印预览效果如图 5-32 所示。

各学期成绩				2016/12/2
学号	姓名	课程名称	成绩	学期
S01001	王小闽			
		高等数学	65	1
		大学信息技术	78	1
		C语言程序设计	77	2
		管理学原理	78	3
		行政管理学	88	4
		人力资源管理	68	5
		总成绩: 454	平均成绩: 75.7	
S01002	陈京生			
		大学信息技术	85	1
		高等数学	68	1

图 5-32　"例 5-5"打印预览效果

操作步骤如下:

(1)打开"例 5-4"报表,切换到设计视图。

(2)在"设计"选项卡"分组和汇总"组中,单击"分组和排序"按钮。

(3)在报表设计窗口底部出现的"分组、排序和汇总"窗格中,单击"添加组"按钮,选择字段"学号"。

(4)按照图 5-33 所示设置"汇总"、"有页眉节"和"有页脚节"。

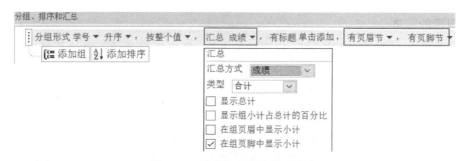

图 5-33　按学号分组计算总成绩

(5)将主体节中"学号"文本框和"姓名"文本框移到学号页眉节中,调整到合适的位置,并调整学号页眉和学号页脚的高度,如图 5-34 所示。

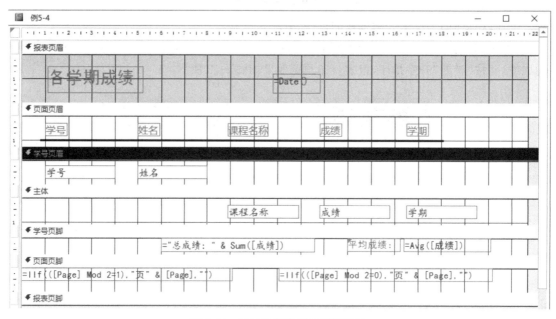

图 5-34　学号页眉和学号页脚设计

(6)在学号页脚节中,修改"=Sum([成绩])"文本框的"控件来源"属性,在"="后面添加"'总成绩:'&",如图 5-34 所示;然后在"排列"选项卡"调整大小和排序"组中,单击"大小/空格"—"正好容纳"按钮。

(7)在学号页脚节中,在总成绩文本框右边添加一个文本框控件,同时产生一个附加的标签控件。标签控件的"标题"为"平均成绩:",文本框控件的"控件来源"属性为"=Avg([成绩])",格式为"固定",小数位数为"1",背景样式为"透明",边框样式为"透明",文本对齐为"左",如图 5-35 所示。

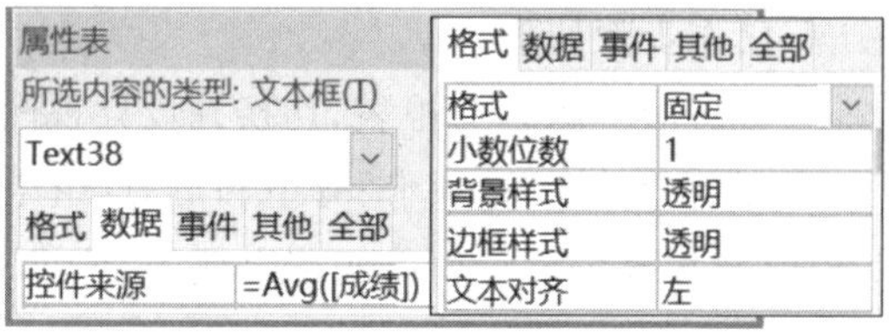

图 5-35　平均成绩文本框属性设置

(8)保存该报表。

说明

　　"计算控件"的"控件来源"属性中可以直接输入用于计算的表达式。也可以使用表达式生成器来生成表达式，单击"控件来源"属性边上的 ⋯ 按钮，可以打开"表达式生成器"对话框。

5.4　创建图表报表和标签报表

5.4.1　创建图表报表

【例 5-6】使用"报表设计"创建如图 5-4 所示的教师职称比例图表报表。

操作步骤如下：

(1)在"创建"选项卡"报表"组中，单击"报表设计"按钮，创建一个空白报表。

(2)将"设计"选项卡"控件"组中的"图表"控件添加到报表主体节，此时出现"图表向导"对话框，按图 5-36 所示选择"教师"表，单击"下一步"按钮。

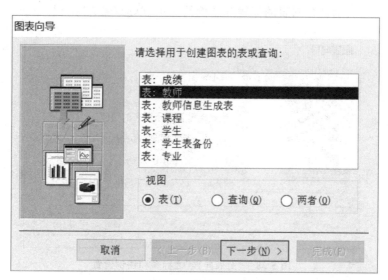

图 5-36　"图表向导"之选择表或查询

(3)选择"职称"字段，单击"下一步"按钮。

(4)选择"饼图"图表类型(图 5-37)，单击"下一步"按钮。

图 5-37 "图表向导"之选择图表类型

（5）该步向导可以设置图表的布局，本例不需要额外的操作，单击"下一步"按钮。

（6）按图 5-38 所示设置图表的标题和图例的显示，单击"完成"按钮。

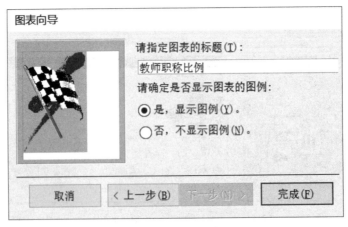

图 5-38 "图表向导"之标题和图例设置

（7）双击图表对象进入图表编辑状态，右击图表，执行"设置数据系列格式"快捷菜单命令，打开"数据系列格式"对话框，如图 5-39 所示。

（8）单击"数据标签"选项卡，勾选"百分比"，单击"确定"按钮，关闭该对话框。

（9）单击"保存"按钮，将报表保存为"例 5-6"。报表打印预览效果如图 5-4 所示。

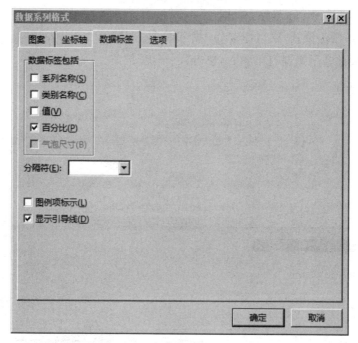

图 5-39　"数据系列格式"对话框

5.4.2　创建标签报表

【例 5-7】使用"标签"创建如图 5-5 所示的学生基本信息标签报表。

操作步骤如下：

(1)单击导航窗格"查询"对象，展开"查询"列表，选中"例 3-1"查询。

(2)在"创建"选项卡"报表"组中，单击"标签"按钮，打开"标签向导"对话框，如图 5-40 所示，首先设置标签尺寸，然后单击"下一步"按钮。

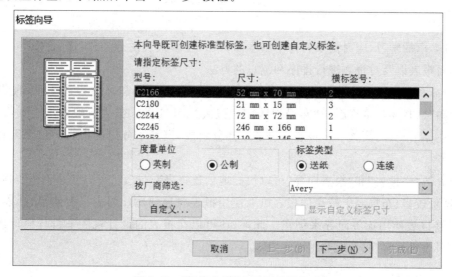

图 5-40　"标签向导"之设置标签尺寸

(3)设置文本为宋体、11 号字,单击"下一步"按钮。

(4)按图 5-41 所示设置"原型标签"。"原型标签"中带{}的是从左边"可用字段"列表中选择的字段,{}前面的文字需要自行输入,单击"下一步"按钮。

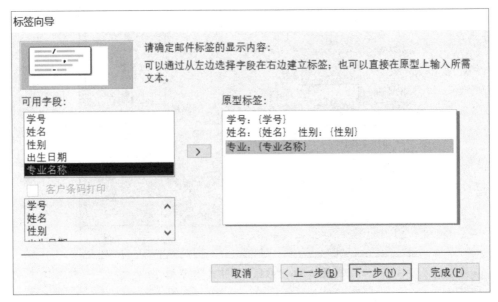

图 5-41 "标签向导"之原型标签设置

(5)设置排序依据为"学号",单击"下一步"按钮。

(6)在"请指定报表的名称"文本框中输入"学生信息标签"。

(7)单击"完成"按钮,报表打印预览效果如图 5-5 所示。

本章小结

通过本章的学习,应对报表有一个基本的认识,理解报表的分类、组成、视图等,掌握创建报表、编辑报表以及对报表进行排序和汇总的方法。

Access 的报表主要有纵栏式报表、表格式报表、图表报表和标签报表 4 种;报表视图有"设计视图"、"打印预览视图"、"布局视图"和"报表视图"4 种。报表一般由报表页眉节、页面页眉节、主体节、页面页脚节和报表页脚节 5 部分组成,设计了分组的报表还包含组页眉和组页脚。

"报表"、"空报表"和"报表向导"可以快捷地创建报表。"报表"可以快速创建表格式报表,对于数据量较多、布局要求较高的报表可以使用报表向导创建。图表报表使用"图表"控件来创建,标签报表使用标签向导来创建。此外,还可以在报表的设计视图下自行设计或编辑报表,并对报表进行排序、分组和汇总。

思考与练习

一、思考题

5.1 报表有几种类型？它们各有什么特点？

5.2 报表有哪几种视图？各种视图有什么作用？

5.3 一张完整的报表一般由哪几部分组成？每部分有什么作用？

5.4 报表和窗体有什么区别？

5.5 创建报表的方法有哪些？它们各有什么特点？

5.6 在报表中如何实现按特定表达式创建分组记录？

5.7 如何删除报表页眉和页脚？

二、选择题

(1) 使用报表向导创建报表，不能制作出(　　)布局方式的报表。

　　A. 分级显示　　　　B. 纵栏表　　　　C. 标签　　　　D. 表格

(2) 报表设计视图下，单击"设计"选项卡"页眉页脚"组的"标题"按钮，将在报表的(　　)添加标题。

　　A. 报表页眉　　　　　　　　　　B. 页面页眉

　　C. 主体节　　　　　　　　　　　D. 组页眉

(3) 下列关于报表叙述正确的是(　　)。

　　A. 报表只能用来输入数据　　　　B. 报表只能输出数据

　　C. 报表可用来输入和输出数据　　D. 报表不能用来输入和输出数据

(4) 在使用报表设计器设计报表时，如果要统计报表中某个字段的全部数据，应将计算表达式放在(　　)。

　　A. 组页眉/组页脚　　　　　　　　B. 页面页眉/页面页脚

　　C. 主体　　　　　　　　　　　　D. 报表页眉/报表页脚

(5) 一份报表的总标题一般以大字体的标签控件显示在报表的顶端，这个标签控件宜放在(　　)中。

　　A. 报表页眉　　　　　　　　　　B. 页面页眉

　　C. 报表页脚　　　　　　　　　　D. 页面页脚

(6) 报表中用来处理每条记录，其字段数据均须通过文本框或其他控件绑定显示，这些信息一般应放在报表的(　　)。

　　A. 报表页眉　　　　　　　　　　B. 主体节

　　C. 页面页眉　　　　　　　　　　D. 页面页脚

(7) 在报表设计中，(　　)可以作为绑定控件显示字段数据。

　　A. 文本框　　　　B. 标签　　　　C. 命令按钮　　　D. 图像

(8)图 1 所示为某个报表的设计视图,根据视图内容,可以判断分组字段是(　　　)。

图 1　习题(8)的报表设计视图

　　A. 学号　　　　　　　B. 课程名称　　　　　　C. 成绩　　　　　　D. 无分组字段

(9)报表输出不可缺少的内容是(　　　)。

　　A. 主体节　　　　　　B. 页面页眉　　　　　　C. 报表页眉　　　　　　D. 组页眉

(10)Access 报表对象的数据源可以是(　　　)。

　　A. 表、查询或窗体　　　　　　　　　　　B. 表或查询

　　C. 表、查询或 SQL 命令　　　　　　　　D. 表、查询或报表

(11)(　　　)可以更直观地表示数据之间的关系。

　　A. 纵栏式报表　　　B. 表格式报表　　　C. 图表报表　　　D. 标签报表

(12)如果设置报表上某个文本框的控件来源属性为"＝Now()",则打开报表视图时,该文本框显示信息是(　　　)。

　　A. 未绑定　　　　　　B. Now　　　　　　C. 系统当前时间　　　D. 系统当前日期

(13)要将数据以图表报表形式显示出来可以使用(　　　)。

　　A. 图像控件　　　B. 报表向导　　　C. 标签向导　　　D. 图表控件

(14)下面文本框的控件来源属性设置中,(　　　)不能使文本框显示当前年份。

　　A. ＝Year(Now())　　　　　　　　　　B. ＝Left(Date(),4)

　　C. ＝Year(Date())　　　　　　　　　　D. ＝Year(Day())

(15)若要在报表上显示"第 n 页(共 m 页)"的页码格式,则计算控件的控件来源应设置为(　　　)。

　　A. "第 "& [Page] &"页(共 "& [Pages] &" 页)"

　　B. ＝"第 "& [Page] &"页(共 "& [Pages] &" 页)"

　　C. "第 "& [Pages] & "页(共 "& [Page] &" 页)"

　　D. ＝"第 "& [Pages] &" 页(共 "& [Page] &" 页)"

(16)计算控件的控件来源属性一般是以(　　　)开头的计算表达式。

　　A. 字母　　　　　　B. "…"　　　　　　C. "＝"　　　　　　D. "＜"

(17)以下关于报表的叙述中,正确的是(　　　)。

　　A. 在报表中必须包含报表页眉和报表页脚

B. 在报表中必须包含页面页眉和页面页脚

C. 报表页眉打印在报表每页的开头，报表页脚打印在报表每页的末尾

D. 报表页眉打印在报表第一页的开头，报表页脚打印在报表最后一页的末尾

(18)在报表中，要计算"英语成绩"字段的最低分，应将文本框控件的"控件来源"属性设置为（　　）。

A. ＝Min（[英语成绩]）　　　　　　　B. Min（英语成绩）

C. ＝Min[英语成绩]　　　　　　　　D. ＝Min（英语成绩）

【选择题参考答案】

(1)C　　(2)A　　(3)B　　(4)D　　(5)A　　(6)B　　(7)A　　(8)B　　(9)A　　(10)C

(11)C　(12)C　(13)D　(14)D　(15)B　(16)C　(17)D　(18)A

三、操作题

实验 1　报表的创建

【实验目的】

掌握使用"空报表"快速创建报表和使用"报表向导"创建报表的步骤与方法。

【实验内容】

打开"学生成绩管理 .accdb"数据库文件，试按要求完成以下操作：

(1)以"教师"表为数据源，使用"空报表"创建名为"教师"的纵栏式报表，报表的打印预览效果如图 2 所示。

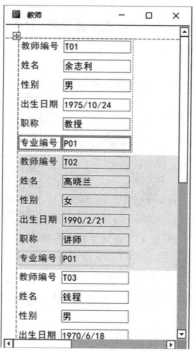

图 2　"教师"报表

（2）使用报表向导创建名为"教师信息"的报表，报表的打印预览效果如图 3 所示。要求如下：

1）以"教师"表和"专业"表为数据源，包含教师编号、姓名、性别、职称和专业名称 5 个字段。

2）按教师编号升序排列。

3）选择"纵栏表"布局。

[提示]"教师"表和"专业"表要建立"专业编号"的一对多关系。

图 3 "教师信息"报表

（3）以"学生"表为数据源，创建名为"各地生源比例"的图表式报表，报表打印预览效果如图 4 所示。要求：显示百分比和图例。

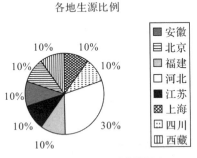

图 4 "各地生源比例"报表

（4）使用报表向导创建名为"专业课程情况"的表格式报表，效果如图 5 所示。要求如下：

1）以"教师"表、"专业"表和"课程"表为数据源，包含教师编号、姓名、性别、职称、专业名称和课程名称 6 个字段。

2）选择"通过专业名称"查看数据的方式。

3)选择“块”布局。

专业课程情况

专业名称	教师编号	姓名	性别	职称	课程名称
工商管理	T01	余志利	男	教授	行政管理学
					管理学原理
	T02	高晓兰	女	讲师	人力资源管理
					宏观经济学
金融	T03	钱程	男	教授	金融管理
					国际金融学
	T04	高芸	女	副教授	商业银行学
					风险管理
机械工程	T05	李志刚	男		机械设计基础
					理论力学
	T06	林森		讲师	计算机辅助设计
					机械原理

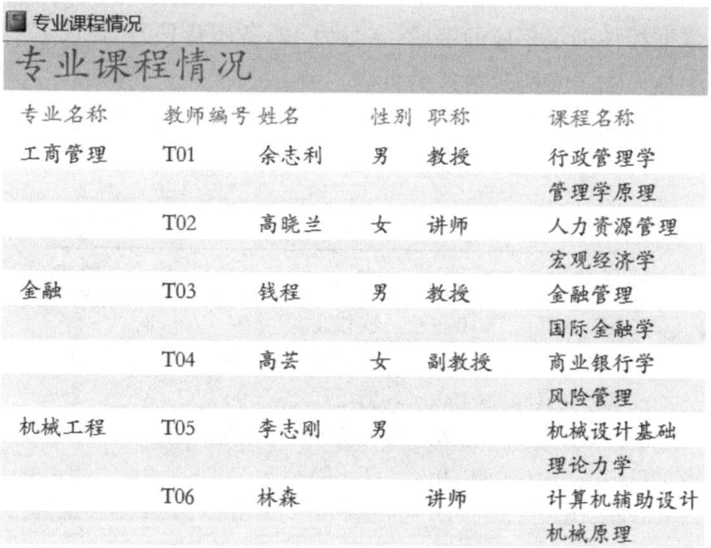

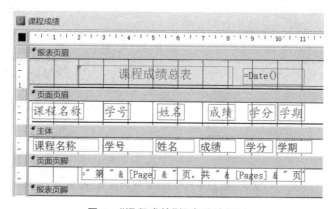

图 5　“专业课程情况”报表

实验 2　报表的设计

【实验目的】

掌握使用报表“设计视图”设计和修改报表的方法,通过添加控件、设置报表各种属性等操作来设计和修改报表的布局和外观。

【实验内容】

打开“学生成绩管理 .accdb”数据库文件,试按要求完成以下操作:

(1)使用“报表设计”创建一个名为“课程成绩”的空报表。使用查询生成器设置报表记录源为如下查询:对课程、学生和成绩 3 个表建立连接查询,显示字段为课程名称、学号、姓名、成绩、学分和学期,并按课程名称升序排列。

(2)在报表设计视图中,将“课程成绩”报表设计为图 6 所示的效果。要求如下:

图 6　“课程成绩”报表设计视图

1)报表页眉中"课程成绩总表"标签控件字号为 18,线条控件宽度为 1 pt。

2)页面页眉中所有标签控件字体为楷体,14 号,加粗;线条控件宽度为 1 pt。

3)主体中文本框控件绑定相应的字段,字号为 12,备用背景为"背景 1"。

4)页面页脚中插入如图 6 所示格式的页码。

报表的打印预览效果如图 7 所示。

课程成绩总表					2016/12/13
课程名称	学号	姓名	成绩	学分	学期
ACCESS数据库	S04002	次仁旺	84	3	2
ACCESS数据库	S02002	赵莉莉	72	3	2
ACCESS数据库	S04001	万山红	90	3	2
ACCESS数据库	S02001	张渝	67	3	2
C语言程序设	S01001	王小闽	77	3	2
大学物理	S03001	王沪生	78	4	1

图 7 "课程成绩"报表打印预览视图

实验 3 报表的排序、分组和计算

【实验目的】

掌握使用报表的"设计视图"设计分类汇总报表的方法。

【实验内容】

打开"学生成绩管理 .accdb"数据库文件,试按要求完成以下操作:

(1)打开实验 2 建立的"课程成绩"报表的设计视图。

(2)添加"课程名称"分组,将主体节"课程名称"文本框移到"课程名称页眉"中。

(3)在"课程名称页脚"中计算每门课程平均成绩,并进行相应的外观设置。

(4)对每门课程按成绩降序排序。

报表的打印预览效果如图 8 所示。

课程成绩总表					2016/12/13
课程名称	学号	姓名	成绩	学分	学期
ACCESS数据库					
	S04001	万山红	90	3	2
	S04002	次仁旺	84	3	2
	S02002	赵莉莉	72	3	2
	S02001	张渝	67	3	2
			平均成绩:78.25		

图 8 添加平均成绩的"课程成绩"报表

第6章

宏

Access中数据表、查询、窗体、报表和数据页5种基本对象,虽然功能强大,但是它们彼此间不能互相驱动,需要使用宏和模块将这些对象有机地组织起来,构成一个性能完善、操作简便的数据库系统。例如,对于打开和关闭窗体、显示和隐藏工具栏、运行报表等简单的细节操作,使用宏可以轻松地组织并自动完成,实现将已经创建的数据库对象联系在一起的功能。

本章知识结构导航如图6-1所示。

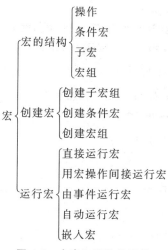

图 6-1　本章知识结构导航

6.1　宏概述

6.1.1　什么是宏

宏(macro)是一组编码,利用它可以增强对数据库中数据的操作能力。宏包含的是操作序列,每个操作都由命令来完成,以此实现特定的功能。这些命令由Access自身定义,用户不需要了解编程的语法,更无须编程,只需要利用几个简单的宏操作就可以对数据库进行一系列的操作。宏的每个操作在运行时可由前到后、有次序地自动执行。

宏可以使多个任务同时完成，使单调的重复性操作自动完成。例如，在 Access 中经常要进行诸如打开表或者窗体、预览和打印报表等重复性的工作，这时可以将大量相同的工作创建为一个宏，通过运行宏使其自动完成，便可以大大提高工作效率。此外，宏还具有连接多个窗体和报表、自动查找和筛选记录、自动进行数据校验、设置窗体和报表属性及自定义工作环境等作用。

6.1.2　宏的结构

Access 中的宏可以是包含一个或几个操作的宏，也可以是由几个子宏（Submacro）组成的宏组，还可以是使用条件限制执行的宏。一个包含了子宏和条件限制宏的宏结构如图 6-2 所示。

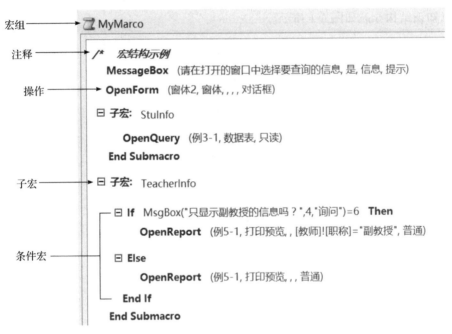

图 6-2　宏结构示例

（1）操作：是系统预先设计好的特殊代码，每个操作可以完成一种特定的功能，用户使用时按需设置参数即可。如图 6-2 中打开报表操作：

OpenReport（例 5-1，打印预览，，，普通）

OpenReport 是操作名，括弧中是操作参数。不同操作的参数各不相同，有些参数是必须指定的，有些参数是可缺省的。

（2）子宏（Submacro）：包含在一个宏名下的具有独立名称的宏，它可以由多个操作组成，也可以单独运行。当一个宏中包含多个功能时，可以为每种功能创建子宏。

（3）宏组（Group）：以一个宏名来存储相关的宏的集合。宏组中的每一个子宏都有宏名，以便引用。这样可以更方便地对宏进行管理，对数据库进行管理。例如，可以将同一个窗体上使用的宏组织到一个宏组中。

（4）条件（If）：设置了条件的宏，根据条件式成立与否，执行不同的宏操作，这样可以加强宏的逻辑性，也使宏的应用更加广泛。如图 6-2 中子宏 TeacherInfo，根据用户对消息框的操作结果来决定是只显示副教授的信息还是显示所有教师的信息。

（5）注释（Comment）：对宏的说明，一个宏中可以有多条注释。注释虽然不是必需的，但添加注释不但方便以后对宏的维护，也方便其他用户理解宏。

6.1.3　常用的宏操作

宏操作是宏的基本结构单元；不论是子宏，还是宏组，还是条件宏，都由宏操作组成。Access 提供 60 多个宏操作命令，常用的宏操作如下：

1. 打开或关闭数据库对象

（1）OpenForm：打开窗体。

（2）OpenTable：打开数据表。

（3）OpenQuery：打开查询。

（4）OpenReport：打开报表。

（5）Close：关闭数据库对象。

2. 记录操作

（1）FindRecord：寻找符合由 FindRecord 自变量指定条件的第 1 条数据记录。

（2）Requery：刷新控件数据。

（3）FindNext：寻找符合由 FindRecord 自变量指定条件的下一条数据记录。

（4）GoToRecord：指定当前记录。

3. 运行和控制流程

（1）RunApp：执行指定的外部应用程序。

（2）RunCommand：执行指定的内置 Access 命令。

（3）RunSQL：执行指定的 SQL 语句。

（4）RunCode：执行 VB 的过程。

（5）RunMacro：执行宏。

（6）StopMacro：停止当前正在执行的宏。

（7）Quit：结束 Access。

4. 控制窗口

（1）Maximize：最大化活动窗口。

（2）Minimize：最小化活动窗口。

（3）Restore：将处于最大化或最小化的窗口恢复为原来的大小。

5. 设置值

（1）SetValue：设置字段、控件或属性的值。

（2）SetWarning：关闭或打开系统的所有消息。

6. 通知或警告

（1）MessageBox：显示包含警告或提示信息的消息框。

（2）Beep：通过计算机的扬声器发声。

7. 菜单操作

（1）AddMenu：为窗体或报表添加自定义菜单栏，也可以定义快捷菜单。

（2）SetMenuItem：设置活动窗口自定义菜单栏中的菜单项状态。

6.2 宏的创建和编辑

6.2.1 宏的设计视图

在"创建""选项卡""宏与代码"组中，单击"宏"按钮，打开宏的设计视图，宏设计视图用于创建或编辑宏，如图 6-3 所示。

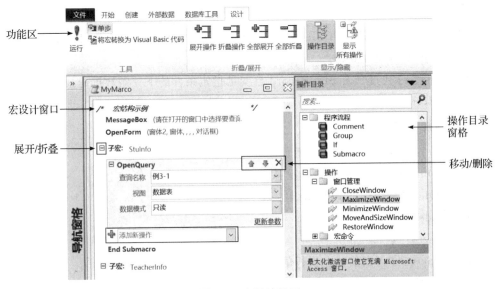

图 6-3 宏设计视图

宏设计视图主要由功能区、宏设计窗口和操作目录窗格三大部分组成。

1. 操作目录窗格

在"设计"选项卡"显示/隐藏"组中，单击"操作目录"按钮可以显示或隐藏操作目录窗格。操作目录窗格中包含"程序流程""操作"等列表。

"程序流程"列表包含 Comment（注释）、Group（组）、If（条件）和 Submacro（子宏）4 项。其

中 Group 用来对宏操作进行分组。对于包含了较多操作的结构复杂的宏,按其相关性对操作进行分组,既可以有效地管理宏,又方便阅读。其他三项在"宏的结构"中已做介绍,这里不再复述。

"操作"列表中分类列出了各种宏操作,单击每个宏操作,在窗格底部会显示该操作的功能。

将"程序流程"列表或"操作"列表下的项目拖曳到宏设计窗口,可以在宏设计窗口中添加相应的程序流程或操作。

2. 宏设计窗口

宏设计窗口中,可以通过"添加新操作"下拉列表框添加宏操作,还可以对各种项目进行编辑、移动和删除。单击操作、条件或子宏前面的"一"可以折叠相应的项目,单击项目前面的"+"则展开该项。

3. "设计"功能区

"工具"组中"运行"按钮可以运行宏;"展开/折叠"组的功能与设计窗口中项目前面的"+"和"一"相对应;"显示/隐藏"组中,"显示所有操作"按钮如果处于按下状态,则在操作目录窗格中显示所有的宏操作。

6.2.2　创建和编辑宏

下面通过实例介绍创建和编辑宏的方法。

【例 6-1】创建一个宏,宏名为"MyMacro"。在"MyMacro"中创建子宏"StuInfo",其作用是以只读方式打开并查询"例 3-1"。

操作步骤如下:

(1)在"创建"选项卡"宏与代码"组中,单击"宏"按钮,打开宏设计视图。

(2)打开"操作目录"窗格,将"程序流程"下的"Submacro"拖入宏设计窗口。

(3)在设计窗口中,在"子宏"后面的文本框中输入宏名"StuInfo"。

(4)在子宏"StuInfo"中,单击"添加新操作"下拉列表框,选择"OpenQuery"操作,按照图 6-4 所示设置参数。

(5)保存宏为"MyMacro",关闭宏窗口。

图 6-4　OpenQuery 操作参数设置

6.2.3　创建条件宏

下面通过实例介绍创建条件宏的方法。

【例 6-2】在"MyMacro"宏中,创建一个名为"TeacherInfo"的子宏,其作用是弹出一个如

图 6-5 所示的消息框,单击"是"则以打印预览方式显示报表"例 5-1"中副教授信息;单击"否",则显示所有教师信息。

操作步骤如下:

(1)单击导航窗格"宏"对象,展开"宏"列表,选中"MyMacro"宏,右击,在弹出的快捷菜单中选择"设计视图"菜单命令,打开宏的设计视图。

(2)在设计窗口中,添加新操作选择"Submacro",添加一个名为"TeacherInfo"的子宏。

(3)在"TeacherInfo"子宏中,添加"If"程序流程。单击"条件表达式"右边的 按钮,打开"表达式生成器"对话框,按照

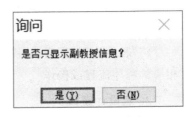

图 6-5 "询问"消息框

图 6-6 所示生成 If 条件表达式。其中,"MsgBox"函数用于显示如图 6-5 所示的消息框,参数"4"表示消息框带"是"和"否"两个按钮,如果按下"是"按钮,则函数返回值为"6"。

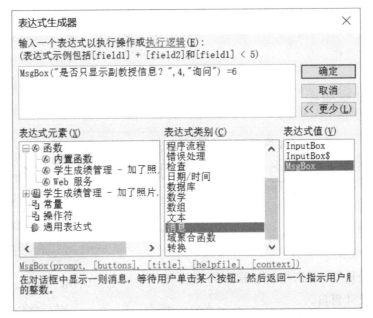

图 6-6 If 条件表达式

(4)在"If"流程中,按照图 6-7 所示添加两个"OpenReport"操作。If 块中的"OpenReport"操作要用表达式生成器生成"当条件＝"参数项,只显示副教授信息。Else 块中不设置该参数,而是显示所有教师信息。

```
□ 子宏: TeacherInfo
    □ If  MsgBox("是否只显示副教授信息？",4,"询问") =6  Then
        □ OpenReport
            报表名称   例5-1
                视图   打印预览
            筛选名称
            当条件   =[教师]![职称] ="副教授"
            窗口模式   普通
    □ Else
        OpenReport
            报表名称   例5-1
                视图   打印预览
            筛选名称
            当条件
            窗口模式   普通
        End If
End Submacro
```

图 6-7　If 流程设计

（5）保存当前宏组，关闭宏窗口。

提示

　　图 6-6 所示的"表达式生成器"对话框中，单击底部蓝色带下划线的函数超链接文本，可以打开该函数的帮助，帮助中对各参数的含义和使用方法以及返回值等都做了非常详细的介绍。

6.3　宏的运行

　　创建了宏之后，通过运行宏可以执行宏中的操作。运行宏的方法有多种，下面介绍几种常用的方法。

6.3.1　直接运行宏

　　执行下列操作之一可以直接运行宏。

　　（1）在宏设计视图中，单击"设计"选项卡"工具"组中的"运行"按钮。

　　（2）在导航窗格的"宏"列表中，双击宏名。

　　（3）在"数据库工具"选项卡的"宏"组中，单击"运行宏"按钮，打开"执行宏"对话框，如图 6-8 所示。可以选择执行宏组，也可以选择执行宏组中的某个子宏，宏组中的子宏用"宏组名.子宏名"来引用。

图 6-8　"执行宏"对话框

(1)和(2)两种方法运行的是宏组,这种情况只会运行宏组中的第一个子宏,宏组中的其他子宏不会被运行。

6.3.2 用宏操作间接运行宏

在宏中,可以用"RunMacro"操作间接运行另一个已经设计好的宏。

【例 6-3】 在"MyMacro"宏中创建一个操作序列,其作用是运行该宏组时,首先弹出一个如图 6-9 所示的输入框,若输入"1"则运行子宏"StuInfo",若输入"2"则运行子宏"TeacherInfo",否则弹出如图 6-10 所示消息框,然后停止宏。

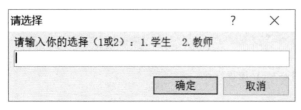

图 6-9 "请选择"输入框

图 6-10 "提示"消息框

操作步骤如下:

(1)打开"MyMacro"宏的设计视图,在最前面添加"SetLocalVar"操作,按照图 6-11 所示设置参数。其作用是定义一个本地变量 r,其值为"表达式"参数的值;"表达式"参数右边的"InputBox"函数会弹出一个如图 6-9 所示的输入框,用户的输入结果记录在"表达式"中。因此该操作的作用是将用户在输入框中输入的信息存放在变量 r 中。

图 6-11 SetLocalVar 操作设置

(2)在"SetLocalVar"操作后面添加"If"程序流程,设置 If 块的条件为"[LocalVars]![r] = "1"",如图 6-12 所示。逻辑变量 r 的引用格式为[LocalVars]![r]。

(3)在"If"块中添加"RunMacro"操作,参数设置如图 6-12 所示。

(4)添加"Else If"块,条件设置为"[LocalVars]![r] = "2"".在该块中添加"RunMacro"操作,参数设置如图 6-12 所示。

(5)添加"Else"块,在该块中添加"MessageBox"操作和"StopMacro"操作,参数设置如图 6-12 所示。"MessageBox"操作和例 6-2 中 MsgBox 函数功能相同,"StopMacro"操作用于停止当前运行的宏。

(6)保存该宏组,关闭宏设计窗口。

图 6-12 "例 6-3"宏设计

6.3.3 由事件运行宏

在 Access 中,可以通过窗体、报表或控件的事件来运行宏。例如,可以将某个宏指定到命令按钮的单击事件上,用户单击按钮时就会运行相应的宏。

【例 6-4】创建一个窗体"例 6-4"(图 6-13),单击"显示学生信息"按钮时运行子宏"StuInfo",单击"显示教师信息"按钮时运行子宏"TeacherInfo"。

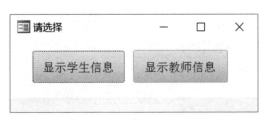

图 6-13 "例 6-4"窗体

操作步骤如下:

(1)在"创建"选项卡"窗体"组中,单击"窗体设计"按钮,创建一个空白窗体,按照图 6-14 所示设置窗体属性。

(2)在窗体中添加两个命令按钮 Command0 和 Command1,标题属性分别为"显示学生信息"和"显示教师信息"。

(3)将 Command0 的单击事件属性设置为"MyMacro.StuInfo",Command1 的单击事件属性设置为"MyMacro.TeacherInfo",如

图 6-14 窗体属性设置

图 6-15 所示。

图 6-15　命令按钮单击事件设置

（4）保存窗体为"例 6-4"，关闭窗体。

6.3.4　自动运行宏

Access 在打开数据库时，将查找一个名为"AutoExec"的宏，如果找到，就自动运行它。制作"AutoExec"宏只需要进行如下操作即可：

（1）创建一个宏，其中包含了在打开数据库时要自动运行的操作。

（2）以"AutoExec"为宏名保存该宏。

提示

如果不希望在打开数据库时运行 AutoExec 宏，可在打开数据库时按 Shift 键。

【例 6-5】创建一个自动运行宏，它的作用是打开数据库时，先弹出一个"密码"输入框，如图 6-16 所示。当用户输入的密码为"123456"时，出现"通过验证"消息框，如图 6-17 所示；密码错误时，出现"未通过验证"消息框，如图 6-18 所示，并关闭 Access。

图 6-16　"密码"输入框

图 6-17　"通过验证"消息框

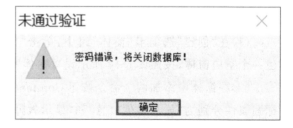

图 6-18　"未通过验证"消息框

操作步骤如下：

(1)在"创建"选项卡"宏与代码"组中，单击"宏"按钮，打开宏设计视图。

(2)添加"If"程序流程，按照图 6-19 所示设置 If 块的条件。

(3)在"If"块中添加显示"通过验证"消息框的"MessageBox"操作和停止当前运行宏的"StopMacro"操作，参数设置如图 6-19 所示。

(4)添加"Else"块，在该块中添加显示"未通过验证"消息框的"MessageBox"操作和退出数据库的"QuitAccess"操作，参数设置如图 6-19 所示。

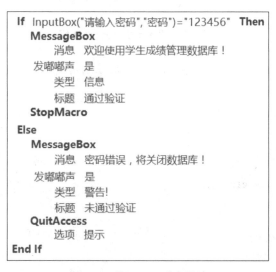

图 6-19　"AutoExec"宏设计

(5)保存该宏为"AutoExec"，关闭宏设计窗口。

6.3.5　嵌入宏

前面例子中创建的"MyMacro"宏和"AutoExec"宏，都是在导航窗格的"宏"列表中可见的独立对象，称为"独立宏"。独立宏与窗体、报表或控件等对象并无附属关系。

与独立宏相反，嵌入宏并不作为对象显示在导航窗格的"宏"列表中，而是存储在窗体、报表或控件的事件属性中，与窗体、报表或控件等对象产生附属关系。嵌入宏使数据库更易于管理，使宏的功能更强大、更安全。

【例 6-6】在报表"例 5-4"中创建嵌入宏，打开报表前弹出"口令"输入框，如图 6-20 所示.如果输入的口令不是"123456"，则不能打开该报表；如果口令正确，则显示不及格成绩的记录，且成绩显示为红色。

操作步骤如下：

(1)打开报表"例 5-4"的设计视图，在"属性表"

图 6-20　"口令"输入框

窗格中，单击报表"打开"事件右边的省略号按钮 ⋯ ，打开"选择生成器"对话框，如图 6-21 所示，选择"宏生成器"，进入宏设计视图。

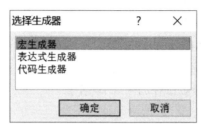

图 6-21　"选择生成器"对话框

（2）在宏设计窗口中添加"If"块，按照图 6-22 所示设置条件。

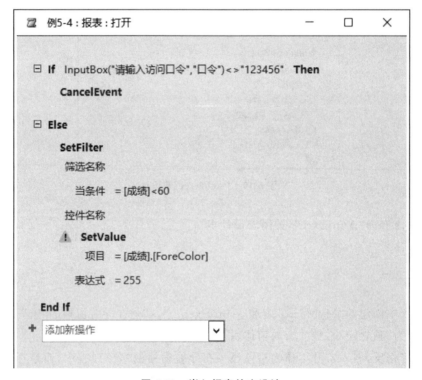

图 6-22　嵌入报表的宏设计

（3）在"If"块中添加"CancelEvent"操作，取消报表的"打开"事件，即不打开报表。

（4）添加"Else"块，在该块中添加"SetFilter"操作，按照图 6-22 所示设置参数．其作用是设置打开报表的过滤器，只显示成绩不及格的记录。

（5）在"SetFilter"操作后添加"SetValue"操作，按照图 6-22 所示设置参数．其作用是设置报表主体节中"成绩"文本框的前景色为 255（红色）。

（6）保存该宏，关闭宏设计窗口。

（7）保存该报表，关闭报表的设计视图。

在导航窗格中双击报表“例 5-4”后，将出现图 6-20 所示的口令输入框，如果口令正确则显示图 6-23 所示的结果。

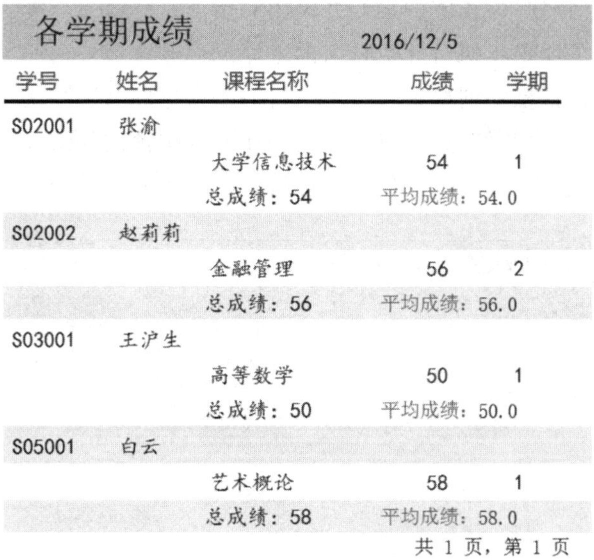
各学期成绩
2016/12/5
学号
姓名
课程名称
成绩
学期
S02001
张渝
大学信息技术
54
1
总成绩：54
平均成绩：54.0
S02002
赵莉莉
金融管理
56
2
总成绩：56
平均成绩：56.0
S03001
王沪生
高等数学
50
1
总成绩：50
平均成绩：50.0
S05001
白云
艺术概论
58
1
总成绩：58
平均成绩：58.0
共 1 页，第 1 页

图 6-23　“例 5-4”报表预览效果

6.4　宏的调试

对于包含较复杂操作的宏，运行时如果出现错误且出错之处不容易被发现，可以使用宏的调试工具进行检查并排除出现问题的操作。在 Access 中，对宏的调试可以采用单步运行宏的方法，即一次只执行一个操作的调试。这样可以观察宏的流程和每一步操作的结果，能够比较容易地分析出错的原因，改正出错的操作。

打开宏的设计视图，在“设计”选项卡的“工具”组中，单击“单步”按钮，然后再单击“运行”按钮，将打开“单步执行宏”对话框，如图 6-24 所示。

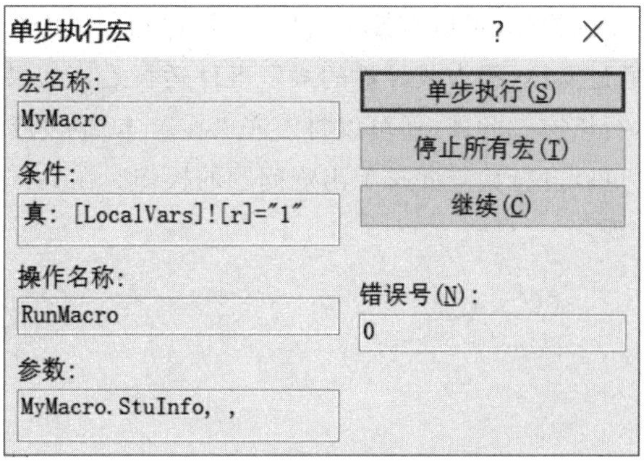
单步执行宏
?
宏名称：
MyMacro
单步执行(S)
停止所有宏(T)
条件：
真：[LocalVars]![r]="1"
继续(C)
操作名称：
RunMacro
错误号(N)：
0
参数：
MyMacro.StuInfo, ,

图 6-24　“单步执行宏”对话框

"单步执行宏"对话框中 3 个命令按钮操作含义如下：

(1)"单步执行"按钮：执行"单步执行宏"对话框中的操作；

(2)"停止所有宏"按钮：停止宏的运行并关闭对话框；

(3)"继续"按钮：关闭单步执行并执行宏的未完成部分。

在"单步执行宏"对话框中列出了每一步执行的宏操作的"条件"是否成立、宏的操作名称、宏操作的参数，通过观察这些信息，可以得知宏操作是否按预期的结果执行。

如果宏操作有错误，则会显示"操作失败"对话框，如图 6-25 所示。

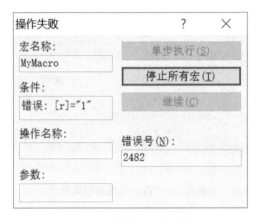

图 6-25　"操作失败"对话框

 本章小结

通过本章的学习，应理解宏的相关概念和宏的分类，掌握创建宏的方法、运行宏的方法和常见的宏操作，了解宏的调试方法。

Access 的宏由操作、条件宏和子宏组成，创建宏通过宏的设计窗口来实现。创建条件宏时，条件值应该是个逻辑值，条件表达式可以直接输入，也可以使用表达式生成器生成。创建宏组时每个子宏都需要有一个宏名，宏组中的宏使用"宏组名.子宏名"来引用。

运行宏就是运行宏中的操作，可以直接运行宏，也可以通过一个宏的"RunMacro"操作运行另外一个宏，还可以通过窗体、报表或控件的触发事件运行宏。如果宏名为"AutoExec"，则打开数据库时会自动运行该宏。此外，还可以将宏嵌入在窗体、报表或控件的事件中。

使用宏的调试工具可以进行检查并排除出现问题的操作。在 Access 中，对宏的调试采用单步运行宏的方法来实现。

思考与练习

一、思考题

6.1 什么是宏？

6.2 什么是宏组？

6.3 如何引用宏组中的子宏？

6.4 使用什么宏可在首次打开数据库时自动执行一个或一系列的操作？

6.5 如何运行宏？

二、选择题

(1) 宏中的每个操作命令都有名称,这些名称( )。

　　A. 可以更改 　　　　　　　　　　B. 不能更改

　　C. 部分能更改 　　　　　　　　　D. 能调用外部命令进行更改

(2) 宏是指一个或多个( )的集合。

　　A. 条件 　　　　　B. 操作 　　　　　C. 对象 　　　　　D. 表达式

(3) 以下关于宏的叙述中,错误的是( )。

　　A. 宏是 Access 的一个对象

　　B. 宏的主要功能是使操作自动进行

　　C. 使用宏可以完成许多繁杂的人工操作

　　D. 只有熟悉掌握各种编程语法、函数,才能设计出功能强大的宏

(4) ( )才能执行宏操作。

　　A. 创建宏 　　　　B. 编辑宏 　　　　C. 运行宏 　　　　D. 创建宏组

(5) 打开窗体的宏操作是( )。

　　A. OpenForm 　　B. OpenQuery 　　C. OpenTable 　　D. OpenReport

(6) 退出 Access 的宏命令是( )。

　　A. StopMacro 　　B. Quit 　　　　C. Cancel 　　　　D. Close

(7) 用于从其他数据库导入和导出数据的宏命令是( )。

　　A. TransferDatabase 　　　　　　B. TransferText

　　C. CopyDatabaseFile 　　　　　　D. OpenTable

(8) 用宏命令 OpenReport 打开报表,则可以显示该报表的视图是( )。

　　A. "布局"视图 　　　　　　　　B. "设计"视图

　　C. "打印预览"视图 　　　　　　D. 以上都是

(9) Access 在打开数据库时,会查找一名为( )的宏,若有则自动运行它。

　　A. AutoMac 　　B. AutoRun 　　　C. RunMac 　　　D. AutoExec

(10) 在 Access 系统中,宏是按( )调用的。

　　A. 名称 　　　　B. 变量 　　　　　C. 编码 　　　　D. 关键字

(11) 如果不指定对象,宏命令 Close 将会( )。

　　A. 关闭正在使用的表 　　　　　　B. 关闭正在使用的数据库

C. 关闭当前窗体 　　　　　　　　D. 关闭相关的使用对象(窗体、查询、宏)

(12)在创建条件宏时，"If"块中不能添加(　　　)。

    A. If　　　　　　　　B. Else　　　　　　　　C. Else If　　　　　　　　D. Submacro

(13)要限制宏命令的操作范围，可以在创建宏时定义(　　　)。

    A. 宏操作对象 　　　　　　　　　　B. 宏条件表达式

    C. 宏操作目标 　　　　　　　　　　D. 窗体或报表的控件属性

(14)为窗体或报表上的控件设置属性值的宏命令是(　　　)。

    A. Echo　　　　　　　B. MsgBox　　　　　　C. Beep　　　　　　D. SetValue

(15)如果要建立一个宏，希望执行该宏后，首先打开一个表，然后打开一个窗体，那么在该宏中应该使用(　　　)两个操作命令。

    A. OpenReport 和 OpenQuery　　　　　B. OpenReport 和 OpenForm

    C. OpenTable 和 OpenForm　　　　　　D. OpenTable 和 OpenView

✔【选择题参考答案】

(1)B　　(2)B　　(3)D　　(4)C　　(5)A　　(6)B　　(7)A　　(8)D　　(9)D　　(10)A

(11)C　　(12)D　　(13)B　　(14)D　　(15)C

三、操作题

实验 1　创建宏和宏组

【实验目的】

掌握创建宏和宏组的方法，并能够运行和调试创建的宏。

【实验内容】

打开"学生成绩管理 .accdb"数据库文件，试按要求完成以下操作：

(1)创建一个名为"Teacher"的宏，再创建一个名为"Info"的子宏，作用是弹出一个消息框，提示信息为"下面将显示教师基本信息纵栏式报表！"，单击"确定"按钮，将显示例 5-1 创建的"教师信息"报表的打印预览视图。

(2)在"Teacher"宏组中创建一个名为"Course"的子宏，作用是弹出一个消息框，提示信息为"下面将显示教师任课信息报表！"，单击"确定"按钮，将显示 5.2 节实验 1 创建的"专业课程情况"报表的打印预览视图。

实验 2　创建条件宏和启动宏

【实验目的】

掌握创建条件宏的方法，并能够运行和调试创建的宏。

【实验内容】

打开"学生成绩管理 .accdb"数据库文件，试按要求完成以下操作：

（1）创建一个名为"检验密码"的窗体（图 1），窗体中包含一个文本框 Text1、一个"确定"命令按钮、一个"取消"命令按钮和一个提示输入密码的标签。

图 1　"检验密码"窗体

（2）创建一个名为"Check"的宏，再创建一个名为"Ok"的子宏，其作用是判断"校验密码"窗体的密码框中输入的密码是否为"123456"。若正确，则关闭当前窗体，并显示"例 5-3"报表中的打印预览视图，且只显示 75 分以上（含 75 分）的记录；若密码错误，则弹出一个标题为"密码错误"的消息框，提示信息为"密码错误，您不能查看学生成绩！"，焦点回到"检验密码"窗体的密码文本框。

（3）在"Check"宏组中，创建一个名为"Cancel"的子宏，作用是关闭当前窗体。

（4）单击"检验密码"窗体的"确定"按钮时运行"Check"宏组的"Ok"子宏，单击"取消"按钮时运行"Check"宏组的"Cancel"子宏。

［**提示**］Check 宏组设计如图 2 所示。

　　　　子宏: Ok
　　　　　If [Forms]![检验密码]![Text1]="123456"　**Then**
　　　　　　　CloseWindow
　　　　　　　对象类型　窗体
　　　　　　　对象名称　检验密码
　　　　　　　OpenReport
　　　　　　　报表名称　例5-3
　　　　　　　　视图　打印预览
　　　　　　　当条件　=[成绩]>=75
　　　　　Else
　　　　　　　MessageBox
　　　　　　　　消息　密码错误，您不能查看学生成绩！
　　　　　　　　标题　密码错误

　　　　　　　GoToControl
　　　　　　　控件名称　[Text1]
　　　　　End If
　　　　End Submacro
　　　　子宏: Cancel
　　　　　　CloseWindow
　　　　　　对象类型　窗体
　　　　　　对象名称　检验密码
　　　　End Submacro

图 2　"Check"宏组

第 7 章
VBA 程序设计

前面的章节介绍了 Access 强大的交互操作功能，开发者通过创建表、查询、窗体、报表、宏等对象，可以快速建立和管理简单的数据库应用系统。这种直观的可视化操作虽然简单，但是所建系统无法实现复杂的处理和必要的判断控制。

本章介绍的 Visual Basic 宏语言（VBA）能够开发出功能更强大、更具灵活性和自动性的数据库应用系统，从而使数据库系统的使用和管理更加完善。

本章知识结构导航如图 7-1 所示。

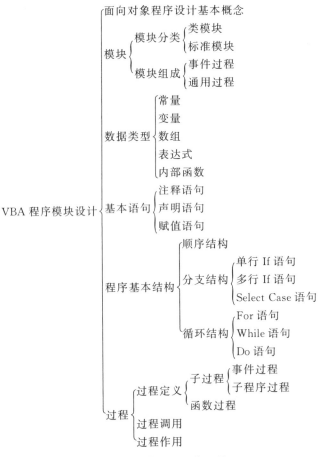

图 7-1　本章知识结构导航

7.1　VBA 编程基础

VBA 的全称是 Visual Basic for Applications，它是面向对象程序设计语言 VB 的子集，作为 Microsoft 公司 Office 系列软件中的内置编程语言用于开发应用系统。

VBA 的语法结构与 Visual Basic 编程语言互相兼容，采用的是面向对象的编程机制和可视化的编程环境。

7.1.1　面向对象程序设计的基本概念

"对象"是面向对象程序设计中最基本、最重要的概念，任何一个对象都有属性、方法和事件 3 个要素。

1. 对象

表、查询、窗体、报表等是对象，字段、窗体中的控件、报表中的控件也是对象。对象是 VBA 应用程序的基础构件，在开发一个面向对象的应用程序时，必须先建立各个对象，然后围绕对象进行程序设计。

2. 对象的属性

属性是指对象的特征，如对象的大小、颜色等。每一个对象都有一组特定的属性，显示在对象的属性窗口中。每个属性都有一个缺省值，如果缺省值不能满足要求，就要对它重新设置。在 VBA 应用程序中，可通过以下命令格式重新设置对象的属性值：

对象名.属性名＝新的属性值

3. 对象的方法

对象的方法是系统事先设计好的、对象能执行的操作，目的是改变对象的当前状态。例如，对某个文本框使用 SetFocus 方法，使光标插入点移到该文本框内。

注意，对象的方法不会显示在属性窗口中，它只能在 VBA 应用程序中调用，调用格式为：

对象名.方法名

4. 对象的事件

事件是对象对外部操作的响应，如在程序执行时，单击命令按钮会产生一个 Click 事件。事件的发生通常是用户操作的结果。

每个对象都有一系列预先定义的事件集。例如，命令按钮能响应单击、获取焦点、失去焦点等事件。可以通过属性窗口的"事件"选项卡查看各个事件。

5. 事件过程

尽管系统对每个对象都预先定义了一系列的事件集，但要判定它们是否响应某个具体事件以及如何响应事件,就是 VBA 编程的事情了。例如,需要命令按钮响应 Click 事件,就要把完成 Click 事件功能的代码写到 Click 事件的事件过程中。

事件过程的一般格式如下:

Private Sub 对象名_事件名([形参表])

    VBA 程序代码

End Sub

其中,"对象名_事件名"是系统自动生成的事件过程名,系统根据实际对象和事件将对象名、事件名用下划线连接起来组成事件过程名。

【例 7-1】某窗体上的命令按钮 Command0 的 Click 事件过程,其功能:当单击该命令按钮时,弹出信息框显示"欢迎学习 VBA!"。

Private Sub Command0_Click()

    MsgBox "欢迎学习 VBA!"

End Sub

说明

> 过程和函数的参数分为两种,分别是形式参数(简称:形参)与实际参数(简称:实参)。
>
> (1)形式参数:
>
> 在定义函数时函数名后面括号中的变量名称称为形式参数(简称形参),即形参出现在函数定义中。形参变量只有在被调用时才会为其分配内存单元,在调用结束时,即刻释放所分配的内存单元。在函数未被调用时,函数的形参并不占用实际的存储单元,也没有实际值。
>
> (2)实际参数:
>
> 主调函数中调用一个函数时,函数名后面括号中的参数称为实际参数(简称实参),即实参出现在主调函数中。
>
> 实参可以是常量、变量、表达式、函数等,无论实参是何种类型的量,在进行函数调用时,它们都必须具有确定的值,以便把这些值传递给形参。因此应预先用赋值、输入等办法使实参获得确定值。

7.1.2　模块的基本概念

模块是 Access 数据库中存放 VBA 程序代码的"容器"。VBA 程序代码以过程为基本单位保存在模块中,每个过程可实现单一的功能,模块就是过程的集合。

正是由于模块是由编程语言建立的,所以它的功能比 Access 数据库中其他对象的功能要强大得多。使用模块可以建立用户自己的函数、完成复杂的计算、完成标准宏所不能完成的功能等。

1. 类模块和标准模块

在 Access 中，模块有两种基本类型：类模块和标准模块。

类模块是指与某一特定对象相关联的模块，有窗体模块、报表模块和自定义类模块 3 种形式。窗体模块是与某一窗体相关联的模块，主要包含该窗体和窗体上的控件所触发的事件过程。报表模块则是与某一报表相关联的模块，主要包含该报表和报表页眉/页脚、页面页眉/页脚、主体等对象所触发的事件过程。

标准模块是独立于窗体和报表的模块，属于 Access 数据库的"模块"对象。标准模块中定义的过程都是通用过程，默认的作用范围是公共的(Public)，可供任何模块中的过程调用。

2. 事件过程和通用过程

每个事件过程对应一个窗体或报表上的一个事件并保存在该窗体或报表的模块中，当事件发生时，对应事件过程被触发。例 7-1 就是一个事件过程的例子。

通用过程完成某种特定功能。它不与任何特定的事件相联系，故不能由事件触发，而必须由其他过程来调用。它一般保存在标准模块中，也可以保存在窗体或报表模块中。

3. 子过程和函数过程

模块中的过程从定义形式看，又有子过程(Sub 过程)和函数过程(Function 过程)之分。

子过程完成一项特定的操作，但是不返回值。其一般格式如下：

```
[Public|Private] Sub 子过程名([形参表])
    VBA 程序代码
End Sub
```

函数过程完成一项特定的计算，并返回一个具体值。其一般格式如下：

```
[Public|Private] Function 函数过程名([形参表])[As 数据类型]
    VBA 程序代码
    函数过程名=函数返回值
End Function
```

事件过程属于子过程，只是它的名字是由系统自动生成的。

通用过程则分为子过程(也称为子程序过程)和函数过程两大类，它们的名字是由用户定义的。例 7-2 和例 7-3 分别是子程序过程和函数过程的简单例子。

【例 7-2】子程序过程 Welcome，功能是弹出消息框显示"欢迎学习 VBA!"。

```
Public Sub Welcome()
    MsgBox "欢迎学习 VBA!"
End Sub
```

【例 7-3】函数过程 Add，以整型 x、y 为形参，返回 x、y 的和。

```
Public Function Add(x As Integer,y As Integer)As Integer
    Add=x+y
End Function
```

7.1.3　VBA 的编程环境 VBE

编辑和调试 VBA 程序的环境称为 VB 编辑器(Visual Basic Editor),简称 VBE。

在"数据库工具"选项卡的"宏"组中单击"Visual Basic"按钮,或在"创建"选项卡的"宏与代码"组中单击"Visual Basic"按钮,即可打开 VBE 窗口,如图 7-2 所示。

下面介绍 VBE 窗口及如何在 VBE 窗口中编写 VBA 代码。

1. VBE 窗口

如图 7-2 所示,VBE 窗口主要由菜单栏、标准工具栏和多个子窗口组成。

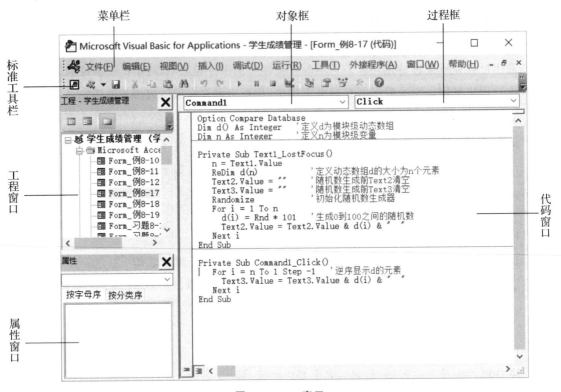

图 7-2　VBE 窗口

(1)菜单栏。菜单栏由"文件""编辑""视图""插入""调试""运行""工具""窗口"等 10 个菜单命令组成。

(2)标准工具栏。标准工具栏是 VBE 默认显示的工具栏,各主要按钮(见图 7-3)的功能如下:

1)"视图 Microsoft Access"按钮:切换到 Access 数据库窗口。

2)"插入模块"按钮:插入模块或过程。

3)"运行子过程/用户窗体"按钮:运行模块中的程序。

4)"中断"按钮:中断正在运行的程序。

5)"重新设置"按钮:结束正在运行的程序。

6)"设计模式"按钮:在设计模式和非设计模式之间切换。

7)"工程资源管理器"按钮:用于打开工程窗口。

8)"属性窗口"按钮:用于打开属性窗口。

9)"对象浏览器"按钮:用于打开对象浏览器。

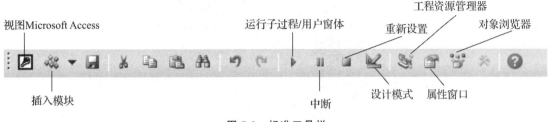

图 7-3　标准工具栏

(3)工程窗口。工程窗口又称"工程资源管理器"。该子窗口以树型结构列出当前数据库中的所有模块文件,双击该窗口中的某个模块,即可打开其对应的代码窗口。

(4)代码窗口。代码窗口用于输入、显示和编辑 VBA 代码,是 VBE 窗口中最主要的操作界面。其中,"对象"框和"过程"框的功能如下:

1)"对象"框:查看和选择当前窗体(或报表)模块中的对象。

2)"过程"框:查看和选择当前窗体(或报表)对象或标准模块中的过程。

(5)属性窗口。属性窗口即所选对象的属性列表,可"按字母序"和"按分类序"在此窗口查看属性并编辑所选对象的属性值。

(6)其他子窗口。它们是:

1)立即窗口:用于调试 VBA 程序时,输入或粘贴一行代码并立即执行,以便查看该代码的运行结果。

2)本地窗口:使用本地窗口,可以自动显示正在运行中的所有变量声明及变量值,从中可以观察一些数据信息。

3)监视窗口:用于调试 VBA 程序时,显示正在运行中定义的监视表达式的值。

刚打开的 VBE 窗口一般没有打开以上全部子窗口,如需打开,可以选择"视图"菜单中的相应按钮将其打开。

2. 在 VBE 中创建标准模块

若 VBE 窗口已打开,选择"插入"菜单下的"模块"命令,或单击标准工具栏上的"插入模块"按钮,即新建一个标准模块。

若 VBE 窗口未打开,在 Access 功能区的"创建"选项卡中,单击"宏与代码"组中的"模块"按钮,即新建一个标准模块并进入 VBE。

3. 在标准模块中创建通用过程

若标准模块未打开,从工程窗口的模块列表中,选中要打开的标准模块双击打开。

标准模块打开后,可以通过以下两种方法创建子程序或函数过程。下面以创建例 7-2 的子程序过程 Welcome 为例加以说明。

(1)执行"插入,过程"命令。

1)选择"插入"菜单中的"过程"命令,出现"添加过程"对话框,如图 7-4 所示。

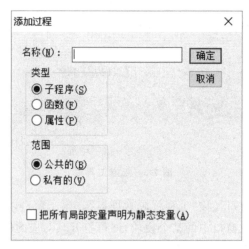

图 7-4 "添加过程"对话框

2)在"名称"文本框中输入所建过程的名称"Welcome"。

3)选择该过程的类型、作用范围,本例选择"子程序"、"公共的"。

4)单击"确定"按钮,自动生成子过程框架:

Public Sub Welcome()

End Sub

5)在子过程框架内输入过程体代码:

MsgBox "欢迎学习 VBA!"

(2)直接在标准模块的 VBE 窗口中输入过程代码。

Public Sub Welcome()

    MsgBox "欢迎学习 VBA!"

End Sub

过程建立后,先保存模块,然后将光标定位在过程中,单击工具栏上的"运行子过程/用户窗体"按钮,可看到本过程的运行效果,即在弹出的消息框中显示"欢迎学习 VBA!"。

4. 在 VBE 中创建窗体(或报表)的事件过程

一个窗体(或报表)一旦创建,Access 便自动创建一个对应的窗体模块(或报表模块)。可以在窗体模块(或报表模块)中为特定事件编写一段 VBA 代码,在事件发生时便会执行代码,完成指定的动作。

下面以创建例 7-1 的事件过程为例,介绍在窗体中创建事件过程的方法。

假设窗体的设计视图已打开,窗体上有一名为 Command0 的命令按钮。

(1)打开窗体的 VBE,加入新的事件过程,有如下几种方法:

1)右击命令按钮 Command0,在弹出的快捷菜单中选择"事件生成器",即可打开该窗体的 VBE 窗口,并自动生成 Command0 的 Click 事件过程框架:

Private Sub Command0_Click()

End Sub

2)打开命令按钮 Command0 的属性表,在"事件"选项卡中点击"单击"事件属性框右侧的"⋯"按钮,打开"选择生成器"对话框,选择"代码生成器",即可打开 VBE 并自动生成 Command0 的 Click 事件过程框架。

3)在"设计"选项卡的"工具"组中单击"查看代码"按钮,打开窗体的 VBE 窗口,在"对象"框中选择 Command0,在"过程"框中选择事件 Click,即可生成 Command0 的 Click 事件过程框架。

(2)在 Command0 的 Click 事件过程框架内输入过程体代码:

MsgBox "欢迎学习 VBA!"

至此,Command0 的 Click 事件过程已建立,保存窗体并运行窗体,单击 Command0 按钮,即在弹出的消息框中显示"欢迎学习 VBA!"。

7.2　数据类型

数据是程序的处理对象,不同类型的数据有不同的存储形式和取值范围,所能进行的运算也是不同的。

VBA 中常用的基本数据类型见表 7-1。

表 7-1　常用的基本数据类型

数据类型	类型名	类型符	占用字节	取值范围
字节型	Byte		1	0～255
整型	Integer	%	2	−32768～32767
长整型	Long	&	4	−2147483648～2147483647
单精度型	Single	!	4	±1.4E−45～±3.4E+38
双精度型	Double	#	8	±4.9E−324～±1.7E+308
货币型	Currency	@	8	0～922337203685479.58
字符型	String	$	不定	根据字符串长度而定
日期型	Date		8	公元 100 年 1 月 1 日～9999 年 12 月 31 日
逻辑型	Boolean		1	True 或 False
对象型	Object		4	任何 Object 引用的对象
变体型	Variant		不定	由最终的数据类型决定

7.2.1 常量

常量是 VBA 在运行时其值始终保持不变的量,分为直接常量、符号常量、固有常量和系统常量四种。

1. 直接常量

直接常量就是在程序代码中直接给出的数据,其表示形式决定了它的数据类型和值。

(1)整型常量。整型、长整型常量由数字和正负号组成,不带小数点和指数符号,如 123、-32769。

可以从数的大小区分一个整数是整型常量还是长整型常量。例如,-32769 超出整型的表示范围,故-32769 是长整型常量。

还可以在整数的末尾加上类型符"%"或"&",以显式标识该常量是整型常量还是长整型常量。例如,1234& 表示 1234 是长整型常量。

(2)浮点型常量。浮点型常量包括单精度型常量和双精度型常量,均有小数和指数两种表示形式。

小数形式由数字、小数点和正负号组成,如 3.14、-23.56。

指数形式采用科学计数法,以 10 的整数次幂表示数。例如,-4.56E-17 表示数-4.56×10^{-17}。

可用类型符"!"和"#"分别标识单精度和双精度型常量。例如,1234!、1.2345#。

(3)货币型常量。货币型常量一般用来表示货币值。货币型常量有整数和小数两种表示形式,其中,小数形式的整数部分最多 15 位,小数点后面最多精确到第 4 位。

通常在数的末尾加上类型符"@"以区别于整型常量与浮点型常量。例如,1234@、45.6789@。

(4)字符型常量。在 VBA 中,字符型常量是用一对双引号""括起来的一串字符。例如,"abc"、"ABC"、"计算机"、"12.34"、"3+2"、" "(空串)。

如果字符串本身包括双引号,可用连续两个双引号表示字符串中的一个双引号。例如,要打印以下字符串:

"You must study hard",he said.

在程序代码中需要将该字符串表示成:

"""You must study hard"",he said."

(5)日期型常量。日期型常量的表示形式为用两个"#"号把日期或日期及时间括起来。

VBA 接受多种日期、时间格式。例如,下面的日期型常量全部有效。

#2016/9/19 19:30#

#9-19-2016 7:30 PM#

#20,2,2016 7:30:10 AM#

#2016,Feb 20#

#Feb-20-2016#

#february/20/2016#

(6)逻辑型常量。逻辑型常量只有 True(真)和 False(假)两个值。

2. 符号常量

符号常量就是用标识符来表示一个常量。例如,我们把 3.14159 定义为 PI,在程序代码中,就可以在使用圆周率的地方使用 PI。使用符号常量的好处主要在于,当我们要修改该常量时,只需要修改定义该常量的一个语句即可。

VBA 中使用 Const 语句定义符号常量,语句格式如下:

Const 常量名[As 类型名|类型符]=表达式

举例:

Const PI=3.14159

或 Const PI As Single=3.14159

或 Const PI!=3.14159

3. 固有常量

固有常量定义在对象库中,可在代码中代替实际值。例如,用 vbRed 来表示对象的前景颜色。

固有常量名的前两个字母为前缀字母,表示定义该常量的对象库。来自 Microsoft Access 库的常量以"ac"开头,来自动态数据对象(ActiveX Data Objects,ADO)库的常量以"ad"开头,而来自 Visual Basic 库的常量则以"vb"开头。例如,acForm,adAddNew,vbCurrency 等。

4. 系统常量

系统常量共 4 个:True 和 False 表示逻辑值,Empty 表示变体型变量尚未指定初始值,Null 表示一个无效数据。

7.2.2　变量

VBA 变量是指在程序运行过程中其值可以改变的内存单元。

1. 变量的命名

所有变量都要有自己的名字以相互区别,称为变量名。变量名应为合法的标识符。

VBA 规定,标识符必须由字母或汉字开头,并由字母、汉字、数字和下划线构成,但不能是 VBA 关键字,长度不超过 255 个字符。VBA 的变量、符号常量、过程、宏等均用标识符命名。

例如 x、i、intMax、strName、Student1、Student_NO、MyName 均是合法的标识符,可以作为变量名。3d(数字开头)、My name(含有空格)、x$y("$"非字母、汉字、数字和下划线)、integer(关键字)均不是合法的标识符,不能作为变量名。

2. 变量的声明

使用变量前,应给变量定义名字和数据类型,以便系统分配相应的内存空间,这就是变量的声明。在 VBA 中,可以显式或隐式声明变量。

(1)用声明语句显式声明。

语句格式:Dim 变量名[As 类型名|类型符][,变量名[As 类型名|类型符]…]

例如：

Dim Address As String   '声明 Address 为字符型变量

 说明

①可在一个语句内声明多个变量,变量之间用逗号分隔。例如:

Dim a As Integer,b As Long,c As Single

该语句定义了三个变量a、b、c,其中,a为整型,b为长整型,c为单精度型。

②可直接使用类型符来定义变量的类型。例如上面语句可以写成:

Dim a%,b&,c!

③如果未对变量名使用[As 类型名|类型符]短语,则该变量被显式声明为可变类型(Variant),即相当于省略了 As Variant 短语。例如:

Dim Num,Avg As Single

其中 Num 被显式声明为 Variant。

(2)使用类型符显示声明。VBA 允许变量不在声明语句中声明,而在其首次使用时,直接加类型符进行声明。例如:

x% = 1243   'x 是一个整型变量

y! = 5678.456   'y 是一个单精度型变量

z $ = "Access VBA"   'z 是个字符串变量

(3)隐式说明。如果一个变量未在声明语句中声明,末尾也没有类型符,即不加声明直接使用变量,则该变量被隐式声明为变体型(Variant)。

3. 变体型变量

变体型是一种特殊的数据类型,它可以存储所有类型的数据,而且当被赋予不同类型值时可以自动进行类型转换。

(1)声明 Variant 的两种方式:

显式声明:例如,语句"Dim X"显式声明 X 为 Variant。

隐式声明:变量未经声明数据类型就投入使用,即默认为 Variant。

(2)Variant 变量的默认值。Variant 变量在尚未指定初始值时,其值为 Empty。

(3)Variant 变量的赋值。Variant 变量将最近所赋值的类型作为它的类型。

 说明

使用隐式说明变量虽然方便,但会对变量的识别和程序的调试带来困难。例如,将已定义的变量 hello(o 为字母)错写成 hell0(0 为数字),将表达式 a * b 错写成 ab,系统会把hell0,ab 作为新的变体型变量来使用。因此,提倡初学者养成对变量显式声明的习惯,以避免一些不必要的错误。

可以用以下两种方法对程序强制显式声明:

1)在标准模块或类模块的通用声明段(位于模块的顶部、所有过程之前)中加入语句:

Option Explicit

2)从"工具"菜单选择"选项"命令,在"选项"对话框的"编辑器"选项卡中,选中"要求变量声明"选项,则后续模块的声明段中会自动插入"Option Explicit"语句。

4. 变量的作用域

变量可被访问的范围称为变量的作用范围,也称为变量的作用域。变量按其作用域分为全局变量、模块级变量和局部变量。

(1)全局变量。全局变量指在模块的通用声明段中用 Public 语句声明的变量,作用域是所在数据库中所有模块的任何过程。例如,在标准模块的通用声明段中声明全局变量 j:

Public j As Integer

(2)模块级变量。模块级变量指在模块的通用声明段中用 Dim 语句或 Private 语句声明的变量,作用域是所在的模块的任何过程。例如,在标准模块的通用声明段中声明模块级变量 i:

Private i As Integer

(3)局部变量。局部变量指在过程内用 Dim 或 Static 语句声明的变量,以及未经任何声明直接在过程内使用的变量,其作用域仅限于所在的过程。局部变量是最常用的变量类别。

7.2.3　数组

数组是一组数据类型相同、逻辑上相关的变量的集合,数组中的每个元素具有相同的名字、不同的下标。

数组按下标个数分为一维数组、二维数组和多维数组。一维数组相当于数学中的数列、向量,二维数组相当于数学中的矩阵和现实生活中的规范二维表。本教材只介绍一维数组和二维数组。

在 VBA 中,数组必须先经显式声明才能使用,声明数组的目的是为了确定数组的名字、维数、大小和数据类型。

1. 一维数组的声明

语句格式:

Dim 数组名([下标下界 To]下标上界)[As 类型]

 说明

　　(1)数组用合法的标识符命名,且不能与程序中的其他名字相同。
　　(2)下标下界和上界都必须为整型常量或整型常量表达式,且上界必须大于等于下界。一维数组的元素个数为:上界－下界＋1。
　　(3)若缺省下标下界,则默认下界为 0。可以将默认下界改为 1,方法是在模块的声明段中加入语句:Option Base 1
　　(4)若缺省 As 子句,则数组类型默认为 Variant。

例如:

Option Base 1

Dim a(10) As Integer　　'声明整型数组 a,有 10 个元素,下标从 1 到 10

Dim arr(−5 to 5) As Single　'声明单精度型数组 b,有 11 个元素,下标从−5 到 5

2. 二维数组的声明

语句格式:

Dim 数组名([下标 1 下界 To]下标 1 上界,[下标 2 下界 To]下标 2 上界)[As 类型]

数组元素个数:(下标 1 上界−下标 1 下界+1)*(下标 2 上界−下标 2 下界+1)

例如:

Dim c(1 To 3,1 To 4)As Long　'声明长整型二维数组 c,大小为 3 行 4 列

3. 动态数组的声明

动态数组就是在声明时未给出大小,而到要使用它时才指出大小,且可以随时改变大小的数组,又称可变大小数组。

(1)用 Dim 语句声明动态数组的名字、类型:

Dim 动态数组名()[As 类型]

(2)用 ReDim 语句声明动态数组的维数、大小:

ReDim 动态数组名([下标 1 下界 To]下标 1 上界[,[下标 2 下界 To]下标 2 上界])[As 类型]

注:Dim 语句是非执行语句,而 ReDim 语句是可执行语句。

例如:

Dim sa() As Single　　　'声明 sa 为单精度型动态数组

ReDim sa(10)　　　　　'重声明 sa 为一维数组,大小为 11 个元素

ReDim sa(1 To 3,1 To 4)　'再声明 sa 为二维数组,大小为 3 行 4 列

4. 数组元素的引用

引用格式:

数组名(下标 1[,下标 2])

 说明

(1)下标可以是数值常量、变量或表达式,下标值若为非整数,系统则自动取整。

(2)下标值必须落在下标下界和上界之间,否则系统提示"下标越界"。

7.2.4　运算符与表达式

运算是对数据的加工,运算符就是描述运算的符号,表达式就是通过运算符将常量、变量、函数、对象的属性等运算对象连接起来的式子。VBA 根据运算符的不同,将运算符和表达式分为算术运算符和表达式、连接运算符和表达式、关系运算符和表达式、逻辑运算符和表达式以及对象运算符和表达式 5 种。

1. 算术运算符和表达式

使用算术运算符可以对数值型数据进行运算,算术表达式的运算结果也是数值型。

VBA 提供的算术运算符与表达式举例见表 7-2。

算术运算的优先级顺序：同级时从左向右，不同级见表 7-2 所列。

表 7-2　算术运算符与算术表达式

运算符	运算功能	表达式举例	运算结果	优先级
^	乘方	3^2	9	高
−	负号	−3	−3	
* , /	乘、除	2 * 5/3	3.3333333333	
\	整除	10\3	3	
Mod	求余	10 Mod 4	2	
+ , −	加、减	20−10+1	11	低

2. 连接运算符和表达式

连接运算符用来将多个字符串连接成一个字符串，连接表达式的运算结果是字符型。

VBA 提供的连接运算符与表达式举例见表 7-3。

表 7-3　连接运算符与连接表达式

运算符	运算功能	表达式举例	运算结果	优先级
+	字符串连接	"123" + "456"	"123456"	
&	将相同或不同类型的值连接成一个字符串	"123" & 456" "123" & 456 123 & 456 （& 的两侧要留空格）	"123456"	同级

两个连接运算符的优先级相同，而且它们都低于算术运算符，但高于关系和逻辑运算符。

☞ 注意：两个连接运算符使用上的区别

　　(1)"＋"作为连接运算符要求两侧的操作数均为字符型；如果两侧均为数值型，或者一个是数值型，另一个是字符型数字串，则这个"＋"不是连接运算符而是加运算符；其他情形则出错。

　　例如：

　　"123"＋"456"结果为"123456"；

　　123＋456 结果为 579；

　　"123"＋456 结果为 579；

　　"abc"＋456 结果出错。

　　(2)"＆"运算符两侧的操作数不论是什么类型，均按字符型数据处理。

3. 关系运算符和表达式

关系运算符实现同类型数据大小关系的比较。关系表达式的结果是逻辑型数据，关系表达式成立则结果为"True",否则为"False"。

VBA 提供的关系运算符与表达式举例见表 7-4。

表 7-4 关系运算符与关系表达式

运算符	运算功能	表达式举例	运算结果	优先级
<	小于	100<100	False	
<=	小于等于	100<=100	True	
>	大于	"李华">"王明"	False	同级
>=	大于等于	"abc12">="abc2"	False	
=	等于	60=60	True	
<>	不等于	#8/7/2016#<>#7/8/2016#	True	

6 个关系运算符的优先级相同,而且它们都低于算术运算符和连接运算符,但高于逻辑运算符。

说明

(1)各类型数据根据各自的排序规则决定大小。

(2)字母串比较时是否区分大小写,取决于当前程序的 Option Compare 语句,该语句默认为 Option Compare Database,表示不区分大小写,此时"ab">"aB"结果为 False;若将语句改为 Option Compare Binary,则区分大小写,此时"ab">"aB"结果为 True。

4. 逻辑运算符和表达式

逻辑运算符用来连接多个逻辑型数据或关系表达式,实现多个关系运算的组合。逻辑表达式的运算对象与运算结果均为逻辑型数据。

VBA 中提供的主要逻辑运算符与表达式举例见表 7-5。

表 7-5 逻辑运算符与逻辑表达式

运算符	运算功能	表达式举例	运算结果	优先级
Not	非	Not 32<60	False	高
And	与	3+5>6 And 10\3=3	True	
Or	或	3+5<6 Or 10/3=3	False	低

逻辑运算符的优先级是各种运算符中最低的,即优先级从高到低依次为:

算术运算符→连接运算符→关系运算符→逻辑运算符

5. 对象运算符和表达式

对象运算表达式中使用"!"和"."两种运算符。

(1)"!"运算符

"!"运算符的作用是引用一个用户定义的对象,如窗体、报表、窗体或报表上的控件等。

例如:

Forms!成绩查询 '引用用户定义的窗体"成绩查询"

Forms!成绩查询!Label1 '引用用户在"成绩查询"窗体上定义的控件"Label1"

Reports!成绩一览表 '引用用户定义的报表"成绩一览表"

(2)"."运算符

"."运算符的作用是引用一个 Access 定义的内容,如对象的属性。

例如:

Me!Label1. Color '引用当前窗体上"Label1"控件的颜色属性

或省略"Me!",写成:Label1. Color。

7.2.5 内部函数

VBA 提供了大量的内部函数供用户在编程时调用。函数的一般格式是:

函数名(参数表)

内部函数通常是有返回值的,调用时只要给出正确的函数名和参数,就会产生一个返回值。

1. 常用内部函数

表 7-6、表 7-7、表 7-8 和表 7-9 分别列出常用的数学函数、字符函数、日期函数和转换函数及其实例。

表 7-6　常用数学函数

函数	说明	实例	返回结果
Abs(x)	返回数值型表达式 x 的绝对值	Abs(-4.8)	4.8
Sqr(x)	计算 x 的平方根	Sqr(16)	4
Int(x)	返回不超过 x 的最大整数	Int(3.5) Int(-3.5)	3 -4
Round(x,n)	对 x 保留 n 位小数,并对第 $n+1$ 位小数做四舍五入处理	Round$(3.5,0)$ Round$(-3.567,1)$	4 -3.6
Log(x)	返回 x 的自然对数(以 e 为底)	Log(10)	2.30258509299405
Exp(x)	返回 e 的 x 次幂	Exp(2)	7.38905609893065
Sgn(x)	返回 x 的符号	Sgn(3.5) Sgn(-3.5) Sgn(0)	1 -1 0
Rnd	产生一个大于等于 0 且小于 1 的单精度随机数	Rnd	产生[0~1)之间的数

表 7-7　常用字符函数

函数	说明	实例	返回结果
Len(s)	返回字符串 s 的长度	Len("VBA 函数")	5
Left(s,n)	截取字符串 s 左边 n 个字符	Left("abcde",3)	"abc"
Right(s,n)	截取字符串 s 右边 n 个字符	Right("abcde",3)	"cde"

函数	说明	实例	返回结果
Mid(s,$n1$,$n2$)	截取字符串 s 中从第 n1 个字符开始的 n2 个字符	Mid("abcde",2,3)	"bcd"
Ltrim(s)	删除字符串 s 的前导空格	Ltrim(" abc")	"abc"
Rtrim(s)	删除字符串 s 的尾部空格	Rtrim(" abc ")	" abc"
Trim(s)	删除字符串 s 的前导和尾部空格	Trim(" abc ")	"abc"
Space(n)	返回由 n 个空格组成的串	Space(3)	" "
String(n,s)	返回由 n 个 s 的首字符组成的串	String(3,"ab")	"aaa"
InStr($s1$,$s2$)	返回串 s2 在串 s1 中的位置	InStr("abcde","c")	3
Lcase(s)	将串 s 中的大写字母转换为小写	Lcase("AbC")	"abc"
Ucase(s)	将串 s 中的小写字母转换为大写	Ucase("aBc")	"ABC"

表 7-8　常用日期函数

函数	说明	实例	返回结果
Date 或 Date()	返回系统当前日期		系统当前日期
Time 或 Time()	返回系统当前时间		系统当前时间
Now	返回系统当前日期和时间		系统当前日期和时间
Year(d)	取日期 d 的年份	Year(♯2016-10-1♯)	2016
Month(d)	取日期 d 的月份	Month(♯2016-10-1♯)	10
Day(d)	取日期 d 的日数	Day(♯2016-10-1♯)	1

表 7-9　常用转换函数

函数	说明	实例	返回结果
Asc(s)	返回字符串 s 首字符的 ASCⅡ值	Asc("abc")	97
Chr(n)	返回由 ASCⅡ值 n 对应字符组成的串	Chr(97)	"a"
Str(n)	将数值表达式 n 的值转换成字符串	Str(50)	"50"
Val(s)	将数字字符串 s 转换成数值型数据	Val("123") Val("12ab3")	123 12

2. 输入和输出函数

（1）输入函数 InputBox。

常用格式：InputBox(提示信息[,[标题][,默认值]])

功能：打开一个对话框，显示提示信息，并等待用户键入数据。用户输入完毕并单击"确定"按钮或按回车键后，函数返回所输入的值；若单击"取消"按钮，则返回空串。

说明

> 1）可选参数"标题"指定对话框的标题，若缺省此参数，系统自动给出标题"Microsoft Access"。
>
> 2）可选参数"默认值"为默认输入值。
>
> 3）函数返回值类型默认为字符型，但若将其赋给变量，则自动转换为变量的类型，由接受返回值的变量类型决定。
>
> 4）每执行一次 InputBox 函数只能输入一个值。

如以下语句：

r!＝InputBox("请输入半径：","计算面积",1)

执行后弹出对话框如图 7-5 所示。如在对话框中输入 5，单精度型变量 r 将获得数值 5。

图 7-5　InputBox 函数示例

如果该对话框无须指定标题，语句如下：

r!＝InputBox("请输入半径：",,1)

注意

> 如果 InputBox 函数的第 2 个参数缺省但第 3 个参数不缺省，则 3 个参数之间的逗号均应保留。

（2）输出函数 MsgBox。

格式：MsgBox(输出信息[,[按钮形式][,标题]])

功能：打开一个消息框，显示输出信息，并等待用户单击按钮，函数返回一个代表所单击按钮的整数值。

说明

> 1）必选型"输出信息"为要在消息框上输出的内容。若需输出多项内容，应用"&"运算符将它们连接成一项；若需分行输出，可使用"Chr(10)＋Chr(13)"（即回车＋换行）强制换行。
>
> 2）可选项"按钮形式"为整型表达式，包含 3 项信息：按钮类型、图标类型和默认按钮。各取值及含义见表 7-10。
>
> 3）函数返回值的含义见表 7-11。
>
> 4）若不需要返回值，可以使用 MsgBox 的语句格式：
>
> MsgBox 输出信息[,[按钮形式][,标题]]

表 7-10　按钮形式及对应值

按钮形式	值	含 义
按钮类型	0	只显示"确定"按钮
	1	显示"确定""取消"按钮
	2	显示"终止""重试""忽略"按钮
	3	显示"是""否""取消"按钮
	4	显示"是""否"按钮
	5	显示"重试""取消"按钮
图标类型	0	不显示图标
	16	显示停止图标(×)
	32	显示询问图标(?)
	48	显示警告图标(!)
	64	显示信息图标(I)
默认按钮	0	第一个按钮是默认按钮
	256	第二个按钮是默认按钮
	512	第三个按钮是默认按钮

表 7-11　MsgBox 函数返回值及含义

返回值	含 义
1	表示选定"确定"按钮
2	表示选定"取消"按钮
3	表示选定"终止"按钮
4	表示选定"重试"按钮
5	表示选定"忽略"按钮
6	表示选定"是"按钮
7	表示选定"否"按钮

如以下语句：

msg＝MsgBox("删除记录?",1＋48＋256,"请确认")

执行后弹出消息框如图 7-6 所示,如果在消息框中选定"确定"按钮,则 msg 值为 1。

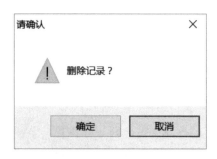

图 7-6　MsgBox 函数示例

7.3　VBA 基本语句

用 VBA 编写程序时,有一定的书写规则和一些基本语句。

7.3.1　VBA 语句的书写规则

VBA 中的语句是执行具体操作的指令,每个语句行以回车键结束。用 VBA 编写程序时,应遵守以下书写规则。

(1)通常将一条语句写在一行内。若语句较长,可以用续行符"_"(一个空格后跟一个下划线)将一个较长的语句分为多个程序行。

(2)允许在程序的同一行上书写多条语句,各语句之间需用冒号":"分隔。

(3)不区分字母的大小写(字符串" "内的字母除外)。对于语句中的关键字和函数名,VBA 会将其首字母自动转换为大写。

(4)运算符、标点、括号等符号应使用西文形式。

(5)为提高程序的可读性,建议采用缩进格式书写程序,同时对程序做一些必要的注释。

7.3.2　VBA 基本语句

1. 注释语句

对程序或程序中的语句起说明、备注的作用。程序运行时该语句不被执行。

格式 1:Rem 注释内容

格式 2:'注释内容

注释语句可以单独占据一行,也可以放在其他语句的后面。当放在其他语句后面时,Rem 语句必须与前面的语句用":"隔开,"'"起头的注释则无须用":"分隔。

2. 声明语句

声明语句通常放在程序的开始部分,通过声明语句可以定义符号常量、变量、数组和过程。当声明一个变量、数组或过程时,也同时定义了它们的作用范围。

前面介绍的 Const 语句和 Dim 语句均为声明语句。

3. 赋值语句

赋值语句是最基本、最常用的 VBA 语句。

格式:[Let]变量名=表达式

功能:将"="号右边表达式的值赋给左边变量。

例如:

x%=1234　　'将 1234 赋给整型变量 x

y! = Sqr(16)+4.5　　'将表达式的计算结果 8.5 赋给单精度变量 y

Text1. Text="Access VBA"　　'设置文本框 Text1 显示字符串"Access VBA"

☞ 说明

> (1)Let 为可选项,通常省略不写。
>
> (2)赋值语句具有计算和赋值双重功能,它先计算"="号右边表达式的值,然后把这个值赋给左边的变量。
>
> (3)"="号左右两边的数据类型必须相同或相容。相容类型赋值时,自动将"="号右边表达式的值转换成左边变量的类型,然后再进行赋值。
>
> 例如:
>
> y% = Sqr(16)+4.5　　'将表达式的计算结果 8.5 转换为 8,赋给整型变量 y

7.4　程序基本结构

VBA 是一种结构化程序设计语言,提供 3 种基本控制结构:顺序结构、分支结构和循环结构,这 3 种基本结构可以组成任何结构的程序。

7.4.1　顺序结构

顺序结构是最简单的程序结构。按照解决问题的顺序编写相应的语句,程序运行时自上而下依次执行语句,这种程序结构称为顺序结构。顺序结构的流程图如图 7-7 所示。

下面给出一个典型的顺序结构程序的例子,由以下 3 个步骤组成:

数据输入→运算→输出结果

【例 7-4】输入一个圆的半径(假设默认值为 1),计算并输出该圆的面积。

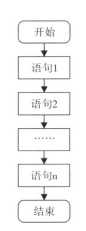

图 7-7　顺序结构流程

建立一个标准模块,编写 Sub 过程代码如下:

```
Sub area_sub()
    Dim r As Single,Area As Single
    Const PI=3.1415926   '声明符号常量 PI
    r=InputBox("半径:",,1)   '输入半径(默认 1)
    Area=PI*r*r  '用赋值语句实现计算
    MsgBox "面积是" & Area   '利用消息框输出面积
End Sub
```

可改用 Print 方法将结果输出到立即窗口(Debug 窗口),见如下语句:

Debug.Print "面积是" & Area

或 Debug.Print "面积是",Area

或 Debug.Print "面积是";Area。

☞ 关于 Print 方法的几点说明

(1)使用 Print 方法可输出多个表达式的值,表达式之间用逗号",''或分号";"分隔,含义如下:

",":各输出项按分区格式输出。

";":各输出项按紧凑格式输出。

(2)如果省略 Print 语句行末尾的分隔符,则自动换行。

7.4.2　分支结构

分支结构是指在程序执行过程中,根据指定条件的当前值在两条或多条程序路径中选择一条执行。VBA 提供单行 If 语句、多行 If 语句和情况语句来实现分支结构。

1. 单行 If 语句

单行 If 语句格式如下:

If 条件 Then 语句序列 1[Else 语句序列 2]

无 Else 子句是单分支结构,其功能是:如果条件为真,执行语句序列 1,否则执行单行 If 的下一条语句。流程图如图 7-8(a)所示。

有 Else 子句是双分支结构,其功能是:如果条件为真,执行语句序列 1,否则,执行语句序列 2。流程图如图 7-8(b)所示。

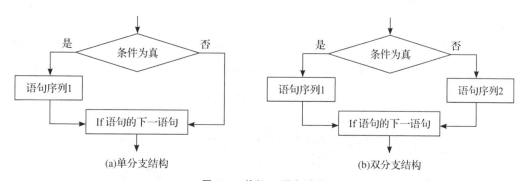

图 7-8　单行 If 语句流程

☞ 说明

(1)条件一般为关系或逻辑表达式。

(2)语句序列 1 和语句序列 2 可以分别由多条语句组成,各语句之间用冒号隔开。

(3)单行 If 语句语法上要求必须写在一个语句行上的,若需要分行书写,必须使用续行标志。

【例 7-5】输入一个整数,判断该数是奇数还是偶数。

分析:若一个整数被 2 整除的余数为 1,该数为奇数,否则为偶数。

建立一个标准模块,编写 Sub 过程代码如下:

```
Private Sub oddeven_sub1()
    Dim x As Integer
    x＝InputBox("请输入一个整数","奇偶数判断")
    If x Mod 2＝1 Then MsgBox "奇数" Else MsgBox "偶数"
End Sub
```

2. 多行 If 语句

一条单行 If 语句最多只能实现两个分支,而且当分支中的语句有多条时,程序的可读性较差。多行 If 语句既能实现单分支和双分支,又能实现多分支,而且结构清晰,可读性好。多行 If 语句格式如下:

```
If 条件 1 Then
    [语句序列 1]
[ElseIf 条件 2 Then
    [语句序列 2]]
    …
[ElseIf 条件 n Then
    [语句序列 n]]
[Else
    [语句序列 n＋1]]
End If
```

执行该语句时应依次判断各个条件,遇到第一个为真的条件时,执行其后的语句序列,然后转去执行 End If 的下一条语句;若所有条件均为假,则执行 Else 后面的语句序列 n＋1,若无 Else 子句,则直接执行 End If 的下一条语句。流程图如图 7-9 所示。

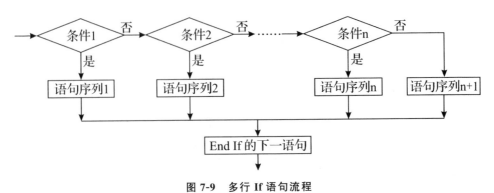

图 7-9　多行 If 语句流程

说明

> （1）If 与 End If 必须成对出现；ElseIf 不能写作 Else If。
>
> （2）语句序列中的语句不能与其前面的 Then 在同一行上，否则将被系统认作是单行 If 语句。
>
> （3）ElseIf 子句、Else 子句都是可选的，若两者均无，该结构为单分支结构；若只有 Else 子句而没有 ElseIf 子句，则为双分支结构；若既有 ElseIf 子句又有 Else 子句，或有多个 ElseIf 子句，则为多分支结构。

【例 7-6】改用多行 If 语句实现例 7-5 程序。

```
Private Sub oddeven_sub2()
    Dim x As Integer
    x＝InputBox("请输入一个整数","奇偶数判断")
    If x Mod 2＝1 Then
        MsgBox "奇数"
    Else
        MsgBox "偶数"
    End If
End Sub
```

【例 7-7】输入一个百分制成绩，输出相应的等级：85 分以上为"优秀"，60～84 分为"合格"，60 分以下为"不合格"。

分析：这是一个多分支问题，用多行 If 语句判断所输入的百分制成绩属于哪个分数段，进而输出相应的等级。

```
Private Sub Grade_sub1()
    Dim score As Integer,grade As String
    score＝InputBox("输入百分制成绩:")
    If score ＞＝85 Then
        grade＝"优秀"
    ElseIf score ＞＝60 Then
        grade＝"合格"
    Else
        grade＝"不合格"
    End If
    MsgBox grade
End Sub
```

请注意各分支条件的含义：第 2 个分支的条件"score＞＝60"是以第 1 个分支的条件"score＞＝85"不成立为前提的，因此它表示 score＜85 And score＞＝60；第 3 个分支（Else 分支）则是以前面所有分支的条件都不成立为前提的，因此它表示 score＜60。

3. 情况语句

当把一个表达式的不同取值情况作为不同的分支时，用情况语句比多行 If 语句更方便。情况语句格式如下：

Select Case 测试表达式

　　Case 值列表 1

　　　　［语句序列 1］

　　［Case 值列表 2

　　　　［语句序列 2］］

　　…

　　［Case 值列表 n

　　　　［语句序列 n］］

　　［Case Else

　　　　［语句序列 n＋1］］

End Select

执行该语句，根据测试表达式的值，按顺序匹配 Case 值列表中的值。如果匹配成功，则执行该 Case 下的语句序列，然后转去执行 End Select 的下一条语句。流程如图 7-10 所示。

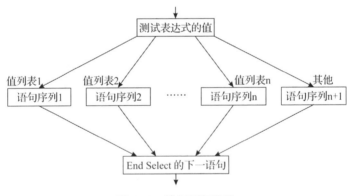

图 7-10　情况语句流程

 说明

（1）Select Case 与 End Select 必须成对出现。

（2）测试表达式可以是数值型或字符串型表达式。

（3）Case 值列表可以是以下形式之一，或以下形式的组合（用逗号分隔），且数据类型应与测试表达式一致。

1）单个值或一列值，相邻两个值之间用逗号分隔，如 Case 1，Case 1，3，5。

2）用关键字 To 指定值的范围：值 1 To 值 2，如 Case "a" To "z"。

3）用关键字 Is 指定条件：Is 关系运算符值，如 Case Is＞＝20。

【例 7-8】输入成绩等级"优秀"、"合格"或"不合格",输出相应的百分制成绩段。

```
Private Sub Gradescope_sub()
    Dim grade As String
    grade＝InputBox("输入成绩等级：")
    Select Case grade
        Case "优秀"
            MsgBox "百分制分数段是 85～100"
        Case "合格"
            MsgBox "百分制分数段是 60～84"
        Case "不合格"
            MsgBox "百分制分数段是 0～60"
    End Select
End Sub
```

【例 7-9】改用情况语句实现"例 7-7"程序。

方法 1：用 To 指定值的范围

```
Sub Grade_sub3()
    Dim score As Integer,grade As String
    score＝InputBox("输入百分制成绩：")
    Select Case score
        Case 85 To 100
            grade＝"优秀"
        Case 60 To 84
            grade＝"合格"
        Case Else
            grade＝"不合格"
    End Select
    MsgBox grade
End Sub
```

方法 2：用 Is 指定条件

```
Sub Grade_sub2()
    Dim score As Integer,grade As String
    score＝InputBox("输入百分制成绩：")
    Select Case score
        Case Is ＞＝85
            grade＝"优秀"
        Case Is ＞＝60
            grade＝"合格"
        Case Else
            grade＝"不合格"
    End Select
    MsgBox grade
End Sub
```

4. 分支结构程序举例

【例 7-10】设计口令验证界面,如图 7-11 所示,要求如下：

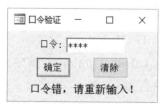

图 7-11　例 7-10 的口令验证界面示例

（1）初始运行时，提示"请输入口令"。

（2）输入的口令字符显示为"＊"，按"确定"按钮后，判断口令是否是"student"，若是，显示"欢迎使用本系统！"，否则显示"口令错，请重新输入！"。

（3）按"清除"按钮，口令清空，并显示"请输入口令"。

设计步骤如下：

（1）创建窗体并添加相关控件，按表 7-12 设置窗体及控件的属性。

表 7-12　例 7-10 窗体及控件的属性

对象	名称	属性	属性值	说明
窗体	例 7-10	标题	口令验证	
		滚动条	两者均无	
		记录选择器	否	
		导航按钮	否	
		分隔线	否	
标签	Label1	标题	口令：	
标签	Label2	标题	请输入口令	初值为"请输入口令"；输入口令后，显示口令正确与否的提示信息
		文本对齐	居中	
文本框	Text1	输入掩码	密码	输入口令，显示为"＊"串
命令按钮	Command1	标题	确定	单击后，判断口令正确与否
命令按钮	Command2	标题	清除	单击后，口令清空

（2）对"确定"按钮编写的"单击"事件代码如下：

```
Private Sub Command1_Click()
    If Text1.Value="student" Then
        Label2.Caption="欢迎使用本系统！"
    Else
        Label2.Caption="口令错，请重新输入！"
    End If
End Sub
```

（3）对"清除"按钮编写的"单击"事件代码如下：

```
Private Sub Command2_Click()
    Text1.Value=""
    Label2.Caption="请输入口令"
End Sub
```

【例 7-11】设计查询窗体，运行初始界面如图 7-12（a）所示，单击"查询"按钮，利用"学生"表查询所指定性别和专业的学生信息，如图 7-12（b）所示。若不指定性别，查询结果应包括男生和女生,如图 7-12(c)所示;若不输入专业编号,查询结果应包括所有专业,如图 7-12(d)所示。

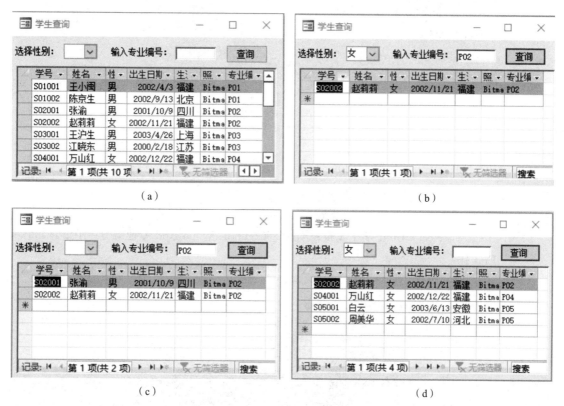

图 7-12　例 7-11 的学生查询窗体示例

设计步骤如下:

(1)创建窗体并添加相关控件。控件的主要属性见表 7-13。

表 7-13　例 7-11 控件的主要属性

对象	名称	属性	属性值	说明
标签	Label1	标题	选择性别:	
组合框	Combo1	行来源类型	值列表	
		行来源	"";"男";"女"	空、"男"或"女"
标签	Label2	标题	输入专业编号:	
文本框	Text1			输入专业编号
命令按钮	Command1	标题	查询	
子窗体	学生子窗体	源对象	学生子窗体	显示查询结果
	注:通过子窗体向导选择子窗体数据来源为现有的"学生"表的所有字段,并指定子窗体名称为"学生子窗体"。			

(2)对"查询"按钮编写的"单击"事件代码如下:

```
Private Sub Command1_Click()
```

```
    Dim sqr As String
    If IsNull(Combo1. Value)Then
        If IsNull(Text1. Value)Then
            sqr＝"select * from 学生"
        Else
            sqr＝"select * from 学生 where 专业编号＝Text1. Value"
        End If
    Else
        If IsNull(Text1. Value)Then
            sqr＝"select * from 学生 where 性别＝Combo1. Value"
        Else
            sqr＝"select * from 学生 where 性别＝Combo1. Value And 专业编号＝Text1. Value"
        End If
    End If
    子窗体 1. Form.RecordSource＝sqr
End Sub
```

 分支结构的嵌套

> 该程序在多行 If 语句的两个分支中各嵌套了一个多行 If 语句。VBA 的 3 种分支结构语句都可以互相嵌套使用，但要注意内、外层分支结构不能交叉。为了使程序层次清楚、易于阅读，应采用"分层缩进格式"书写程序。

IsNull 函数

> 程序中用 IsNull 函数判断文本框、组合框的 Value 值是否为空。IsNull 函数语法格式如下：
>
> IsNull(表达式)
>
> 如果表达式值为 Null，则 IsNull 返回 True，否则返回 False。

【例 7-12】创建窗体实现四则运算功能，运行界面如图 7-13 所示，要求如下：

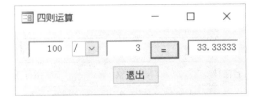

图 7-13 例 7-12 的四则运算界面示例

（1）在文本框 Text1 中输入一个数，在组合框 Combo1 中选择"＋"、"－"、"＊"或"/"，在文本框 Text2 中输入另一个数，单击"＝"命令按钮（Command1），则在文本框 Text3 中显示

结果。

（2）若操作数未输入，或运算符未选择，或选择了"/"运算但除数为 0，均应在消息框中给出相关提示。

（3）单击"退出"命令按钮（Command2），关闭窗体。

设计步骤如下：

（1）创建窗体并添加控件，对各对象分别设置属性。其中，组合框 Combo1 的"行来源类型"和"行来源"属性取值如下：

行来源类型：值列表

行来源："＋"；"－"；"＊"；"/"

（2）对"＝"按钮编写的"单击"事件代码如下：

```
Private Sub Command1_Click()
    Dim a!,b!,c!    'a,b 存放两个操作数,c 存放结果值
    If IsNull(Text1. Value)Or IsNull(Text2. Value)Then
        MsgBox "请输入操作数!":c=""
    ElseIf IsNull(Combo1. Value)Then
        MsgBox "请选择运算符!":c=""
    Else
        a=Text1. Value
        b=Text2. Value
        Select Case Combo1. Value
            Case "＋"
                c=a＋b
            Case "－"
                c=a－b
            Case "＊"
                c=a＊b
            Case "/"
                If b=0 Then MsgBox "除数不能为 0!":c="" Else c=a/b
        End Select
        Text3. Value=c    '将结果写到 Text3
    End If
End Sub
```

（3）对"退出"按钮编写的"单击"事件代码如下：

```
Private Sub Command2_Click()
    DoCmd.Close    '关闭当前窗体
End Sub
```

☞ 关于 DoCmd 对象

DoCmd 对象是 Access 中除数据库的 7 个对象之外的一个重要对象,它的主要功能是通过调用其内置的方法在 VBA 中运行 Access 的操作。DoCmd 对象的常用方法及举例见表 7-14。

表 7-14   DoCmd 对象的常用方法

方法	实例	功能
OpenForm	DoCmd.OpenForm "浏览学生情况"	打开"浏览学生情况"窗体
OpenReport	DoCmd.OpenReport "学生成绩"	打开"学生成绩"报表
OpenQuery	DoCmd.OpenQuery "各系人数统计"	打开"各系人数统计"查询
DeleteObject	DoCmd.DeleteObject acTable,"成绩统计"	删除"成绩统计"表
Close	DoCmd.Close acForm,"浏览学生情况" DoCmd.Close	关闭"浏览学生情况"窗体 关闭当前窗体

7.4.3   循环结构

循环结构是指根据指定条件的当前值来决定一行或多行语句是否要重复执行。VBA 提供了 For 语句、While 语句和 Do 语句来实现循环结构。

1. For 语句

当循环次数预先知道,或者在循环过程中有变量在某值域内递增或递减取值时,用 For 循环实现很方便,结构也很紧凑。For 语句格式如下:

For 循环变量＝初值 To 终值［Step 步长］

　　循环体语句序列

Next［循环变量］

执行该语句,首先计算初值、终值、步长的值,并把初值赋予循环变量,判断循环变量值是否超过终值。若不超过终值,执行循环体语句序列,然后将循环变量增加一个步长值,再判断循环变量值是否超过终值,以决定是否再次执行循环体;若循环变量值超过终值,则结束 For 循环,执行 Next 的下一条语句。其流程如图 7-14 所示。

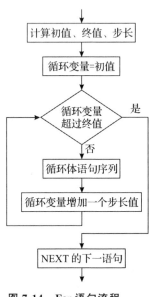

图 7-14   For 语句流程

说明

(1)For 和 Next 必须成对出现,Next 之后的循环变量可以省略。

(2)循环变量、初值、终值、步长都是数值型的;由初值、终值、步长共同决定循环的次数,即循环次数＝(终值－初值)\步长＋1。

(3)步长的值可以为正或为负,但不能为 0。步长为 1 时,Step 1 可以缺省。

(4)可在循环体内用下列语句强制退出 For 循环:

Exit For

【例 7-13】 求自然数 1～100 的和。

分析:这是一个"累加"算法。累加和变量 sum 初值为 0,依次给 sum 累加 1,2,3,…,100,即循环执行累加式:sum＝sum＋i,i 作为循环变量从 1 开始每次递增 1,直至 $i>100$。

建立一个标准模块,编写的 Sub 过程代码如下:

```
Private Sub sum_sub1()
    Dim sum As Integer,i As Integer
    sum＝0
    For i＝1 To 100 Step 1
        sum＝sum＋i
    Next i
    MsgBox "1～100 的和为" & sum
End Sub
```

2. While 语句

While 语句是根据给定条件控制循环,而不是根据循环次数,其格式如下:

While 条件

　　循环体语句序列

Wend

执行该语句,判断条件是否为真。若为真,执行循环体语句序列,然后再判断条件是否为真,以决定是否再次执行循环体;若条件为假,则结束 While 循环,执行 Wend 的下一条语句。其流程如图 7-15 所示。

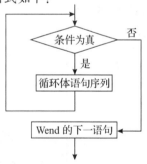

图 7-15　While 语句流程

说明

(1)While 和 Wend 必须成对出现。

(2)While 语句实现的是"当型循环",即先判断条件,然后才决定是否执行循环体,如果一开始条件就不成立,循环体一次也不执行。

(3)While 语句本身不能修改循环条件,故应在循环体内设置相应语句,使得整个循环趋于结束,以避免死循环。

【例 7-14】 改用 While 语句求自然数 1～100 的和。

```
Private Sub sum_sub2()
    Dim sum As Integer,i As Integer
    sum＝0:i＝1
    While i<＝100
        sum＝sum+i
        i＝i+1
    Wend
    MsgBox "1～100 的和为" & sum
End Sub
```

3. Do 语句

与 While 语句相比，Do 语句具有更强的灵活性，它可以先判断条件后执行循环体，也可以先执行循环体后判断条件。Do 语句有 4 种格式，见表 7-15。

表 7-15　Do 循环的格式

格式 1	格式 2	格式 3	格式 4
Do［While 条件］ 　循环体语句序列 Loop	Do［Until 条件］ 　循环体语句序列 Loop	Do 　循环体语句序列 Loop［While ＜条件＞］	Do 　循环体语句序列 Loop［Until ＜条件＞］
当型 Do 语句		直到型 Do 语句	

格式 1、格式 2 均为"当型循环"，即先判断条件，后执行循环体。两种格式的区别是，格式 1 是当条件为真时执行循环体，格式 2 正好相反，是在当条件为假时执行循环体。流程如图 7-16 所示。

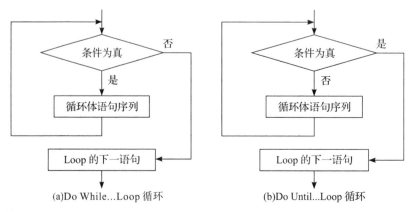

(a)Do While...Loop 循环　　　　　(b)Do Until...Loop 循环

图 7-16　当型 Do 语句流程

格式 3、格式 4 均为"直到型循环"，即先执行循环体，后判断条件。两种格式的区别是，格式 3 是当条件为真时继续执行循环体，而格式 4 是当条件为假时继续执行循环体。流程如图 7-17 所示。

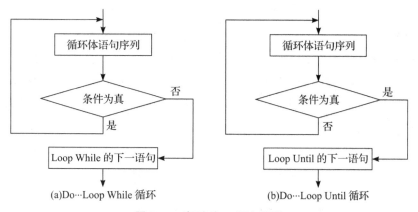

图 7-17　直到型 Do 语句流程

☞说明

(1)Do 和 Loop 必须成对出现。

(2)当型 Do 语句(格式 1、格式 2)的循环体可能 1 次也不被执行,而直到型 Do 语句(格式 3、格式 4)的循环体则至少被执行 1 次。

(3)Do While …Loop 语句等效于 While…Wend 语句。

(4)可在循环体内用下列语句强制退出 Do 循环:

Exit Do

(5)Do 语句中的 While 或 Until 条件可缺省,缺省时循环体内一定要有 Exit Do 语句,如以下程序段,否则为死循环。

Do

　　语句序列 1

　　If 条件 Then Exit Do

　　　语句序列 2

Loop

【例 7-15】改用直到型 Do 语句求自然数 1~100 的和。

```
Private Sub sum_sub3()
    Dim sum As Integer,i As Integer
    sum＝0:i＝1
    Do
        sum＝sum＋i
        i＝i＋1
    Loop Until i＞100
    MsgBox "1~100 的和为" & sum
End Sub
```

4. 循环结构程序举例

【例 7-16】输入 10 个数,显示在立即窗口,并输出其中最大的数。

分析:用 InputBox 函数逐一输入 10 个数,假设用一维数组 d 存放之。求最大数的一般思路是:先假设 d(1)为最大数 max,然后依次将 d(2),d(3),…,d(10)与 max 比较,若当前这个 d(i)大于 max,则 max 改为 d(i)。比较完 9 次后,max 中存放的就是 10 个数中最大的数。

建立一个标准模块,编写 Sub 过程代码如下:

```
Private Sub max_sub()
    Dim d(1 To 10)As Integer,max As Integer,i As Integer
    For i=1 To 10
        d(i)=InputBox("请输入第" & i & "个数:","整数输入")
        Debug.Print d(i);
    Next i
    Debug.Print
    max=d(1)
    For i=2 To 10
        If d(i)>max Then max=d(i)
    Next i
    Debug.Print "最大数是" & max
End Sub
```

程序运行后,输入 10 个数,运行结果如图 7-18 所示。

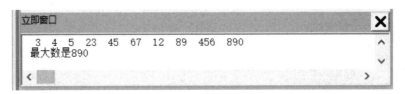

图 7-18　例 7-16 运行结果

【例 7-17】设计窗体,运行界面如图 7-19 所示,功能如下:在第 1 个文本框(Text1)中输入随机某个数(假设为 n)后,自动生成 n 个 0 到 100 之间的随机整数并显示于第 2 个文本框(Text2)中,单击"逆序输出"按钮(Command1),则将这些数按从大到小逆序输出在第 3 个文本框(Text3)中。

分析:用整型数组 d 存放 n 个随机数,n 非固定值而是由程序运行时输入,故应把 d 定义为动态数组。通过数组下标从 n 到 1 递减,即可控制数组元素的逆序输出。

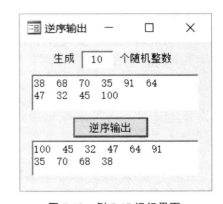

图 7-19　例 7-17 运行界面

设计步骤如下：

(1)创建窗体,添加 2 个标签、3 个文本框和 1 个命令按钮,并对各对象进行相关属性的设置。

(2)编写代码如下：

```
Dim d()As Integer              '定义 d 为模块级动态数组
Dim n As Integer               '定义 n 为模块级变量
Private Sub Text1_LostFocus()
    n＝Text1. Value
    ReDim d(n)                 '定义动态数组 d 的大小为 n 个元素
    Text2. Value＝" "          'Text2 清空
    Text3. Value＝" "          'Text3 清空
    Randomize                  '初始化随机数生成器
    For i＝1 To n
        d(i)＝Rnd * 101        '生成 0 到 100 之间的随机数存于 d(i)
        Text2. Value＝Text2. Value & d(i)& " "      'd(i)显示于 Text2 中
    Next i
End Sub
Private Sub Command1_Click()
    For i＝n To 1 Step －1      '逆序显示数组 d 各元素于 Text3 中
        Text3. Value＝Text3. Value & d (i) & " "
    Next i
End Sub
```

7.5　过　程

前面已经介绍了过程的定义及代码实现,本节将介绍过程的作用范围、调用及参数传递。

7.5.1　过程的作用范围

过程可被访问的范围称为过程的作用范围,也称为过程的作用域。过程的作用范围分为公共的和私有的。

公共的过程定义时在 Sub 前面加"Public"关键字,作用范围是全局的,可以被当前数据库中任何模块中的过程调用。

私有的过程定义时在 Sub 前面加"Private"关键字,作用范围是它所在的模块内,只能被当前模块中的过程调用。

VBA 默认所有通用过程是 Public,所有事件过程是 Private。

7.5.2　过程的调用

事件过程是由事件触发的,而通用过程必须由其他过程来调用。下面分别介绍两类通用过程——子程序过程和函数过程的调用方法。

1. 子程序过程的调用

必须用一条独立的语句来调用子程序过程。

格式1:Call 子程序名 [(实参表)]

格式2:子程序名 [实参表]

注意

> 如果子程序过程有参数,使用格式1调用时,实参表必须用一对圆括号括起,而使用格式2则不能有圆括号。

【例 7-18】编写一个求 $n!$ 的公共子程序过程,在窗体中单击"计算"按钮,调用它计算 10! —5!,结果显示在标签中,如图 7-20 所示。

图 7-20　例 7-18 运行界面

(1)创建一标准模块,建立公共的子程序过程 fact_sub,用参数 p 传回阶乘值。代码如下:

```
Public Sub fact_sub(n As Integer,p As Long)
    Dim i As Integer
    p=1
    For i=1 To n
        p=p*i
    Next i
End Sub
```

(2)创建一窗体,添加 1 个命令按钮(Command1,标题为"计算")和 1 个标签(Label1,标题为"10!—5!=")。编写 Command1 的"单击"事件代码如下:

```
Private Sub Command1_Click()
    Dim x As Long,y As Long,z As Long
    Call fact_sub(10,x)    '等价于:fact_sub 10,x
    Call fact_sub(5,y)    '等价于:fact_sub 5,y
```

```
    z＝x－y
    Label1. Caption＝Label1. Caption & z
End Sub
```

2. 函数过程的调用

函数过程是有返回值的,故不能作为语句来调用,而必须作为表达式或表达式中的一部分,再配以其他的语法成分构成语句。

函数过程的调用格式是:函数过程名([实参表])

注意

> 无论函数过程有无参数,函数过程名后的一对圆括号都不能省略。

【例 7-19】 编写一个求 $n!$ 的公共函数过程,在窗体中单击"计算"按钮,调用它计算 $10!-5!$。运行界面如图 7-20 所示。

(1)创建一标准模块,建立公共的函数过程 fact_fun,返回阶乘值。代码如下:

```
Public Function fact_fun(n As Integer)As Long
    Dim i As Integer,p As Long
    p＝1
    For i＝1 To n
      p＝p * i
    Next i
    fact_fun＝p
End Function
```

(2)创建一窗体,界面同例 7-18,编写 Command1 的"单击"事件代码如下:

```
Private Sub Command1_Click()
    Dim z As Long
    z＝fact_fun(10)－fact_fun(5)
    Label1. Caption＝Label1. Caption & z
End Sub
```

7.5.3　参数传递

在调用过程时,主调过程将实参传递给被调过程的形参,这就是参数传递。例如:

主调过程　　　fact_sub(10,　　　　　　x)

被调过程　　　fact_sub(n As Integer,p As Long)

在 VBA 中,实参与形参的传递方式有两种:传址和传值。

1. 传址方式

传址方式是将实参在内存的地址传递给形参,从而使形参与实参占用相同的内存单元,于是被调过程对形参的操作也就是对实参的操作,形参值的改变也就是实参值的改变。因此,传址方式是主调过程与被调过程间的双向数据传递,即调用时实参将值传递给形参,调用结束后由形参将操作结果返回给实参。

传址方式的两个前提是：

(1)定义过程时形参前面加 ByRef 关键字,或省略 ByRef(也不加 ByVal)。

(2)调用过程时实参是变量名、数组元素或数组名(后面跟一对圆括号)。

2. 传值方式

按值传递是将实参的值传递给形参,而后实参便与被调过程没有关系了,被调过程对形参的任何操作不会影响到实参,主调过程对被调过程的数据传递是单向的。

以下任一情形均是传值方式：

(1)定义过程时形参用 ByVal 关键字加以说明。

(2)调用过程时实参是常量或表达式。

【例 7-20】参数传递举例。

```
Private Sub Swap_sub(x,y)
    Dim temp
    temp＝x:x＝y:y＝temp    '借助中间变量 temp 实现 x 与 y 的交换
End Sub
Private Sub Main_sub()
    Dim a,b
    a＝10:b＝20
    Debug.Print   "交换前 a＝";a;"  b＝";b
    Swap_sub a,b
    Debug.Print "第 1 次交换后 a＝";a;"  b＝";b
    Swap_sub(a),b
    Debug.Print "第 2 次交换后 a＝";a;"  b＝";b
End Sub
```

运行过程 Main_sub,在立即窗口显示如图 7-21 所示的结果。

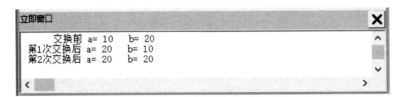

图 7-21　例 7-20 运行结果

本章主要介绍了模块的概念，VBA 的编程环境及模块的创建方法，VBA 中常量、变量、数组、表达式、内部函数的概念及使用，VBA 语句的书写规则，VBA 中的基本语句，VBA 程序流程控制中顺序控制、选择控制、循环控制 3 种结构以及实现语句，子程序过程、函数过程的建立，调用及调用过程中参数传递等内容。

通过本章的学习应掌握 VBA 编程的基本方法，理解面向对象机制，熟悉可视化的编程环境，为使用 VBA 程序设计语言开发出功能强大的数据库应用程序打好基础。

思考与练习

一、思考题

7.1 VBA 程序模块有哪些基本类型？

7.2 在 VBA 程序中，变量命名应遵循的基本原则是什么？如何声明变量？又如何控制其作用范围？

7.3 VBA 程序具有哪几种程序流程控制结构，有哪些流程控制语句？

7.4 子过程与函数过程的调用有何区别？在参数传递上有何异同？

二、选择题

(1) 下列叙述中，正确的是(　　)。

　　A. Access 只能使用系统菜单创建数据库应用系统

　　B. Access 不具备程序设计能力

　　C. Access 只具备了模块化程序设计能力

　　D. Access 具有面向对象的程序设计能力，并能创建复杂的数据库应用系统

(2) 下列关于 VBA 面向对象的叙述中，正确的是(　　)。

　　A. 方法是对事件的响应

　　B. 可以由程序员定义方法

　　C. 触发相同的事件可以执行不同的事件过程

　　D. 每个对象的事件集都是不相同的

(3) 下列关于模块的叙述中，错误的是(　　)。

　　A. 模块是 Access 系统中的一个重要对象

　　B. 模块以 VBA 语言为基础，以子过程和函数过程为存储单元

　　C. 模块有两种基本类型：标准模块和类模块

　　D. 窗体模块和报表模块都是标准模块

(4) 在 VBA 程序的调试环境中，能够显示正在运行过程中的所有变量声明及变量值信息

的是（　　）。

  A. 属性窗口   B. 监视窗口   C. 本地窗口   D. 立即窗口

（5）下列关于 Access 变量名的叙述中，正确的是（　　）。

  A. 变量名长度为 1～255 个字符

  B. 变量名可以包含字母、汉字、数字、空格和其他字符

  C. 多个变量共用一个名字，以减少变量名的数目

  D. 尽量用关键字作变量名，以使名字标准化

（6）下列关于 VBA 数据类型的叙述中，错误的是（　　）。

  A. 若某变量的类型名是 Boolean，则表示该变量为逻辑型

  B. 单精度、双精度的数据类型符号分别是"!"和"♯"

  C. 数据类型符号"％"和"＄"分别表示整型和货币型

  D. 若没有显式声明变量，则默认该变量为 Variant 型

（7）下列一维数组声明语句错误的是（　　）。

  A. Dim b(100)As Double

  B. Dim b(−5 To 0)

  C. Dim b(−10 To −20)As Integer

  D. Dim b(5 To 5)As String

（8）如果变量定义在模块的过程内部，当过程代码执行时才可见，则这种变量的作用域为（　　）。

  A. 局部范围   B. 模块范围

  C. 全局范围   D. 程序范围

（9）VBA 表达式"3 * 3\3/3"的输出结果是（　　）。

  A. 0   B. 1   C. 3   D. 9

（10）下列可以得到"2 * 5＝10"结果的 VBA 表达式是（　　）。

  A. "2 * 5" & "＝" & 2 * 5   B. "2 * 5"＋"＝"＋2 * 5

  C. 2 * 5 & "＝" & 2 * 5   D. 2 * 5＋"＝"＋2 * 5

（11）下列值是"False"的表达式是（　　）。

  A. 10/4＞10\4   B. "10"＞"4"

  C. "周"＞"刘"   D. ♯10/1/2011♯＝♯10/1/2011♯

（12）（　　）产生的结果是不同的。

  A. Int(12.56)与 Round(12.56,0)

  B. Left("Access",3)与 Mid("Access",1,3)

  C. Space(5)与 String(5,"")

  D. A＋B 与 A & B(假定 a＝"Access",B＝"VBA")

（13）在表达式中引用对象名称时，如果它包含空格或特殊字符，需用（　　）将对象名括起来。

  A. ♯ ♯   B. ［ ］   C. （ ）   D. " "

(14)数学关系式 20≤*x*≤30 在 VBA 中应表示为(　　)。

　　A. 20≤x And x≤30　　　　　　　　B. x>=20 And x<=30

　　C. 20≤x Or x≤30　　　　　　　　　D. x>=20 Or x<=30

(15)VBA 程序的多条语句可以写在同一行中,其分隔符必须使用符号(　　)。

　　A. :　　　　　　　B.'　　　　　　　C. ;　　　　　　　D. ,

(16)VBA 提供了结构化程序设计的 3 种基本结构,它们是(　　)。

　　A. 递归结构、选择结构、循环结构　　B. 选择结构、过程结构、顺序结构

　　C. 过程结构、输入输出结构、转向结构　　D. 选择结构、循环结构、顺序结构

(17)下列能够交换变量 *X* 和 *Y* 值的程序段是(　　)。

　　A. Y=X:X=Y　　　　　　　　　　　B. Z=X:X=Y:Y=Z

　　C. Z=X:Y=Z:X=Y　　　　　　　　　D. Z=X:W=Y:Y=Z:X=Y

(18)下列程序段求两个数中的大数,无法实现的是(　　)。

　　A. If x>y Then Max=x Else Max=y

　　B. Max=x

　　　If y>=x Then Max=y

　　C. If y>=x Then Max=y

　　　Max=x

　　D. Max=I If(x>y,x,y)

(19)有如下程序段,执行时输入"-5",输出结果是(　　)。

　　a=InputBox("input a:")

　　Select Case a

　　　Case Is>0

　　　　b=a+1

　　　Case 0,-10

　　　　b=a+2

　　　Case Else

　　　　b=a+3

　　End Select

　　Debug.Print b

　　A. -2　　　　　　B. -3　　　　　　C. -4　　　　　　D. -5

(20)由"For i=1 To 9 Step -3"决定的循环结构,其循环体将被执行(　　)次。

　　A. 0　　　　　　　B. 1　　　　　　　C. 4　　　　　　　D. 5

(21)执行下面程序段后,变量 *i*、*s* 的值为(　　)。 s=0

　　For i=1 To 10

　　　s=s+1

　　　i=i*2

　　Next i

A. 14,3   B. 15,3   C. 16,4   D. 17,4

(22)执行下面程序段后,变量 x 的值为(   )。

x＝2

y＝4

While Not y＞4

    x＝x * y

    y＝y＋1

Wend

A. 2   B. 4   C. 8   D. 20

(23)下列关于 Do 语句的叙述中,错误的是(   )。

A. Do Until…Loop 的循环体可能一次也不执行

B. Do…Loop Until 的循环体至少执行一次

C. 在执行 Do While…Loop 中,当循环条件为 True 时,结束循环

D. 在执行 Do…Loop While 中,当循环条件为 False 时,结束循环

(24)执行下面程序段后,输出结果是(   )。

n＝0

For i＝1 To 10

  n＝n＋i

  If n＞10 Then Exit For

Next

Debug.Print n

A. 55   B. 11   C. 10   D. 15

(25)执行下面程序段后,输出结果是(   )。

For i＝1 To 3

    s＄＝Space(3－i)

    For j＝1 To i

s＝s & j

    Next j

    Debug.Print s

Next i

A.	B.	C.	D.
123	1	123	1
12	12	12	12
1	123	1	123

(26)在 VBA 中要打开名为"浏览学生信息"的窗体,应使用的语句是(　　)。

    A. DoCmd.OpenForm "浏览学生信息"

    B. OpenForm "浏览学生信息"

    C. DoCmd.OpenWindow "浏览学生信息"

    D. OpenWindow "浏览学生信息"

(27)窗体上有一个命令按钮 Command1,其"单击"事件代码如下:

```
Private Sub Command1_Click()
    Dim a As Integer,b As Integer,x As Integer
    x=0
    Do Until x=-1
        a=InputBox("请输入 a 的值")
        b=InputBox("请输入 b 的值")
        x=InputBox("请输入 x 的值")
        a=a+b+x
    Loop
    MsgBox a
End Sub
```

打开窗体运行后,单击该命令按钮,依次在输入对话框中输入 5,4,3,2,1,-1,消息框中输出结果为(　　)。

    A. 2　　　　　　　　B. 3　　　　　　　　C. 14　　　　　　　　D. 15

(28)窗体上有一个命令按钮 Command1 和两个标签 Label1、Label2,编写 Command1 的"单击"事件代码如下:

```
Private Sub Command1_Click()
    Dim x As Integer,n As Integer
    x=1
    n=0
    Do While x<20
        x=x * 3
        n=n+1
    Loop
    Label1.Caption=Str(x)
    Label2.Caption=Str(n)
End Sub
```

打开窗体运行后,单击 Command1,在两个标签中显示的值分别是(　　)。

    A. 9,2　　　　　　　B. 27,3　　　　　　　C. 195,3　　　　　　D. 600,4

(29)下列关于过程的叙述中,错误的是(　　)。

    A. 可在子过程的过程体中使用 Exit Sub 强制退出子过程

B. 可在函数过程的函数体中使用 Exit Function 强制退出函数过程

C. 过程的定义不可以嵌套,但过程的调用可以嵌套

D. 函数过程的返回值类型为变体型,在调用时由运行过程决定

(30)将过程定义为 Private,表示(　　)。

　　A. 此过程只可以被其他模块中的过程调用

　　B. 此过程只可以被本模块中的其他过程调用

　　C. 此过程不可以被任何其他过程调用

　　D. 此过程可以被本数据库中的其他过程调用

(31)设已定义子程序过程 p,它有 3 个浮点型数值参数,再设 a,b 和 c 为浮点型变量,下列(　　)能正确调用该子程序过程。

　　A. p　　　　　　　　B. Call p a,b,c　　　　C. Call p(a,b,c)　　　D. p(a,b,c)

(32)设已定义函数过程 f,它有 3 个浮点型数值参数,再设 a,b 和 c 为浮点型变量,下列(　　)能正确调用该函数过程。

　　A. f( )　　　　　　　　　　　　　　　B. f(a+b,b+c)

　　C. f(a+b,b+c,c+a)　　　　　　　　　D. f a+b,b+c,c+a

(33)要想在过程 Proc 调用后返回形参 x 和 y 的变化结果,下列定义语句中正确的是(　　)。

　　A. Sub Proc(x as Integer,y as Integer)

　　B. Sub Proc(ByVal x as Integer,y as Integer)

　　C. Sub Proc(x as Integer,ByVal y as Integer)

　　D. Sub Proc(ByVal x as Integer,ByVal y as Integer)

(34)假定有如下两个 Sub 过程:

```
Sub MProc()
    Dim x As Integer,y As Integer
    x=2:y=3
    Call SProc(x,y)
    Debug.Print x;y
End Sub
Sub SProc(ByVal n As Integer,m As Integer)
    n=n * 10
    m=m * 10
End Sub
```

运行过程 MProc 后,立即窗口上输出的结果是(　　)。

　　A. 2 30　　　　　　　B. 20 30　　　　　　　C. 20 3　　　　　　　D. 2 3

(35)假定有如下 Sub 过程 sfun:

```
Sub sfun(x As Single,y As Single)
    t=x
```

```
        x＝t/y
        y＝t Mod y
    End Sub
```

在窗体上添加一个命令按钮 Command1,编写如下事件过程:

```
    Private Sub Command1_Click()
        Dim a as Single,b as Single
        a＝5：b＝4
        sfun a,b
        MsgBox a & chr(10)＋chr(13)& b
    End Sub
```

打开窗体运行后,单击命令按钮,消息框输出的两行内容分别为(　　)。

  A. 5 和 1　　　　　　B. 1.25 和 1　　　　C. 1.25 和 4　　　　D. 5 和 4

【选择题参考答案】

(1)D　(2)C　(3)D　(4)C　(5)A　(6)C　(7)C　(8)A　(9)D　(10)A

(11)B　(12)A　(13)B　(14)B　(15)A　(16)D　(17)B　(18)C　(19)A　(20)A

(21)B　(22)C　(23)C　(24)D　(25)D　(26)A　(27)A　(28)B　(29)D　(30)B

(31)C　(32)C　(33)A　(34)A　(35)B

三、操作题

实验 1　创建标准模块及通用过程

【实验目的】

掌握创建标准模块的方法,掌握在标准模块中创建通用过程的方法。

【实验内容】

打开"学生成绩管理 .accdb"数据库文件,创建一个标准模块,建立一个子过程,其功能为输入姓名,输出欢迎信息。具体要求如下:

(1)创建一个名为"实验 7-1"的标准模块。

(2)在"实验 7-1"模块中创建子过程 Hello,其功能为用 InputBox 函数输入姓名,用 MsgBox 函数输出欢迎信息,如图 1 和图 2 所示。

(3)保存模块后,运行过程。

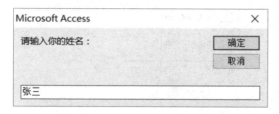　　

图 1　调用 InputBox 函数输入姓名对话框　　　**图 2　调用 MsgBox 函数输出欢迎信息对话框**

实验 2　创建窗体及事件过程

【实验目的】

掌握在窗体中创建事件过程的方法。

【实验内容】

创建一个计算圆面积的窗体,如图 3 所示。具体要求如下:

(1)创建窗体"实验 7-2",标题为"计算面积";在窗体中添加两个标签 Label1 和 Label2,标题分别为"半径:"和"面积:";添加两个文本框 Text1 和 Text2,分别用来输入半径和输出面积;添加一个命令按钮 Command1,标题为"计算"。

(2)对"计算"按钮编写"单击"事件代码,根据输入在 Text1 中的圆的半径值,计算圆的面积并将结果显示于 Text2 中。

(3)保存窗体后,运行窗体。

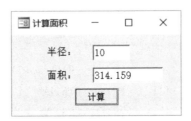

图 3　"计算面积"运行界面

实验 3　用 If 语句实现分支结构

【实验目的】

掌握单行 If 语句和多行 If 语句的使用。

【实验内容】

(1)创建一个计算圆面积或周长的窗体"实验 7-3-1",界面如图 4 所示。在组合框 Combo1 中选择"计算面积"或"计算周长"时可求出圆的面积或周长,圆的半径在文本框 Text1 中输入,相应结果显示在文本框 Text2 中。请编写组合框的"更改"事件代码,分别用单行 If 语句和多行 If 语句实现。

(2)设计一个求 3 个数中最大数的窗体"实验 7-3-2",实现以下功能:在文本框 Text1、Text2 和 Text3 中输入 3 个数,单击"最大数是:"命令按钮 Command1 后,求出最大数并显示在文本框 Text4 中,运行界面如图 5 所示。

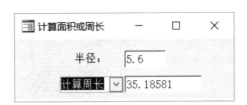

图 4　"计算面积或周长"运行界面

图 5　"求三数中最大数"运行界面

实验 4　用 Select Case 语句实现分支结构

【实验目的】

掌握 Select Case 语句的使用。

【实验内容】

设计一个判断成绩等级的窗体"实验 7-4",实现以下功能:在文本框 Text1 中输入一个百分制成绩,单击"判断"命令按钮 Command1 后,在文本框 Text2 中显示对应的成绩等级;若单击"清除"命令按钮 Command2,则百分制成绩和等级清空。运行界面如图 6 所示。

注:输入的成绩在 90~100 分内为"A",80~89 分内为"B",70~79 分内为"C",60~69 分内为"D",0~59 分内为"E"。

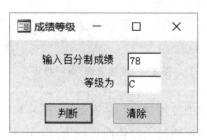

图 6　"成绩等级"运行界面

实验 5　分支结构综合应用

【实验目的】

掌握条件语句的嵌套使用和较复杂分支结构的实现。

【实验内容】

(1)设计一个计算器窗体"实验 7-5-1",实现以下功能:在文本框 Text1、Text2 中各输入一个数,从单选选项组 Frame1 中选择一个运算符,单击"＝"命令按钮 Command1 后,在文本框 Text3 中显示结果。运行界面如图 7 所示。

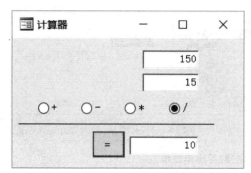 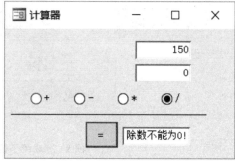

图 7　"计算器"运行界面

(2)设计成绩查询窗体"实验 7-5-2",实现以下功能:分别在文本框 Text1、Text2 中输入专业编号和课程编号,单击"查询"命令按钮 Command1,利用"学生成绩管理"数据库中的"学生"表和"成绩"表,查询指定专业学生指定课程的成绩,并显示在子窗体"成绩子窗体"中,运行界面如图 8 所示。专业编号和成绩编号均允许不输入,若不输入专业编号,查询结果应包括所有专业;若不输入课程编号,查询结果应包括所有课程。

图 8　"成绩查询"运行界面

[提示]创建窗体并添加相关控件,然后对"查询"按钮编写"单击"事件代码。其中,子窗体控件"成绩子窗体"的相关属性可通过子窗体向导设置,步骤如图 9 所示。

图 9　"成绩子窗体"向导操作过程

实验 6　用 For 语句、While 语句或 Do 语句实现循环结构

【实验目的】

掌握 For 语句、While 语句和 Do 语句的使用。

【实验内容】

(1)设计一个数列求和窗体"实验 7-6-1",实现以下功能:在文本框 Text1 输入 N 的值,单击"计算"命令按钮 Command1 后,在标签 Label1 中显示 $1+2+3+4+\cdots+N$ 的值,运行界面如图 10 所示。要求分别用 For 语句、While 语句和 Do 语句完成"计算"按钮的"单击"事件代码。

(2)设计窗体"实验 7-6-2",运行界面如图 11 所示。对窗体编写"加载"事件代码实现以下功能:在带垂直滚动条的文本框 Text1 中显示 100 之内能被 3 整除的所有偶数,并在文本框 Text2 中显示这些数的和。

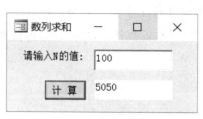

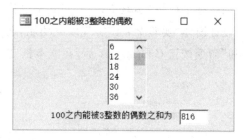

图 10　"数列求和"运行界面　　　图 11　"100 之内能被 3 整除的偶数"运行界面

(3)创建标准模块"实验 7-6-3",建立子过程 Aver 实现以下功能:键盘输入若干个学生的某门课程成绩,以 −1 为输入结束标志,求出这些学生的成绩平均分。

实验 7　循环结构综合应用

【实验目的】

能够用循环结构解决与数组或字符串有关的常用算法问题;掌握实现较复杂循环算法的方法。

【实验内容】

(1)创建标准模块"实验 7-7-1",建立子过程 Aver 实现以下功能:键盘输入 n 个学生的某门课程成绩,求成绩平均分及高于平均分的学生数。n 由键盘输入。

[提示]本题与实验 6 第 3 小题不同,本题从键盘输入的 n 个学生成绩需被访问两次,一次是为了求平均分而统计总分时,另一次是在求出平均分后统计高于平均分的学生数时,故本题应将学生成绩存放在数组中,以方便多次读取;而数组的大小 n 是由键盘输入的,故应把数组定义为动态数组。

(2)设计窗体"实验 7-7-2"实现以下功能:在文本框 Text1 中输入一个字符串,单击"统计个数"命令按钮 Command1 后,在文本框 Text2、Text3、Text4 和 Text5 中依次显示该字符串中英文字母、数字、空格和其他字符的个数,运行界面如图 12 所示。

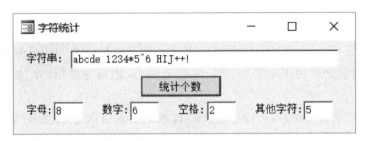

图 12　字符统计界面

（3）创建标准模块"实验 7-7-3"，建立子过程 Star 输出如图 13 所示图案。

（4）设计窗体"实验 7-7-4"实现以下功能：在文本框 Text1 中输入一个正整数，单击"各位数字之和"命令按钮 Command1 后，在文本框 Text2 中显示该数各位数字之和，运行界面如图 14 所示。

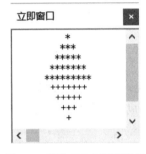

图 13　实验 7-7-3 图案输出

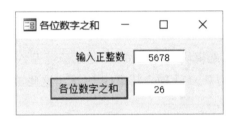

图 14　"各位数字之和"界面

实验 8　过程的定义和调用

【实验目的】

掌握过程调用的方法，并理解过程调用中数据传递的方式。

【实验内容】

（1）创建标准模块"实验 7-8-1"，建立子过程 Swap，实现两个整数的交换。编写子过程 Main1，从键盘输入两个整数，按从小到大的顺序输出。

[提示]子过程 Swap 有两个整型参数，假设为 a 和 b，该过程将 a、b 的值交换。子过程 Main1 中，假设输入的两个整数为 x 和 y，若 x＞y，则通过语句 Call Swap(x,y) 或 Swap x,y 调用 Swap 过程交换 x,y 的值，从而使 x＜y；最后输出已按从小到大排好序的 x,y 两数。

（2）创建标准模块"实验 7-8-2"，建立函数过程 CntCh，返回字符串中特定字符的个数。编写子过程 Main2，从键盘输入一个字符串，调用 CntCh 函数统计该字符串中字符"a"的个数。

[提示]函数过程 CntCh 有两个参数，假设为字符串 s 和字符 c，统计 s 中含有 c 的个数并作为函数返回值。子过程 Main2 中，输入字符串 str，以 CntCh(str,"a") 方式调用 CntCh 函数，完成对 str 中字符"a"的个数统计。

第8章

VBA 数据库编程技术

　　前面已经介绍了通过窗体、报表等方式访问 Access 数据库的相关知识。在实际编程开发中，要想快速、有效地管理好数据，设计出功能强大、操作灵活的 Access 数据库应用程序，还需了解和掌握 VBA 数据库编程的相关知识。本章首先概述数据访问接口，接着详细介绍 ADO 的 3 个主要对象，最后通过实例说明 VBA 使用 ADO 对象访问 Access 数据库的具体方法与编程技巧。

　　本章知识结构导航如图 8-1 所示。

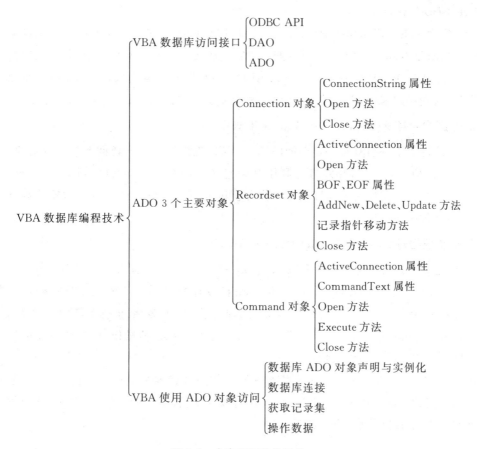

图 8-1　本章知识结构导航

8.1 VBA 数据库编程基础

8.1.1 数据库引擎和接口

VBA 是通过 Microsoft Jet 数据库引擎工具来支持对数据库的访问。所谓数据库引擎实际上是一组动态链接库（dynamic link library，DLL），当 VBA 程序运行时被连接到应用程序从而实现对数据库的数据的访问功能。数据库引擎（database engine）是应用程序与物理数据库之间的桥梁，是一种通用接口，用户可以使用统一形式和相同的数据访问与处理方法来访问各种类型的数据库。

在 VBA 中主要提供了 3 种数据库访问接口：

1. 开放数据库互联应用编程接口（Open Database Connectivity application programming interface，ODBC API）

ODBC 为关系数据库编程提供统一的接口，用户可通过它对不同类型的关系数据库进行操作。但是由于 ODBC API 允许对数据库进行比较接近底层的配置和控制，属底层数据库接口，在 Access 应用中，要直接使用 ODBC API 访问数据库则需要大量 VBA 函数原型声明和一些烦琐的、底层的编程，因此，目前实际编程已很少直接进行 ODBC API 的访问。

2. 数据访问对象（Data Access Objects，DAO）

DAO 既提供了一组具有一定功能的 API 函数，也提供了一个访问数据库的对象模型，在 Access 数据库应用程序中，开发者可利用其中定义的如 Database、QueryDef、Recordset 等一系列数据访问对象，实现对数据库的各种操作。因此，DAO 更适用于基于对象的数据库程序开发，属高级数据库接口。

3. 动态数据对象（ActiveX Data Objects，ADO）

ADO 是基于组件的数据库编程接口，它是一个与编程语言无关的部件对象模型（Component Object Model，COM）组件系统，可以对来自多种数据提供者的数据进行操作。类似于 DAO，ADO 也提供了一个用于数据库编程的对象模型，开发者可利用其中一系列对象，如 Connection、Command、Recordset 对象等，实现对数据库的各种操作，但这些对象的应用更加简单、灵活。ADO 属应用层编程接口。

由于 ADO 是对微软所支持的数据库进行操作的最有效和最简单直接的方法，是一种功能强大的数据访问编程模式，因此，目前微软的数据库访问一般用 ADO 方式，早期数据库连接技术 ODBC 和 DAO 则逐渐被淘汰。

8.2　ADO 主要对象

8.2.1　ADO 对象模型

ADO 对象模型是对 ADO 对象集合的完整概括，它能够更加灵活、有效地发挥 ADO 对象的功能特性。ADO 对象模型如图 8-2 所示，主要包含 Connection、Recordset、Command、Parameter、Field、Property 和 Error 共 7 个对象，ADO 对象模型中有关对象、集合的说明见表 8-1。

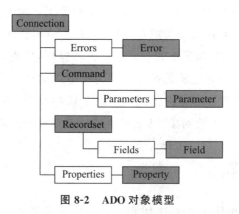

图 8-2　ADO 对象模型

表 8-1　ADO 对象、集合说明

ADO 对象、集合	说明
Connection	连接对象，代表与数据源进行的对话连接
Recordset	记录集对象，表示来自基本数据表或命令执行结果的记录集
Field	字段对象，代表记录集数据中的字段
Fields	字段对象集合，包含 Recordset 对象中所有的 Field 对象
Command	命令对象，用于定义将对数据源执行的命令
Parameter	参数对象，表示与 Command 对象相关联的参数
Parameters	参数对象集合，包含 Command 对象的所有 Parameter 对象
Property	属性对象，代表 ADO 各项对象的属性
Properties	属性对象集合，包含所有 Property 对象
Error	错误对象，包含与数据源有关的数据访问错误的详细信息
Errors	连接对象的错误集合，包含所有与连接数据源有关的 Error 对象

使用 ADO 的 Connection、Recordset、Command、Parameter、Field、Property 和 Error 对象可进行如下具体操作。

（1）Connection：连接数据源。

（2）Command：执行 SQL 命令。

（3）Parameter：在 SQL 命令中指定字段、表和值作为变量参数。

（4）Recordset：命令按行返回数据源的记录集，可将记录行存储在缓存中，以便对记录集中的数据进行进一步操作。

（5）Field：对记录集中的字段进行操作。

（6）Property：表示 ADO 各项对象的属性值。

（7）Error：显示数据源连接过程发生的错误，或涉及 ADO 各项对象操作生成的错误的详细信息。

Connection、Recordset 和 Command 是 ADO 对象模型中 3 个最核心的对象，也是应用程序访问数据源时使用最多的 3 个对象。Connection 对象用于建立应用程序与数据源的连接；Recordset 对象用于存储由数据源取得的数据集合，再由应用程序处理该 Recordset 对象中的记录；Command 对象用于对数据源中的数据进行各种操作，如查询、添加、删除和修改等。我们可形象地将 Connection 对象完成的操作比喻为拨电话动作，在拨通电话后就可通过 Command 对象和 Recordset 对象与对方进行通话。由于篇幅所限，本节将详细介绍 Connection、Recordset 和 Command 3 个主要对象，其余对象请读者参阅相关资料。

8.2.2 Connection 对象

Connection（连接）对象用于建立应用程序与指定数据源的连接。在使用任何数据源之前，应用程序首先要与一个数据源建立连接，然后才能对数据源中的数据进行下一步操作。应用程序通过 Connection 对象不仅能与各种各样的数据库（如 SQL Server、Oracle、Access 等）建立连接，也可以同 Excel 电子表格、E-mail 等数据源建立连接。

使用 Connection 对象实现与指定数据源连接的基本步骤为：

（1）创建 Connection 对象。

（2）设置 Connection 对象的连接字符串 ConnectionString 属性，用以指示要连接的数据源信息。

（3）打开 Connection 对象，实现应用程序与数据源的物理连接。

（4）为节省系统资源，待对数据源中的数据操作结束后，应关闭 Connection 对象，实现应用程序与数据源的物理断开。

要建立应用程序与数据源的连接，首先要在应用程序中声明一个 Connection 对象，并对其进行初始化，具体方法如下：

Dim conn As ADODB.Connection

Set conn＝New ADODB.Connection

上面语句先用 Dim 语句声明一个对象变量 conn，再用 Set 命令将其初始化为 ADO 的 Connection 对象（实例化）。Connection 前缀 ADODB 是 ADO 类库名。

创建好 Connection 对象后，在连接数据源之前，可利用 Connection 对象的 Connection-

String 属性设置建立连接的数据源信息。设置 ConnectionString 属性的语法如下：

连接对象变量.ConnectionString＝"参数 1＝参数 1 值；参数 2＝参数 2 值；……"

语法中常用参数见表 8-2。

表 8-2　ConnectionString 参数

参数	说明
Provider	指定 OLE DB 数据提供者
Dbq	指定数据库的物理路径
Driver	指定数据库的类型（驱动程序）
DataSource	指定数据源
FileName	指定要连接的数据库
UID	指定连接数据源时的用户 ID
PWD	指定连接数据源时用户的密码

接着就可以用 Connection 对象的 Open 方法实现应用程序与数据源的物理连接。Open 方法的语法如下：

连接对象变量.Open ConnectionString,UserID,Password

说明：若 ConnectionString 连接字符串中已包含 UserID 和 Password 两参数，则 Open 方法最后两参数可省略。

若已设置 Connection 对象的 ConnectionString 属性值，则 Open 方法后的参数均可省略。

待数据源中数据操作结束后，应关闭 Connection 对象，实现应用程序与数据源的物理断开，以节省系统资源的开销。关闭 Connection 对象应使用 Close 方法，语法如下：

连接对象变量.Close

需要说明的是，使用 Close 方法只是关闭应用程序与数据源的物理连接，而 Connection 对象并未从内存中释放，要从内存中释放已有的 Connection 对象可应用如下语法：

Set 连接对象变量＝Nothing

【例 8-1】假设 D 盘 Data 目录下有一 Access 数据库"学生成绩管理.accdb"，利用 Connection 对象与该数据库建立连接的程序段如下。

方法 1：

```
Dim conn As ADODB.Connection
Set conn＝New ADODB.Connection
conn.ConnectionString＝"Provider＝Microsoft.ACE.OLEDB.12.0;DataSource＝" & _
                       "D:/Data/学生成绩管理.accdb"
conn.Open
……
conn.Close
Set conn＝Nothing
```

说明

> 连接对象变量 conn 的 ConnectionString 包含 Provider 和 DataSource 两参数,Provider 指定连接 Access 数据库所使用的 OLE DB 程序为 Microsoft.ACE.OLEDB.12.0;DataSource 则指定连接的数据库文件名为"学生成绩管理.accdb";由于 ConnectionString 属性值为字符串,故用"&"号来连接前后字符串,字符"&"后的"_"表示语句有续行。若需用户 ID 和密码,ConnectionString 还应加上 UID 和 PWD 两参数,本例略。由于已设置好连接对象变量 conn 的 ConnectionString 属性值,故执行 conn 对象的 Open 方法时省略后续各参数。

方法 2:

Dim conn As ADODB.Connection

Set conn = New ADODB.Connection

conn.Open "Provider = Microsoft.ACE.OLEDB.12.0;DataSource = D:/Data/学生成绩管理.accdb"

……

conn.Close

Set conn = Nothing

 说明

> 对象 conn 的 ConnectionString 属性值直接作为 Open 方法的参数。
>
> 在实际编程中,应用 ADO 对象的属性和方法时,各参数的赋值方式灵活性较强,建议读者多参考有关资料,本节不再一一列举。

8.2.3 Recordset 对象

Recordset(记录集)对象是用于存储来自数据库中基本表或命令执行结果的记录全集。Recordset 对象中的数据在逻辑上由每行的记录和每列的字段组成,每个字段又表示为一个 Field 对象。任一时候,Recordset 对象所指的当前记录均为记录全集中的单个记录。由于 Recordset 对象是 ADO 对象中最灵活、功能最强大的一个对象,熟练掌握并灵活运用 Recordset 对象就可以在应用程序中完成对数据源的几乎所有操作。

类似于 Connection 对象,在使用 Recordset 对象之前,也应声明并初始化一个 Recordset 对象,方法如下:

Dim rs As ADODB.Recordset

Set rs = New ADODB.Recordset

上面语句先用 Dim 语句声明一个对象变量 rs,再用 Set 命令将其初始化为 ADO 的 Recordset 对象(实例化)。

创建一 Recordset 对象之后,就可以通过 Recordset 对象的 Open 方法获取来自数据源的记录集。Open 方法语法如下:

记录集对象变量.Open Source，ActiveConnection，CursorType，LockType，Options

说明：Source 参数为数据源，可以是有效的 Connection 对象变量、SQL 语句、数据库表名等；ActiveConnection 参数可以是有效的 Connection 对象变量或包含 ConnectionString 参数的连接字符串；CursorType 参数用以确定应用程序打开 Recordset 对象时应使用的游标类型，参数值及说明见表 8-3；LockType 参数用以确定应用程序打开 Recordset 对象时应使用的锁定类型，参数值及说明见表 8-4；Options 参数用以指定应用程序打开 Recordset 对象的命令字符串类型，参数值及说明见表 8-5。

表 8-3 CursorType 参数

常量	参数值	说明
AdOpenForwardOnly	0	仅使用前向类型游标，只能在记录集中向前移动（默认值）
AdOpenKeySet	1	使用键集类型游标，可以在记录集中向前或向后移动。但禁止查看或访问其他用户添加或删除的记录
AdOpenDynamic	2	使用动态类型游标，可以在记录集中向前或向后移动。允许查看其他用户所做的添加、更新或删除
AdOpenStatic	3	使用静态类型游标，可以在记录集中向前或向后移动。其他用户所做的添加、更新或删除不可见

☞ 说明：

前向类型游标执行速度快，建议在一切可能的场合使用前向类型游标。

表 8-4 LockType 参数

常量	参数值	说明
AdLockReadOnly	1	只读，无法更改数据（默认值）
AdLockPessimistic	2	保守式锁定（逐个），指编辑记录时立即锁定数据源的记录
AdLockOptimistic	3	开放式锁定（逐个），只在调用 Update 方法时才锁定数据源的记录
AdLockBatchOptimistic	4	开放式批量更新

表 8-5 Options 参数

常量	参数值	说明
AdCmdUnknown	−1	未知命令类型
AdCmdText	1	拟执行的字符串包含一个命令文本
AdCmdTable	2	拟执行的字符串包含一个表名
AdCmdStoredProc	3	拟执行的字符串包含一个存储过程名

在数据库应用程序开发过程中，开发者可充分利用 Recordset 对象的属性或方法实现应用程序对记录集中的数据操作。Recordset 对象中常用属性及方法有：

（1）ActiveConnection 属性：通过设置 ActiveConnection 属性使打开的数据源链接与

Connection 对象相关联,该属性值为有效的 Connection 对象变量或包含 ConnectionString 参数的连接字符串。

(2)AbsolutePosition 属性:返回 Recordset 对象当前记录的序号位置。

(3)RecordCount 属性:返回 Recordset 对象中记录的数目。

(4)BOF、EOF 属性:若当前位置在 Recordset 对象第一条记录之前,BOF 属性值为真,否则为假;若当前位置在 Recordset 对象最后一条记录之后,EOF 属性值为真,否则为假。

(5)AddNew 方法:该方法将在 Recordset 对象中添加一条新记录。语法如下:

记录集对象变量.AddNew

(6)Delete 方法:该方法将删除 Recordset 对象中当前记录,语法如下:

记录集对象变量.Delete

(7)Update 方法:该方法将把 Recordset 对象中当前记录的更新内容保存到数据库中,语法如下:

记录集对象变量.Update

需要说明的是:当用 AddNew 方法新增记录或对 Recordset 对象中当前记录的内容进行更新后,都需要通过 Update 方法将更新的数据保存到数据库中。

(8)Move、MoveFirst、MoveLast、MoveNext、MovePrevious 方法:当打开一个非空 Recordset 对象时,当前记录总是定位在第一条记录,可根据需要使用这些方法灵活地将记录指针移动到指定位置,记录定位语法见表 8-6。

由于移动记录指针有向前与向后各种方法,为保证记录指针移动的正常进行,在 Recordset 对象的 Open 方法中应提前设置好 CursorType 参数。

(9)Close 方法:该方法用以关闭一个已打开的 Recordset 对象,并且释放相关的数据和为该 Recordset 对象所申请的资源。语法如下:

记录集对象变量.Close

表 8-6   记录定位语法

语法	说明
记录集对象变量.Move ±N	记录指针相对移动 N 条记录
记录集对象变量.MoveFirst	记录指针移到 Recordset 对象的第一条记录
记录集对象变量.MoveLast	记录指针移到 Recordset 对象的最后一条记录
记录集对象变量.MoveNext	记录指针向后移动一条记录(注:即记录序号增加)
记录集对象变量.MovePrevious	记录指针向前移动一条记录(注:即记录序号减少)

由于使用 Close 方法只释放相关的系统资源,Recordset 对象并未从内存中释放,若还需要打开该 Recordset 对象,可直接使用该对象的 Open 方法。若要将 Recordset 对象从内存中完全释放,应设置 Recordset 对象为 Nothing,语法如下:

Set 记录集对象变量＝Nothing

【例 8-2】在"例 8-1"的基础上,利用 Recordset 对象获取来自"学生成绩管理.accdb"中"学生"数据表的记录,具体实现方法如下。

方法 1：先利用 Connection 对象与数据库"学生成绩管理.accdb"建立连接，再利用 Recordset 对象获取数据表记录集。

```
Dim conn As ADODB.Connection
Dim rs As ADODB.Recordset
Set conn=New ADODB.Connection
Set rs=New ADODB.Recordset
conn.Open "Provider=Microsoft.ACE.OLEDB.12.0;DataSource=D:/Data/学生成绩管理.accdb"
rs.Open "Select * From 学生",conn,adOpenKeyset,adLockReadOnly
…
rs.Close
Set rs=Nothing
conn.Close
Set conn=Nothing
```

方法 2：直接使用 Recordset 对象建立内部数据源连接，即在程序代码中将 Recordset 对象 Open 方法的 ActiveConnection 参数直接用连接字符串 ConnectionString 属性值表示。

```
Dim rs As ADODB.Recordset
Set rs=New ADODB.Recordset
rs.Open "Select * From 学生","Provider=Microsoft.ACE.OLEDB.12.0;" & _
        "DataSource=D:/Data/学生成绩管理.accdb",1,1
…
rs.Close
Set rs=Nothing
```

由于 Recordset 对象是 ADO 数据操作的核心，它可以独立于 Connection 或 Command 对象而使用，如上述方法，可以不创建 Connection 对象而直接创建 Recordset 对象。由此可看出 ADO 对象在使用上的灵活性。

方法 3：在 Access 应用编程中，通常要连接的就是当前数据库，这时可将 Connection 对象的 ConnectionString 属性值直接设置为"CurrentProject.Connection"，即表示连接的是当前数据库。

```
Dim conn As ADODB.Connection
Dim rs As ADODB.Recordset
Set conn=New ADODB.Connection
Set rs=New ADODB.Recordset
conn.Open CurrentProject.Connection
rs.Open "Select * From 学生",conn,adOpenKeyset,adLockReadOnly
…
rs.Close
```

```
Set rs＝Nothing
conn.Close
Set conn＝Nothing
```

【例 8-3】Access 中，假设当前数据库为"学生成绩管理.accdb"，要从其"学生"数据表中获取性别为男的记录集，则实现代码段如下：

```
Dim rs As ADODB.Recordset
Set rs＝New ADODB.Recordset
rs.Open "Select ＊ From 学生 Where 性别＝'男' ",CurrentProject.Connection,1,1
……
rs.Close
Set rs＝Nothing
```

说明

> 本例由于在 Access 中要连接的是当前数据库，这时可将 Recordset 对象的 ActiveConnection 参数直接设置为 CurrentProject.Connection。

【例 8-4】Access 中，设当前数据库为"学生成绩管理.accdb"，要在其"专业"数据表中新增一条记录，新增记录各字段内容依次是：专业编号，P07；专业名称，电子技术；专业负责人，刘容强，则实现代码段如下：

```
Dim rs As ADODB.Recordset
Set rs＝New ADODB.Recordset
rs.Open "Select ＊ From 专业",CurrentProject.Connection,2,2
rs.AddNew
rs("专业编号")＝"P07"
rs("专业名称")＝"电子技术"
rs("专业负责人")＝"刘容强"
rs.Update
Msgbox "已完成新记录的添加!"，0＋64，"提示"
rs.Close
Set rs＝Nothing
```

说明

> Recordset 对象还包含一个 Fields 集合，每个字段都有一个 Field 对象。引用 Recordset 对象记录当前的某一字段数据，可使用如下格式：
>
> 记录集对象变量.Fields(字段名).Value
>
> 可简化为：记录集对象变量(字段名)
>
> 如语句 rs("专业编号")＝"P07" 表示将数据"P07"赋予当前记录的"专业编号"字段。

8.2.4　Command 对象

Command(命令)对象用以定义并执行针对数据源的具体命令,即通过传递指定的 SQL 命令来操作数据库,如建立数据表、删除数据表或修改数据表结构等;应用程序也可通过 Command 对象查询数据库,并将 Command 对象的运行结果返回给 Recordset 对象,以便进一步执行如增加、删除、更新、筛选记录等操作。

类似 Connection 和 Recordset 对象,在使用 Command 对象之前,也应声明并实例化一个 Command 对象,具体方法如下:

Dim comm As ADODB.Command

Set comm＝New ADODB.Command

创建一个 Command 对象之后,就可利用该对象的属性及方法对数据源提出命令请求。Command 对象的常用属性和方法有:

(1)ActiveConnection 属性。通过设置 ActiveConnection 属性使已打开的数据源链接与 Connection 对象相关联,ActiveConnection 属性值可以是有效的 Connection 对象变量或包含 ConnectionString 参数的连接字符串。

(2)CommandText 属性。用以表示 Command 对象要对数据源下达的命令,通常设置为能够完成某个特定功能的 SQL 语句、数据表或存储过程的调用等。

(3)Execute 方法。这是 Command 对象的最主要方法,用以执行一个由 CommandText 属性指定的查询、SQL 语句或存储过程。其语法有两种格式:

1)有返回记录集作用的 Command 对象执行语法:

Set 记录集对象变量＝命令对象变量.Execute

2)无返回记录集作用的 Command 对象执行语法:

命令对象变量.Execute

同样,要将 Command 对象从内存中完全释放,也应设置该对象为 Nothing,语法如下:

Set 命令对象变量＝Nothing

另外,Command 对象是个可选对象,这是由于 OLE DB 既可提供关系型数据源也可提供非关系型数据源,所以在非关系型数据源上使用传统的 SQL 命令查询数据有可能无效,Command 对象也就无法使用了。

【例 8-5】Access 中,设当前数据库为"学生成绩管理.accdb",要将"专业"数据表中专业名称为"公共基础教学"的专业负责人姓名更改为"郑智强",则实现代码段如下:

Dim conn As ADODB.Connection

Dim comm As ADODB.Command

Set conn＝New ADODB.Connection

Set comm＝New ADODB.Command

conn.Open CurrentProject.Connection

comm.ActiveConnection＝conn

comm.CommandText＝"Update 专业 Set 专业负责人＝'郑智强' Where 专业名称＝'公共基础教学'"

comm.Execute

Msgbox "已完成修改!",0＋32,"提示"

conn.Close

set conn＝Nothing

set comm＝Nothing

 说明

为使本例中 Command 对象命令正常执行,在 Access 中应确保当前数据库不被其他用户锁定。具体设置方法为选择菜单"工具"中的"选项",在"高级"选项对话框中更改"默认打开模式"为"共享","默认记录锁定"为"不锁定",并将"使用记录级锁定打开数据库"选项取消。

8.3　VBA 在 Access 中的数据库编程实例

前面各章主要讲解的是通过交互式操作来创建或管理 Access 数据库对象,但在实际 Access 数据库应用系统开发中,有些具体功能是交互式操作或宏所无法完成的,需要使用 VBA 语言编写程序来完成,甚至可利用其开发出功能更强大、操作更灵活的数据库应用系统。本节将通过几个实例来介绍在 Access 中利用 VBA 进行数据库编程的具体方法和技巧。

8.3.1　在 VBA 中引用 ADO 类库

ADO 是采用面向对象方法设计的,ADO 各个对象的定义都被集中在 ADO 类库中。要使用 ADO 对象,首先要引用 ADO 类库。在 VBA 中引用 ADO 类库的操作步骤如下:

(1)在 VBE 环境中,选择"工具"菜单下的"引用"命令,打开"引用"对话框,如图 8-3 所示。

图 8-3　"引用"对话框

(2)在"可使用的引用"列表框中选中"Microsoft ActiveX Data Objects 2.1 Library"复选框。另外,在这个对话框中还可以改变被引用类库的优先级。例如,选中"Microsoft ActiveX Data Objects 2.1 Library"这一类库并单击"优先级"的向上按钮,可提升 ADO 类库的优先级。

 说明

> 由于不同计算机安装的操作系统中 ADO 类库的版本可能存在不同,设置时应根据实际环境提供的版本选择相应的 ADO 类库。

8.3.2　VBA 数据库编程实例

本节以前面几章所讲述的"学生成绩管理.accdb"作为 Access 的当前数据库,列举 3 个例子来说明在 VBA 编程中如何使用 ADO 对象实现对"学生成绩管理.accdb"中相关数据表的操作。

【例 8-6】打开"学生成绩管理.accdb",设计课程成绩统计窗体,运行界面如图 8-4 所示,要求实现:

(1)在组合框 Combo1 中选择一课程编号,则对应的课程名称、学分、任课教师、学时分别显示在对应文本框中。

(2)单击"统计"按钮,则在对应文本框中显示指定课程的所有参考学生人数、课程平均分、60 分以上人数和不及格人数。

(3)若未指定具体课程编号就单击"统计"按钮,则显示提示信息。

图 8-4　课程成绩统计窗体

设计步骤如下：

(1)创建窗体并添加相关控件。控件的主要属性见表 8-7。

表 8-7　"例 8-6"控件的主要属性

对象	名称	属性	属性值	说明
标签	Label1	标题	课程编号	由于标签多,不一一说明
	Label2	标题	课程名称	
	Label3~10	标题	详见图 8-4 所示各标签	
组合框	Combo1	行来源类型	表/查询	利用组合框向导完成,见步骤(2)
		行来源	SELECT 课程.课程编号 FROM 课程;	
文本框	Text1			显示课程名称
	Text2			显示课程学分
	Text3			显示课程任课教师
	Text4			显示课程学时
	Text5			显示参考学生数
	Text6			显示课程平均分
	Text7			显示 60 分以上人数
	Text8			显示不及格人数
命令按钮	Command1	标题	统计	完成课程成绩统计
矩形	Box1			分隔统计信息区

（2）利用组合框向导设置 Combo1 对象的值来源。设置步骤详如图 8-5 所示。

（3）对组合框 Combo1 的 Change 事件编写如下代码：

```
Private Sub Combo1_Change()
    Dim rs As ADODB.Recordset
    Set rs＝New ADODB.Recordset
    '从 "课程"和"教师"数据表中获取指定课程编号的记录
    Dim SQLstr As String
    SQLstr＝"Select 课程.课程名称,课程.学时,课程.学分,教师.姓名 From 课程,教师
Where 课程.教师编号＝教师.教师编号 And 课程.课程编号='" & Me.Combo1 & "'"
    rs.Open SQLstr,CurrentProject.Connection,2,2
    '判断是否获取指定的记录
    If Not rs.EOF() Then
        Me.Text1＝rs("课程名称")
        Me.Text2＝rs("学分")
        Me.Text3＝rs("姓名")
        Me.Text4＝rs("学时")
    End If
    rs.Close
    Set rs＝Nothing
End Sub
```

图 8-5 利用组合框向导设置 Combo1 对象

☞说明

　　由于 SQL 命令必须为字符串,故 Where 条件中的课程编号与组合框 Combo1 进行比较时,采用"&"连接符进行前后字符串的连接。代码中的 Me.Combo1 表示当前窗体的 Combo1 对象。

　　(4)对"统计"按钮 Command1 的 Click 事件编写如下代码:

Private Sub Command1_Click()

　　Dim rs As ADODB.Recordset

　　Set rs＝New ADODB.Recordset

```
'从 "成绩" 数据表获取指定课程编号的所有记录
Dim SQLstr As String
SQLstr="Select * From 成绩 Where 课程编号='" & Me.Combo1 & "'"
rs.Open SQLstr,CurrentProject.Connection,2,2
'判断获取的记录集是否为空,非空则统计各项数据
If Not rs.BOF() Or Not rs.EOF() Then
    sum=0
    n=0
    x=0
    y=0
    '逐条记录累加成绩,并分别统计及格与不及格人数
    Do While Not rs.EOF()
        sum=sum + rs("成绩")
        n=n+1
        If rs("成绩")>=60 Then
            x=x + 1
        Else
            y=y + 1
        End If
        rs.MoveNext
    Loop
    aver=sum / n
    Me.Text5=n
    Me.Text6=Int(aver * 100 + 0.5) / 100
    Me.Text7=x
    Me.Text8=y
Else
    '未指定课程编号则提示信息
    MsgBox "课程编号为空,请重新指定课程编号", 0 + 16, "提示"
End If
rs.Close
Set rs=Nothing
End Sub
```

【例 8-7】打开"学生成绩管理.accdb",设计按课程查阅学生成绩窗体,运行界面如图 8-6 所示,要求实现:

(1)在组合框 Combo1 中选择一课程编号,则对应的课程名称、学分、任课教师、学时分别显示在对应文本框中。

(2)窗体启动后,"首记录"等 4 个记录指针移动按钮不起作用。

(3)单击"查阅学生成绩"按钮时若存在学生成绩的记录,则在对应文本框中显示指定课程的一位学生的学号、姓名、专业和成绩,并激活 4 个记录指针移动按钮。

(4)单击 4 个记录指针移动按钮之一时,按顺序在对应文本框中显示指定课程的其中一位学生的学号、姓名、专业和成绩,要求考虑记录指针移至记录集首部或末尾的问题。

图 8-6 "例 8-7"按课程查阅学生成绩窗体

设计步骤如下:

(1)创建窗体并添加相关控件。控件的主要属性见表 8-8。

表 8-8 "例 8-7"控件的主要属性

对象	名称	属性	属性值	说明
标签	Label1	标题	课程编号	由于标签多,不一一说明
	Label2	标题	课程名称	
	Label3～10	标题	详见图 8-6 所示各标签	
组合框	Combo1	行来源类型	表/查询	利用组合框向导完成,见例 8-6
		行来源	SELECT 课程.课程编号 FROM 课程;	
文本框	Text1			显示课程名称
	Text2			显示课程学分
	Text3			显示课程任课教师
	Text4			显示课程学时
	Text5			显示学生学号
	Text6			显示学生姓名
	Text7			显示专业名称
	Text8			显示学生成绩

对象	名称	属性	属性值	说明
命令按钮	Command1	标题	查阅学生成绩	按指定课程编号查阅学生成绩
	Command2	标题	首记录	将记录指针移至首记录
	Command3	标题	前一条记录	将记录指针向前移一条记录
	Command4	标题	后一条记录	将记录指针向后移一条记录
	Command5	标题	末记录	将记录指针移至末记录
矩形	Box1			分隔统计信息区

(2)组合框 Combo1 的 Change 事件代码编写详见"例 8-6"。

(3)窗体启动后,要取消 4 个记录指针移动按钮作用,应对窗体 form 的 Activate 事件编写如下代码:

```
Private Sub Form_Activate()
    '取消 4 个记录指针移动按钮作用
    Me.Command2.Enabled=False
    Me.Command3.Enabled=False
    Me.Command4.Enabled=False
    Me.Command5.Enabled=False
End Sub
```

(4)对"查阅学生成绩"按钮 Command1 的 Click 事件编写如下代码:

```
Private Sub Command1_Click()
    Set myrs=New ADODB.Recordset
    '从 "课程""学生""专业"数据表中获取指定课程编号的所有学生记录
    Dim SQLstr As String
    SQLstr="Select 学生.学号,学生.姓名,专业.专业名称,成绩.成绩 From 学生,专业,成绩 Where 学生.专业编号=专业.专业编号 And 成绩.学号=学生.学号 And 成绩.课程编号='" & Me.Combo1 & "'"
    myrs.Open SQLstr,CurrentProject.Connection,2,2
    '判断获取的记录集是否为空,非空则统计各项数据
    If Not myrs.BOF() Or Not myrs.EOF() Then
        Me.Text5=myrs("学号")
        Me.Text6=myrs("姓名")
        Me.Text7=myrs("专业名称")
        Me.Text8=myrs("成绩")
        '激活记录指针移动按钮作用
        Me.Command2.Enabled=True
        Me.Command3.Enabled=True
```

```
       Me.Command4. Enabled=True
       Me.Command5. Enabled=True
    Else
       MsgBox "指定课程没有学生参考或课程编号为空,请重新指定课程编号",0 + 16,
"提示"
    End If
 End Sub
```

 说明

由于记录集对象变量 myrs 在 4 个记录指针移动按钮的 Click 事件中都需要调用,应使用语句 Public myrs As ADODB.Recordset 将 myrs 定义为全局记录集变量。

(5)"首记录"按钮 Command2 的 Click 事件代码编写如下:

```
Private Sub Command2_Click()
    '将记录指针移至首记录(即记录序号为 1)
    myrs.MoveFirst
    Me.Text5=myrs("学号")
    Me.Text6=myrs("姓名")
    Me.Text7=myrs("专业名称")
    Me.Text8=myrs("成绩")
End Sub
```

(6)"前一条记录"按钮 Command3 的 Click 事件代码编写如下:

```
Private Sub Command3_Click()
    '将记录指针向后移一条记录(即记录序号减少)
    myrs.MovePrevious
    '判断是否已处于记录集首部
    If Not myrs.BOF() Then
       Me.Text5=myrs("学号")
       Me.Text6=myrs("姓名")
       Me.Text7=myrs("专业名称")
       Me.Text8=myrs("成绩")
    Else
       '记录指针已处于记录集首部,向前移一条记录并显示提示信息
       myrs.MoveNext
       Me.Text5=myrs("学号")
       Me.Text6=myrs("姓名")
       Me.Text7=myrs("专业名称")
       Me.Text8=myrs("成绩")
```

　　　　MsgBox "已至首记录!"，0 + 64，"提示"

　　End If

End Sub

(7)"后一条记录"按钮 Command4 的 Click 事件代码编写如下：

Private Sub Command4_Click()

　'将记录指针向前移一条记录(即记录序号增加)

　myrs.MoveNext

　'判断是否已处于记录集末尾

　If Not myrs.EOF() Then

　　Me.Text5＝myrs("学号")

　　Me.Text6＝myrs("姓名")

　　Me.Text7＝myrs("专业名称")

　　Me.Text8＝myrs("成绩")

　Else

　　'记录指针已处于记录集末尾，向后移一条记录并显示提示信息

　　myrs.MovePrevious

　　Me.Text5＝myrs("学号")

　　Me.Text6＝myrs("姓名")

　　Me.Text7＝myrs("专业名称")

　　Me.Text8＝myrs("成绩")

　　MsgBox "已至末记录!"，0 + 64，"提示"

　End If

End Sub

(8)"末记录"按钮 Command5 的 Click 事件代码编写如下：

Private Sub Command5_Click()

　'将记录指针移至末记录

　myrs.MoveLast

　Me.Text5＝myrs("学号")

　Me.Text6＝myrs("姓名")

　Me.Text7＝myrs("专业名称")

　Me.Text8＝myrs("成绩")

End Sub

【例 8-8】 在"例 8-7"基础上，增加"更新""删除""新增""结束"4 个命令按钮，运行界面如图 8-7 所示，要求实现：

(1)窗体启动后，"更新""删除""新增"3 个命令按钮不起作用，单击"查阅学生成绩"按钮后才激活这些按钮。

(2)在显示成绩的文本框 Text8 中修改原有成绩，单击"更新"按钮出现消息对话框提示

用户确认,确认则更新"成绩"数据表中指定学号的学生课程成绩,若学号有变化但"成绩"数据表未出现该学生成绩则提示信息"学号或课程编号有变化,无法进行成绩更新!"。

(3)单击"删除"按钮出现消息对话框提示用户确认,确认则删除"成绩"数据表中指定学号的学生成绩信息,若学号有变化但"成绩"数据表未出现该学生成绩则提示信息"指定学号或课程编号不存在,无法删除!"。

(4)在学生成绩信息的各个文本框中输入新增学生对应的课程成绩信息,单击"新增"按钮出现消息对话框提示用户确认,确认则先判断新增的学号及指定课程编号是否未出现在"成绩"数据表,且学号是否与"学生"数据表的学号一致,条件成立方可在"成绩"数据表新增指定学生成绩信息,否则显示提示信息"成绩表已有记录,无法再新增!"或"新增学号不存在,无法新增!"。

(5)单击"退出"按钮,则关闭窗体。

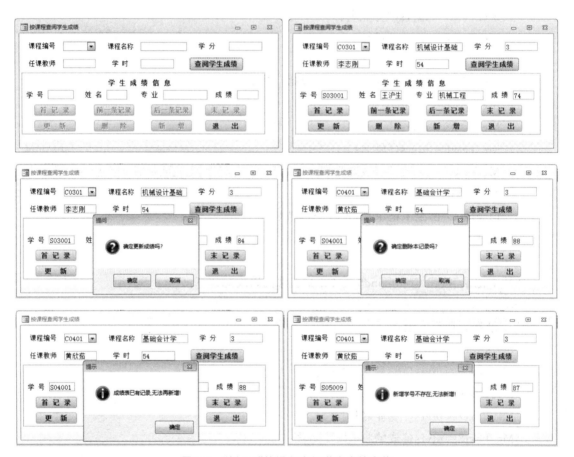

图 8-7 "例 8-8"按课程查阅学生成绩窗体

设计步骤如下:

(1)在"例 8-7"已创建的窗体上添加 4 个按钮控件。新增控件的主要属性见表 8-9。

表 8-9　"例 8-8"新增控件的主要属性

对象	名称	属性	属性值	说明
命令按钮	Command6	标题	更新	修改指定数据记录
	Command7	标题	删除	删除指定数据记录
	Command8	标题	新增	新增指定数据记录
	Command9	标题	退出	关闭数据记录集及窗体

（2）在窗体 form 的 Activate 事件中增加如下代码，实现窗体启动后，取消表 8-9 中前 3 个命令按钮的作用：

```
Private Sub Form_Activate()
    '取消按钮作用
    Me.Command6. Enabled=False
    Me.Command7. Enabled=False
    Me.Command8. Enabled=False
End Sub
```

（3）"查阅学生成绩"按钮 Command1 的 Click 事件代码见例 8-7，需要在激活记录指针移动按钮作用代码段后增加如下代码，实现激活 Command6 等 3 个命令按钮：

```
'激活命令按钮
Me.Command6. Enabled=True
Me.Command7. Enabled=True
Me.Command8. Enabled=True
```

（4）对"更新"按钮 Command6 的 Click 事件编写代码如下：

```
Private Sub Command6_Click()
    flag=0 '更新标志
    yn=MsgBox("确定更新成绩吗?",1 + 32,"提问")
    '提示信息函数返回值为 1 则进行更新操作
    If yn=1 Then
        Dim rs As ADODB.Recordset
        Set rs=New ADODB.Recordset
        rs.Open "Select * from 成绩",CurrentProject.Connection,2,2
        Do While Not rs.EOF() And flag=0
        '判断"成绩"数据表是否存在与学号及课程编号相一致的成绩信息
            If rs("学号")=Trim(Me.Text5) And rs("课程编号")=Trim(Me.Combo1) Then
                '条件成立进行成绩更新
                rs("成绩")=Me.Text8
                rs.Update
                MsgBox "完成成绩更新!",0 + 64,"提示"
```

```
            '更新标志置 1
            flag＝1
        Else
            rs.MoveNext
        End If
    Loop
    '判断更新标志，提示有关信息
    If flag＝0 Then
        MsgBox "学号或课程编号有变化，无法进行成绩更新!"，0 ＋ 16，"提示"
    End If
    rs.Close
    Set rs＝Nothing
  End If
End Sub
```

(5)"删除"按钮 Command7 的 Click 事件编写代码如下：

```
Private Sub Command7_Click()
  flag＝0 '删除标志
  yn＝MsgBox("确定删除本记录吗?"，1 ＋ 32，"提问")
  If yn＝1 Then
    Dim rs As ADODB.Recordset
    Set rs＝New ADODB.Recordset
    rs.Open "Select ＊ from 成绩"，CurrentProject.Connection，2，2
    Do While Not rs.EOF() And flag＝0
    '判断"成绩"数据表是否存在与学号及课程编号相一致的成绩信息
        If rs("学号")＝Trim(Me.Text5) And rs("课程编号")＝Trim(Me.Combo1) Then
            '条件成立进行记录删除
            rs.Delete
            rs.Update
            MsgBox "已完成删除!"，0 ＋ 64，"提示"
            '清除对应文本框内容
            Me.Text5＝""
            Me.Text6＝""
            Me.Text7＝""
            Me.Text8＝""
            '取消 4 个记录指针移动按钮作用，等待重新查阅
            Me.Command2.Enabled＝False
            Me.Command3.Enabled＝False
```

```
            Me.Command4. Enabled＝False
            Me.Command5. Enabled＝False
            '删除标志置 1
            flag＝1
        Else
            rs.MoveNext
        End If
    Loop
    '判断删除标志,提示有关信息
    If flag＝0 Then
        MsgBox "指定学号或课程编号不存在,无法删除!", 0 ＋ 16,"提示"
    End If
    rs.Close
    Set rs＝Nothing
  End If
End Sub
```

(6)"新增"按钮 Command8 的 Click 事件编写代码如下:

```
Private Sub Command8_Click()
    cmark＝0    '"成绩"数据表中记录存在标志
    smark＝0    '"学生"数据表中记录存在标志
    yn＝MsgBox("确定新增成绩信息吗?", 1 ＋ 32,"提问")
    If yn＝1 Then
        Dim rs As ADODB.Recordset
        Set rs＝New ADODB.Recordset
        Dim SQLstr As String
        SQLstr＝"Select ＊ from 成绩 Where 学号＝'" ＆ Trim(Me.Text5) ＆ "' and 课程
编号＝'" ＆  Me.Combo1 ＆ "'"
        rs.Open SQLstr,CurrentProject.Connection,2,2
        '判断"成绩"数据表是否已存在与新增学号及课程编号一致的信息
        If Not rs.BOF() And Not rs.EOF() Then
            MsgBox "成绩表已有记录,无法再新增!", 0 ＋ 64,"提示"
            cmark＝1
        End If
        rs.Close
        Set rs＝Nothing
        If cmark＝0 Then
            'cmark＝0,符合新增条件之一,接着判断新增学号是否出现在"学生"数据表中
```

```
'重新创建 rs
Set rs＝New ADODB.Recordset
rs.Open "Select ＊ from 学生 Where 学号＝'" & Trim(Me.Text5) & "'",Cur-
rentProject.Connection,2,2
    If Not rs.BOF() And Not rs.EOF() Then
      '记录集有记录,符合新增条件
      smark＝1
    Else
      MsgBox "新增学号不存在,无法新增!",0 ＋ 64，"提示"
    End If
    rs.Close
    Set rs＝Nothing
    '判断 smark,完成新增操作
    If smark＝1 Then
      '重新创建 rs
      Set rs＝New ADODB.Recordset
      rs.Open "Select ＊ from 成绩 ",CurrentProject.Connection,2,2
      rs.AddNew
      rs("学号")＝Trim(Me.Text5)
      rs("课程编号")＝Trim(Me.Combo1)
      rs("成绩")＝Me.Text8
      rs.Update
      MsgBox "完成新增操作!",0 ＋ 64，"提示"
      rs.Close
      Set rs＝Nothing
      '清除对应文本框内容
      Me.Text5＝""
      Me.Text6＝""
      Me.Text7＝""
      Me.Text8＝""
      '取消 4 个记录指针移动按钮作用,等待重新查阅
      Me.Command2.Enabled＝False
      Me.Command3.Enabled＝False
      Me.Command4.Enabled＝False
      Me.Command5.Enabled＝False
    End If
  End If
```

　　　　End If
　　End Sub

　　(7)"退出"按钮 Command8 的 Click 事件代码即为 DoCmd.Close。

 说明

> 　　本例提供的代码中,判断数据表中是否已存在指定条件的记录,可利用两种方法实现:
> 一种方法是先获取记录集,再借助循环结构和 if 语句在记录集中进行逐条记录的比较;另
> 一种方法是在获取记录集时直接用 Where 指定条件,再借助 if 语句判断获取的记录集是否
> 为空集。读者可对比本例"更新"与"新增"两个命令按钮的事件代码。

本章小结

　　本章在介绍 Connection、Recordset 和 Command 3 个 ADO 主要对象的具体使用方法基础上,通过列举有针对性的实例(如记录的查询、添加、更新、删除、记录中字段数据统计等),翔实介绍了在 Access 窗体设计时,控件对象在 VBA 编程中借助 ADO 对象操作 Access 数据库的编程技巧。本章内容对初学者而言较难,但在数据库应用系统的实际开发中具有一定的实用性和借鉴性,希望读者能熟练掌握 VBA 数据库的编程技巧,提高自己面向对象程序设计的综合能力。

思考与练习

一、思考题

8.1 VBA 提供的数据库访问接口有哪几种?

8.2 ADO 全称是什么? ADO 3 个核心对象是什么? 简述这 3 个对象的功能。

8.3 简述 VBA 使用 ADO 访问数据库的一般步骤。

二、选择题

(1)VBA 主要提供了 ODBC API、DAO 和( )3 种数据库访问接口。

　　A. RDO　　　　　　　B. ADO　　　　　　　C. AOD　　　　　　　D. API

(2)ADO 对象模型中 3 个最核心的对象是( )。

　　A. Connection、Recordset 和 Command

　　B. Connection、Recordset 和 Field

　　C. Recordset、Command 和 Field

　　D. Connection、Parameter 和 Command

(3)若已声明"conn"为一 Connection 对象变量,要将 conn 初始化应使用( )。

　　A. Set conn New ADODB.Connection

　　B. Dim conn As New ADODB.Connection

C. Set conn＝New ADODB.Connection

D. Dim conn＝New ADODB.Connection

（4）ADO 对象模型中，用于存储来自数据库基本表或命令执行结果的记录全集的对象是（   ）。

    A. Connection   B. Record   C. Command   D. Recordset

（5）若 Recordset 对象打开时游标参数值为 1，要返回 Recordset 对象中的总记录数，可使用该对象的（   ）属性。

    A. Count   B. Sum   C. RecordCount   D. RecordSum

（6）若要将记录集对象"my_rs"从内存中完全释放，应使用的命令是（   ）。

    A. Set my_rs＝Nothing   B. my_rs Close

    C. Set my_rs Nothing   D. Set my_rs Close

（7）若"my_rs"为一记录集对象，则命令"my_rs.MoveLast"的作用是（   ）。

    A. 记录指针移到 my_rs 的最后一条记录

    B. 记录指针移到 my_rs 的第一条记录

    C. 记录指针在 my_rs 中向后移动一条记录

    D. 记录指针在 my_rs 中向前移动一条记录

（8）若要使记录指针在记录集对象"my_rs"中向后相对移动 N 条记录（记录号增加），应使用的命令是（   ）。

    A. my_rs.Go N   B. my_rs.Move N

    C. my_rs.Go－N   D. my_rs.Move－N

（9）若往记录集对象"my_rs"中添加一条新的记录，应使用的命令是（   ）。

    A. my_rs.AddNew   B. my_rs.Append

    C. my_rs Update   D. my_rs Delete

（10）若"my_rs"为一记录集对象，则命令"my_rs.Delete"的作用是（   ）。

    A. 删除 my_rs 对象中的所有记录

    B. 删除 my_rs 对象中当前记录之前的所有记录

    C. 删除 my_rs 对象中的当前记录

    D. 删除 my_rs 对象中当前记录之后的所有记录

（11）使用 Recordset 对象的（   ）方法，可将记录集对象新增的记录或当前记录已更新的内容保存到数据库中。

    A. Renew   B. Replace   C. Updata   D. Update

（12）若一 Recordset 对象的 EOF() 值为 True，则记录指针当前位置在（   ）。

    A. Recordset 对象末记录之后   B. Recordset 对象首记录之前

    C. Recordset 对象的末记录   D. Recordset 对象的首记录

（13）若当前窗体中有一名为"Text1"的对象，代码设计中要引用该对象，可使用（   ）。

    A. Text1   B. Me.Text1   C. My.Text1   D. Me Text1

（14）由于动态游标中记录号可能会发生变化，为使 Recordset 对象的 RecordCount 属性值返回该对象的实际记录数,打开 Recordset 对象时游标类型(CursorType)参数值应选择(　　)。

　　A. 0 或 1　　　　　　B. 0 或 2　　　　　　C. 1 或 3　　　　　　D. 1 或 2

(15)Access 的 VBA 数据库编程中,如果打开记录集对象"my_rs"以获取来自当前数据库中"学生"数据表的所有记录,下列命令正确的是(　　)。

　　A. my_rs.Open "Select * From 学生",CurrentProject.Connection,1,2

　　B. my_rs.Open "Select * From 学生",Current.Connection,1,2

　　C. my_rs Open "Select * From 学生",CurrentProject.Connection,1,2

　　D. my_rs.Open "Select * From 学生",1,2,CurrentProject.Connection

(16)Access 的 VBA 数据库编程中,有时根据要求需利用记录指针逐条遍历 Recordset 对象的所有记录,这时可利用 Recordset 对象的(　　)方法来实现。

　　A. MoveFirst　　　　B. Move　　　　　C. MoveLast　　　　　D. MoveNext

(17)Access 的 VBA 数据库编程中,可使用(　　)语句将"my_rs"记录集对象定义为全局变量,以便其他事件过程的正确调用。

　　A. Public my_rs=ADODB.Recordset　　　B. Dim my_rs As ADODB.Recordset

　　C. Public my_rs As ADODB.Recordset　　D. Dim my_rs=ADODB.Recordset

(18)Access 的 VBA 数据库编程中,若要将记录集对象"my_rs"当前记录的"姓名"字段值显示在当前窗体的"Text2"文本框中,下列命令正确的是(　　)。

　　A. Me.Text2=my_rs(姓名)　　　　　　B. Me.Text2=my_rs("姓名")

　　C. Me Text2=my_rs("姓名")　　　　　　D. Me Text2=my_rs(姓名)

(19)Access 的 VBA 数据库编程中,若要将当前窗体的"Text1"文本框内容更新到记录集对象"my_rs"当前记录的"编号"字段中,下列命令组正确的是(　　)。

　　A. my_rs.Update　　　　　　　　　　B. my_rs.Update

　　　　my_rs("编号")=Me.Text1　　　　　　　Me.Text1=my_rs("编号")

　　C. my_rs("编号")=Me.Text1　　　　　　D. Me.Text1=my_rs("编号")

　　　　my_rs.Update　　　　　　　　　　　　my_rs.Update

(20)Access 的 VBA 数据库编程中,如果记录集对象"my_rs"刚打开,且已获取来自当前数据库中"学生"数据表的所有记录,下列程序段运行后 n 的值能正确表示所有男同学记录数的是(　　)。

　　A. n=0
　　　Do While Not my_rs.EOF()
　　　　If my_rs("性别")="男" Then
　　　　　n=n+1
　　　　End If
　　　my_rs.MoveNext
　　　Loop

　　B. Do While Not my_rs.EOF()
　　　　If my_rs("性别")="男" Then
　　　　　n=n+1
　　　　End If
　　　　my_rs.MoveNext
　　　Loop

C. n＝0

 Do While Not my_rs.EOF()

  If my_rs("性别")＝"男" Then

   n＝n＋1

  End If

 Loop

D. n＝0

 Do While Not my_rs.EOF()

  If my_rs(性别)＝男 Then

   n＝n＋1

  End If

  my_rs.MoveNext

 Loop

（21）～（23）使用数据表如表 1 所示：

表 1

编号	图书名称	出版日期	单价	折扣率
1	计算机基础	2013-5-26	23	5
2	工程力学	2018-7-15	26	5
3	装饰设计	2020-2-10	30	5
4	大学物理实验	2019-10-15	12	5
5	信息论与编码	2015-8-20	25	5

（21）若记录集对象"my_rs"的内容如下所示，要将所有出版日期在 2020 年 1 月 1 日之前的教材的折扣率调整为 0.2，应使用的程序段是（　　）。

A. Do While Not my_rs.EOF()

 If my_rs("出版日期")＜#01/01/2020# Then

  my_rs("折扣率")＝0.2

 End If

Loop

B. Do While Not my_rs.EOF()

 If my_rs("出版日期")＞#01/01/2020# Then

  my_rs("折扣率")＝0.2

 End If

 my_rs.MoveNext

Loop

C. Do While Not my_rs.EOF()

 If my_rs("出版日期")＜#01/01/2020# Then

  my_rs("折扣率")＝0.2

 End If

 my_rs.MoveNext

Loop

D. Do While my_rs.EOF()

　　If my_rs("出版日期")＜♯01/01/2020♯ Then

　　　　my_rs("折扣率")＝0.2

　　End If

　　my_rs.MoveNext

Loop

(22)若记录集对象"my_rs"的内容如下所示,下列程序段执行后 sum 的值能正确表示订购这些图书应付总金额的是(　　　)。

A. sum＝0

　Do While Not my_rs.EOF()

　　sum＝sum＋my_rs("单价") * ("订购数量")

　　my_rs.MoveNext

　Loop

B. sum＝0

　Do While Not my_rs.EOF()

　　sum＝sum＋my_rs("单价") * my_rs("订购数量")

　Loop

C. Do While Not my_rs.EOF()

　　sum＝sum＋my_rs("单价") * my_rs("订购数量")

　　 my_rs.MoveNext

　Loop

D. sum＝0

　Do While Not my_rs.EOF()

　　sum＝sum＋my_rs("单价") * my_rs("订购数量")

　　my_rs.MoveNext

　Loop

(23)若记录集对象"bk_rs"的内容如下所示,要将其中图书名称包含有"计"的所有图书记录添加到记录集对象"my_rs"中(my_rs 的结构与 bk_rs 一致),应使用的程序段的是(　　　)。

A. Do While Not bk_rs.EOF()

　　If bk_rs("图书名称")＝"计" Then

　　　my_rs.AddNew

　　　my_rs("编号")＝bk_rs("编号")

　　　my_rs("图书名称")＝bk_rs("图书名称")

　　　my_rs("出版日期")＝bk_rs("出版日期")

　　　my_rs("单价")＝bk_rs("单价")

　　End If

　　bk_rs.MoveNext

　Loop

B. Do While Not bk_rs.EOF()

   If bk_rs("图书名称")Like " ∗ 计 ∗ " Then

     my_rs("编号")＝bk_rs("编号")

     my_rs("图书名称")＝bk_rs("图书名称")

     my_rs("出版日期")＝bk_rs("出版日期")

     my_rs("单价")＝bk_rs("单价")

     my_rs.AddNew

   End If

   bk_rs.MoveNext

 Loop

C. Do While Not bk_rs.EOF()

   If bk_rs("图书名称")Like " ∗ 计 ∗ " Then

     my_rs.AddNew

     my_rs("编号")＝bk_rs("编号")

     my_rs("图书名称")＝bk_rs("图书名称")

     my_rs("出版日期")＝bk_rs("出版日期")

     my_rs("单价")＝bk_rs("单价")

   End If

   bk_rs.MoveNext

 Loop

D. Do While Not bk_rs.EOF()

   If bk_rs("图书名称")Like " ∗ 计 ∗ " Then

     my_rs.AddNew

     my_rs("编号")＝bk_rs("编号")

     my_rs("图书名称")＝bk_rs("图书名称")

     my_rs("出版日期")＝bk_rs("出版日期")

     my_rs("单价")＝bk_rs("单价")

   End If

 Loop

（24）Access 的 VBA 数据库编程中,若要打开记录集对象"my_rs",并获取来自当前数据库中"学生"数据表中的所有性别为"男"或在 1990 年 1 月 1 日以后出生的记录,下列命令正确的是（　　）。

A. my_rs.Open "Select ∗ From 学生 where 性别＝'男' and 出生日期＞＃01/01/1990＃",CurrentProject.Connection,1,2

B. my_rs.Open "Select ∗ From 学生 where 性别＝'男' or 出生日期＞＃01/01/1990＃",CurrentProject.Connection,1,2

C. my_rs.Open "Select ∗ From 学生 where 性别＝'男' or 出生日期＜＃01/01/1990

＃",CurrentProject.Connection,1,2

    D. my_rs.Open "Select * From 学生 where 性别＝'男' or not 出生日期＞＃01/01/1990＃",CurrentProject.Connection,1,2

(25)若"m_command"为一命令对象,其 ActiveConnection 和 CommandText 属性值均已设置,要执行该命令对象,应使用的命令是(　　　)。

    A. m_command Execute　　　　　　B. Execute.m_command

    C. m_command＝Execute　　　　　　D. m_command.Execute

【选择题参考答案】

(1)B　(2)A　(3)C　(4)D　(5)C　(6)A　(7)A　(8)B　(9)A　(10)C
(11)D　(12)A　(13)B　(14)C　(15)A　(16)D　(17)C　(18)B　(19)C　(20)A
(21)C　(22)D　(23)C　(24)B　(25)D

三、操作题

实验 1　按指定条件获取数据表记录集

【实验目的】

理解并掌握 Recordset 对象在 VBA 数据库编程中的具体使用方法。

【实验内容】

按要求完成以下操作:

(1)打开"学生成绩管理 .accdb",设计"按性别查询学生信息"窗体,运行界面如图 1 所示(各对象大小、布局大致如图 1 所示,各对象属性见表 2),具体实现以下要求:

1)单击"查询"按钮,则在"查询结果"的各个对应文本框中显示指定性别的第一位学生相应信息。

2)若未指定具体性别就单击"统计"按钮,则显示"学生"数据表中第一位学生的相应信息。

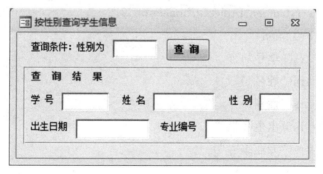

图 1　"按性别查询学生信息"窗体

表 2　对象主要属性

对象	名称	属性	属性值	说明
标签	Label1～7	标题	详见图 1 所示各标签	
文本框	Text1		填写性别	
	Text2		显示学号	
	Text3		显示姓名	
	Text4		显示性别	
	Text5		显示出生日期	
	Text6		显示专业编号	
命令按钮	Command1	标题	查询	完成指定性别的查询
矩形	Box1			分隔查询结果信息区

（2）在窗体设计视图下，在"属性表"面板中设置窗体的"滚动条"、"记录选择器"、"导航按钮"和"分隔线"属性值为"无"或"否"。

（3）对窗体中"查询"按钮 Command1 的 Click 事件编写如下代码：

```
Private Sub Command1_Click()
    Dim rs As ADODB.Recordset
    Set rs＝New ADODB.Recordset
    '从"学生"数据表获取指定性别的所有记录
    '利用 IsNull 函数判断 Text1 文本框对象是否有指定性别
    If IsNull(Me.Text1)Then
        SQLstr＝"Select * From 学生"
    Else
        SQLstr＝"Select * From 学生 Where 性别＝'" & Me.Text1 & "'"
    End If
    rs.Open SQLstr,CurrentProject.Connection,2,2
    If Not rs.EOF()Then
        Me.Text2＝rs("学号")
        Me.Text3＝rs("姓名")
        Me.Text4＝rs("性别")
        Me.Text5＝rs("出生日期")
        Me.Text6＝rs("专业编号")
    End If
    rs.Close
    Set rs＝Nothing
End Sub
```

（4）保存并运行该窗体。

[解析] Recordset 对象的连接数据库为当前数据库,故打开 Recordset 对象时其连接数据库参数直接使用了 CurrentProject.Connection。

实验 2　从几个数据表中按指定条件获取记录集

【实验目的】

理解并掌握 Recordset 对象在 VBA 数据库编程中的具体使用方法。

【实验内容】

按要求完成以下操作:

（1）打开"学生成绩管理.accdb",利用设计视图打开实验 1 完成的"按性别查询学生信息",将该窗体另存为"按性别查询学生信息 A"。

（2）将原窗体中的查询条件删除,在相应位置创建单选按钮对象,另添加相应的标签和文本框对象,运行界面如图 2 所示（各对象大小、布局大致如图 2 所示,各对象属性见表 3）,要求实现当单击"查询"按钮,则在"查询结果"的各个对应文本框中显示指定性别的第一位学生相应信息及对应的专业名称,以及查询到的所有记录数（提示:Recordset 对象打开时游标参数值设置为 1,记录数用 RecordCount 属性获取）。

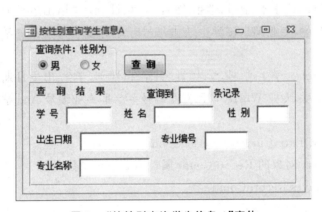

图 2　"按性别查询学生信息 A"窗体

表 3　对象主要属性

对象	名称	属性	属性值	说明
标签	Label1～9	标题	详见图 2 所示各标签	
文本框	Text1		显示查询到的所有记录数	
	Text2		显示学号	
	Text3		显示姓名	
	Text4		显示性别	
	Text5		显示出生日期	

对象	名称	属性	属性值	说明
	Text6		显示专业编号	
	Text7		显示专业名称	
命令按钮	Command1	标题	查询	完成指定性别的查询
矩形	Box1			分隔查询结果信息区
选项组	Frame1		详见图 2 所示	利用向导创建两个单选按钮

（3）对窗体中"查询"按钮 Command1 的 Click 事件编写如下代码：

```
Private Sub Command1_Click()
    Dim myrs As ADODB.Recordset
    Set myrs＝New ADODB.Recordset
    '从"学生"和"专业"数据表中获取指定性别的学生所有记录
    Dim SQLstr As String
    '根据指定性别设置 SQL 语句
    If Me.Frame1. Value＝1 Then
        SQLstr="Select 学生.学号,学生.姓名,学生.性别,学生.出生日期,学生.专业编号,专
业.专业名称 From 学生,专业 Where 学生.专业编号＝专业.专业编号 And 学生.性别＝'男'"
    Else
        SQLstr="Select 学生.学号,学生.姓名,学生.性别,学生.出生日期,学生.专业编号,专
业.专业名称 From 学生,专业 Where 学生.专业编号＝专业.专业编号 And 学生.性别＝'女'"
    End If
    myrs.Open SQLstr,CurrentProject.Connection,1,1
    '利用 Recordset 对象的 RecordCount 属性值获取记录数
    Me.Text1＝myrs.RecordCount
    If Not myrs.EOF()Then
        Me.Text2＝myrs("学号")
        Me.Text3＝myrs("姓名")
        Me.Text4＝myrs("性别")
        Me.Text5＝myrs("出生日期")
        Me.Text6＝myrs("专业编号")
        Me.Text7＝myrs("专业名称")
    End If
    rs.Close
    Set rs＝Nothing
End Sub
```

（4）保存并运行该窗体。

实验 3　按指定条件获取记录集，并逐条记录浏览记录集

【实验目的】

理解并掌握 VBA 编程中使用 Recordset 对象操作 Access 数据库的编程技巧。

【实验内容】

按要求完成以下操作：

（1）打开"学生成绩管理 .accdb"，利用设计视图打开实验 2 完成的"按性别查询学生信息 A"，将该窗体另存为"按性别查询学生信息 B"。

（2）在窗体中添加 4 个记录指针移动按钮，运行界面如图 3 所示（各对象大小、布局大致如图 3 所示）。

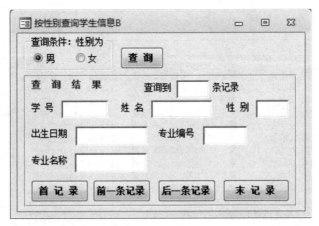

图 3　"按性别查询学生信息 B"窗体

（3）参照教材第 8 章"例 8-7"编写新添加的 4 个记录指针移动按钮的 Click 事件代码（提示：本实验中的 Recordset 对象也必须定义为全局变量）。

（4）保存并运行该窗体。

附录 1

学生成绩管理数据库的
表结构及其记录

一、学生表

学生表如图附-1所示。

图附-1　学生表

二、教师表

教师表如图附-2所示。

图附-2　教师表

三、课程表

课程表如图附-3所示。

课程编号	课程名称	学时	学分	学期	教师编号
C0101	管理学原理	54	3	3	T01
C0102	行政管理学	72	4	4	T01
C0103	人力资源管理	36	2	5	T02
C0104	宏观经济学	36	2	6	T02
C0201	金融管理	54	3	2	T03
C0202	国际金融学	72	4	3	T03
C0203	商业银行学	54	3	4	T04
C0204	风险管理	18	1	5	T04
C0301	机械设计基础	54	3	2	T05
C0302	理论力学	54	3	3	T05
C0303	机械原理	72	4	4	T06
C0304	计算机辅助设	72	4	5	T06
C0401	基础会计学	54	3	2	T07
C0402	经济法概论	36	2	3	T07
C0403	中级财务会计	72	4	4	T08
C0404	管理信息系统	72	4	6	T08
C0501	艺术概论	18	1	1	T09
C0502	中外美术史	54	3	2	T09
C0503	素描	46	3	4	T10
C0504	电脑美术设计	36	2	5	T10
C0601	大学信息技术	54	3	1	T11
C0602	高等数学	72	4	1	T12
C0603	大学英语	72	4	2	T13
C0604	C语言程序设计	54	3	2	T11
C0605	ACCESS数据库	54	3	2	T14
C0606	大学物理	72	4	1	T15
		0	0	0	

记录: ◄ 第1项(共26项) ► ►► 无筛选器　搜索

图附-3　课程表

四、专业表

专业表如图附-4所示。

专业编号	专业名称	专业负责人	单击以
P01	工商管理	余志利	
P02	金融	钱程	
P03	机械工程	李志刚	
P04	会计学	黄欣茹	
P05	艺术设计	王艺琛	
P06	公共基础教学	郑志强	

记录: ◄ 第1项(共6项) ► ►► 无筛选器　搜索

图附-4　专业表

五、成绩表

成绩表如图附-5 所示。

学号	课程编号	成绩
S01001	C0101	78
S01002	C0101	90
S01001	C0102	88
S01002	C0102	79
S01001	C0103	68
S01002	C0103	83
S01002	C0104	80
S02001	C0201	75
S02002	C0201	56
S02001	C0202	81
S02002	C0202	78
S02001	C0203	68
S02002	C0203	80
S02001	C0204	70
S02002	C0204	68
S03001	C0301	74
S03002	C0301	88
S03001	C0302	68
S03002	C0302	86
S03001	C0303	79
S03002	C0303	90
S03001	C0304	78
S03002	C0304	77
S04001	C0401	88
S04002	C0401	74
S04001	C0402	92
S04002	C0402	70
S04001	C0403	87
S04002	C0403	89
S04001	C0404	95

记录：第 30 项(共 60 项)　无

学号	课程编号	成绩
S04002	C0404	91
S05001	C0501	58
S05002	C0501	85
S05001	C0502	71
S05002	C0502	89
S05001	C0503	69
S05002	C0503	90
S05001	C0504	73
S05002	C0504	74
S01001	C0601	78
S01002	C0601	85
S02001	C0601	54
S02002	C0601	67
S04001	C0601	86
S04002	C0601	85
S05001	C0601	84
S05002	C0601	77
S01001	C0602	65
S01002	C0602	68
S03001	C0602	50
S03002	C0602	73
S05001	C0603	76
S05002	C0603	70
S01001	C0604	77
S02001	C0605	67
S02002	C0605	72
S04001	C0605	90
S04002	C0605	84
S03001	C0606	78
S03002	C0606	70

记录：第 31 项(共 60 项)　无

图附-5　成绩表

六、教材表

教材表如图附-6 所示。

教材编号	课程编号	教材名称	作者	出版社	出版日期	单价	数量	单击以添加
B0101	C0101	管理学概论	吴华	清华大学出版	2011/9/10	24.25	40	
B0202	C0202	国际金融实务	黄志强	高等教育出版	2006/12/1	23.3	36	
B0302	C0302	理论力学基础	钱程	高等教育出版	2008/8/1	32.68	42	
B0401	C0401	会计学(第3版)	高芸	北京大学出版	2010/10/1	21.5	62	
B0501	C0501	西方艺术史	(法)德比奇	海南出版社	2007/3/1	30	40	
B0605	C0605	ACCESS关系数据	杨建国	厦门大学出版	2011/7/1	28.9	70	

记录：第 1 项(共 6 项)　无筛选器　搜索

图附-6　教材表

参考文献

[1]鄂大伟.数据库应用技术教程——Access 关系数据库(2010 年版)[M].厦门:厦门大学出版社,2017.

[2]蒲东兵,罗娜,韩毅,等.Access 2016 数据库技术与应用(微课版)[M].北京:人民邮电出版社,2021.